AF376705

Anleitungen
für die chemische Laboratoriumspraxis

Band XVIII

Herausgegeben von

F. L. Boschke, W. Fresenius, J. F. K. Huber, E. Pungor,
G. A. Rechnitz, W. Simon und Th. S. West

Erhard Schulte

Praxis der Kapillar-Gas-Chromatographie

Mit Beispielen aus Lebensmittel- und Umweltchemie

Mit 29 Abbildungen und 2 Tabellen

Springer-Verlag
Berlin Heidelberg New York 1983

Dr. Erhard Schulte
Institut für Lebensmittelchemie der
Westfälischen Wilhelms-Universität
Piusallee 7, 4400 Münster

Herausgeber

Dr. Friedrich L. Boschke, Springer-Verlag, Postfach 105 280, D-6900 Heidelberg 1

Prof. Dr. Wilhelm Fresenius, Institut Fresenius, Chemische und Biologische Laboratorien
GmbH, Im Maisel, D-6204 Taunusstein 4

Prof. Dr. J. F. K. Huber, Institut für Analytische Chemie der Universität Wien,
Währinger Straße 38, A-1090 Wien

Prof. Dr. Ernö Pungor, Institute for General and Analytical Chemistry,
Gellért-tér 4, H-1502 Budapest XI

Prof. Garry A. Rechnitz, Department of Chemistry, University of Delaware,
Newark, DE 19 711, U.S.A.

Prof. Dr. Wilhelm Simon, Eidgenössische Technische Hochschule, Laboratorium für
Organische Chemie, Universitätsstraße 16, CH-8092 Zürich

Prof. Thomas S. West, Macaulay Institute for Soil Research, Craigiebuckler,
Aberdeen AB9 2QJ, U.K.

CIP-Kurztitelaufnahme der Deutschen Bibliothek
Schulte, Erhard:
Praxis der Kapillar-Gas-Chromatographie: mit Beispielen aus
Lebensmittel- und Umweltchemie / Erhard Schulte.
Berlin; Heidelberg; New York: Springer, 1983.
(Anleitungen für die chemische Laboratoriumspraxis; Bd. 18)

ISBN-13:978-3-642-68845-4   e-ISBN-13:978-3-642-68844-7
DOI: 10.1007/978-3-642-68844-7

NE: GT

Vorwort

Bei gaschromatographischen Arbeiten mit gepackten Säulen bleibt die Auftrennung komplexer Gemische oft unbefriedigend. Viele Laboratorien verwenden daher wegen ihrer höheren Trennleistung *Kapillarsäulen*. Jedoch scheuen manche Analytiker diese Methode wegen technischer Schwierigkeiten. Dieses Buch soll deshalb betont *praxisnah* dem Analytiker den Einstieg in diese moderne Technik erleichtern. An Beispielen (zum größten Teil aus der Lebensmittelanalytik) werden Einsatzmöglichkeiten und Trennbedingungen gezeigt, die zur Anwendung der Kapillar-GC anregen sollen. Die Theorie ist auf ein Mindestmaß reduziert, da sie dem Praktiker meist wenig hilft und in anderen Monographien genügend abgehandelt wird.

Das Buch ist besonders für die technischen Mitarbeiter aber auch Leiter von analytisch-chemischen Laboratorien gedacht, da sowohl praktische Aspekte als auch prinzipielle Dinge abgehandelt werden. Die Anwendungsbeispiele sind hauptsächlich für diejenigen interessant, die sich mit der Analytik von Lebensmitteln und „Umweltproben" befassen.

Münster, November 1982   L. Acker

em. ord. Professor für Lebensmittelchemie
an der Universität Münster

Danksagungen

Herrn Dr. E. Kugler danke ich für viele praktische Anregungen. Herrn Prof. Dr. L. Acker und Herrn Prof. Dr. H.-P. Thier danke ich für die Mithilfe beim Verfassen des Manuskripts.

Herrn W. Günther danke ich für Hinweise beim Abschnitt über stationäre Phasen.

E. Schulte

Inhaltsverzeichnis

Abkürzungsverzeichnis

ä.∅	äußerer Durchmesser
AR-Glas	alkalireiches Soda-Kalk-Glas der Fa. Schott-Ruhrglas
BSA	N,O-Bis-(trimethylsilyl)-acetamid
BSTFA	N,O-Bis-(trimethylsilyl)-trifluoracetamid
BTPPC	Benzyltriphenylphosphoniumchlorid
ECD	Elektroneneinfangdetektor (engl. electron capture detector)
FFAP	stationäre Phase vom Polyethylenglykoltyp (s. dort), modifiziert mit Nitroterephthalsäure
FID	Flammenionisationsdetektor
FPD	Flammenphotometrischer Detektor
HMDS	Hexamethyldisilazan
i.∅	innerer Durchmesser
OV-101 usw.	stationäre Phasen vom Silicon-Typ (s. dort) der Ohio Valley Speciality Chemical
PAH	„polycylic aromatic hydrocarbons", polycyclische aromatische Kohlenwasserstoffe
PEG	Polyethylenglykol
PPG	Polypropylenglykol
PTFE	Polytetrafluorethylen (z. B. Teflon, Hostaflon)
SE-30 usw.	stationäre Phasen von Silicon-Typ (s. dort) der Dow Chemical Company
SP-2100 usw.	stationäre Phasen der Fa. Supelco aus verschiedenen chemischen Gruppen
TI-Strom	Totalionenstrom (bei der Massenspektrometrie)
TMCS	Trimethylchlorsilan
TMS-Derivate	Trimethylsilyl-Derivate
WLD	Wärmeleitfähigkeitsdetektor

Einleitung

Kapillar-Gaschromatographie ist das gaschromatographische Trennen mit Hilfe langer, eng-lumiger Säulen, auf deren Innenwand eine stationäre Phase aufgebracht ist. Die Trennsäulen sind also im Gegensatz zu den mit Partikeln gefüllten, „gepackten" Säulen offene Rohre (englisch „open tubular columns"), mit einem Innendurchmesser von weniger als 1 mm. In der älteren Literatur werden diese Trennsäulen nach dem Erfinder M. J. E. Golay [166] auch Golay-Säulen genannt. Diese Art der Gaschromatographie nennt man auch GC^2.

Die Trennleistung von Kapillarsäulen ist, bezogen auf eine Längeneinheit, etwa vergleichbar mit der guter gepackter Säulen. Wegen des geringeren Strömungswiderstandes der Kapillaren können aber wesentlich längere Säulen verwendet werden, so daß auch ein höherer Trenneffekt erzielt wird.

Die Verwendung von Kapillarsäulen ist im Prinzip nur wenig aufwendiger als die von gepackten Säulen.

Gegenüber der sonst üblichen Gaschromatographie mit gepackten Säulen hat die Kapillar-GC folgende Vorteile:

1. Bessere Auftrennung komplexer Gemische,
2. Trennung chemisch sehr ähnlicher Stoffe,
3. größere Sicherheit bei der Identifizierung,
4. erhöhte Empfindlichkeit,
5. Verkürzung der Analysendauer (Schnellanalysen),
6. gute Ankoppelungsmöglichkeit an ein Massenspektrometer.

Bis auf den letztgenannten beruhen diese Vorteile auf der wesentlich besseren Trennleistung der Kapillaren:

Die *Auftrennung komplexer Gemische* gelingt mit gepackten Säulen meist nicht auf einer einzigen stationären Phase, sondern weitere Säulen mit anderen Phasen müssen eingesetzt werden. Da es aber auf den verschiedenen Säulen jeweils zu anderen Überlagerungen kommt, können Trennprobleme häufig nicht eindeutig gelöst werden. Durch Vorfraktionierung mit einer anderen Methode wird andererseits die Aufarbeitung des Untersuchungsmaterials komplizierter und die quantitative Auswertung weniger sicher.

Die ausreichende *Trennung* chemisch sehr *ähnlicher Substanzen* (z. B. von cis-trans-isomeren Fettsäuren oder polychlorierten Biphenylen) gelingt meist nur mit Kapillaren. Die Erfassung von Begleitsubstanzen in technischen Produkten ist ebenfalls oft nur mit Hilfe der Kapillar-GC möglich, wenn die Nebenbestandteile ähnliche Retentionszeiten wie die Hauptkomponente haben und diese in sehr großem Überschuß vorliegt.

Die *Sicherheit* bei der *Identifizierung* von Substanzen über die Retentionszeit ist beim Arbeiten mit Kapillaren wesentlich höher, da selbst bei relativ geringen Unterschieden in der Retentionszeit auch dort eine Auftrennung erfolgt, wo es bei gepackten Säulen zu Überlagerungen kommt.

Die *erhöhte Empfindlichkeit* der Kapillar-GC ist durch die größere Steilheit der Peaks, d. h. durch das bessere Peakhöhe/Rausch-Verhältnis bedingt. (Dieser Vorteil wird allerdings erst bei der split-losen Probenaufgabe voll genutzt.)

Die Analysendauer kann mit der Kapillar-GC bei Einsatz kürzerer Säulen, größerer Trägergasgeschwindigkeiten oder höherer Temperaturen stark verkürzt werden. Man erhält dann in wenigen Minuten Trennungen (*Schnellanalysen*), für die bei gepackten Säulen die zehn- bis zwanzig-fache Zeit benötigt würde.

Ein besonderer Vorteil der Kapillar-GC ist die Möglichkeit, die Trennsäulen direkt an die Ionenquelle eines *Massenspektrometers* anzuschließen, denn die Pumpsysteme der meisten Geräte vermögen die geringen Trägergasmengen von ca. 1–5 ml/min abzupumpen, ohne daß das Vakuum im Massenspektrometer zu schlecht wird. Daher kann auf die sonst notwendigen Trägergasseparatoren (die nicht ohne Nachteile sind) verzichtet werden.

Die wesentlichen Argumente gegen die Kapillar-Gaschromatographie sind:

1. Die Kapillaren des Handels scheinen zu teuer und häufig nicht dem jeweiligen Trennproblem angepaßt.

2. Der Anschluß an handelsübliche Gaschromatographen und die Probenaufgabe sind oft nicht zweckmäßig.

3. Die für die Kapillar-GC (speziell mit Glassäulen) erforderlichen Techniken werden nicht beherrscht.

Anfänglich stand auch das von der Fa. Perkin-Elmer von 1958 bis 1973 gehaltene Patent auf die Kapillarenherstellung der Weiterentwicklung der Säulentechnologie im Wege. Überdies konnte die Firma nur wenige unterschiedliche Typen von Kapillarsäulen liefern.

Heute kann sich im Prinzip jeder gaschromatographisch arbeitende Analytiker mit etwas Geschick und mit Hilfe publizierter Methoden seine Säulen „maßschneidern" und im Hinblick auf seine speziellen Trennprobleme optimieren. Wenn auch inzwischen zahlreiche belegte Säulen im Handel sind, ist es vielfach doch empfehlenswert, die Kapillaren selbst herzustellen, da die handelsüblichen Säulen häufig nicht mit praxis-relevanten Standards getestet wurden. Bei den hohen Anschaffungspreisen ist dann das Risiko eines Mißerfolges recht hoch. Von den Lieferanten sollte unbedingt ein Testchromatogramm des später zu analysierenden Stoffgemisches gefordert werden. Bei schlechten Trennergebnissen, aber guten Testchromatogrammen für die Säule ist es dann für den Anwender möglich, den Fehler im eigenen Gerät zu suchen. So können sich die Trennungen durch ungünstigen Einbau in den Gaschromatographen, eine ungeeignete Probenaufgabemethode oder unzweckmäßige Trennbedingungen verschlechtern. Es bleibt für den Anwender wichtig, aus der Literatur oder besser durch einen Fortbildungskurs die wichtigsten praktischen Fertigkeiten und die Beseitigung von Fehlerquellen zu erlernen.

Über die Kapillar-GC gibt es bisher nur wenige Monographien [302, 130a, 294, 296]. Eine Übersicht über die neuesten Arbeiten geben die einmal im Jahr in der Zeitschrift „Analytical Chemistry" erscheinenden Reviews „Gas Chromatography", und die „Bibliographic Section" im „Journal of Chromatography". Auch im Referateteil in der „Fresenius' Zeitschrift für Analytische Chemie" und den „Gas and Liquid Chromatography Abstracts" werden entsprechende Arbeiten berücksichtigt. In folgenden Zeitschriften erscheinen besonders häufig Arbeiten über die Kapillar-GC: Chromatographia, Journal of Chromatography, Journal of Chromatographic Science, Journal of High Resolution Chromatography and Chromatography Communications (HRC + CC).

Kapitel I

Klassifizierung von GC-Säulen

A. Einordnung der Kapillar-GC

Man unterscheidet in der Gaschromatographie entsprechend den Abmessungen der Säulen und deren Füllung folgende Typen analytischer Trennsäulen:

gepackte Säulen mit ca. 2–5 mm i.$\varnothing$,

mikrogepackte Säulen mit ca. 1 mm i.$\varnothing$,

Kapillarsäulen mit ca. 0,2–0,5 mm i.$\varnothing$.

Je nach dem Aggregatzustand der stationären Phase während der GC unterscheidet man die

Adsorptionschromatographie (= Gas-fest-Chromatographie = gas solid chromatography = GSC) und die

Verteilungschromatographie (= Gas-flüssig-Chromatographie = gas liquid chromatography = GLC).

Im Prinzip können beide Arten mit den genannten Säulentypen durchgeführt werden, die GLC wird jedoch bei weitem am häufigsten angewendet. Die GSC mit gepackten Säulen dient meist zur Trennung von Gasen und leichtflüchtigen und niedermolekularen Stoffen; stationäre Phasen sind dabei verschiedene Adsorptionsmittel wie Aktivkohle, Molekularsiebe, vernetzte Polystyrole oder „Tenax" (Poly-2,6-diphenyl-p-phenylenoxid). Mit Kapillarsäulen wird praktisch ausschließlich GLC betrieben.

Die gegenüber gepackten Säulen wesentlich bessere Trennleistung der Kapillaren kann folgendermaßen erklärt werden:

1. Wegen des geringeren Strömungswiderstandes kann mit längeren Säulen gearbeitet werden.

2. Wegen des geringeren Druckabfalles kann die optimale Strömungsgeschwindigkeit auf einer längeren Strecke der Säule eingehalten werden.

3. Die Diffusion in die porösen Trägerpartikel entfällt bei den Dünnfilmkapillarsäulen.

Strömungswiderstand: Die Trägergasversorgung ist bei fast allen Gaschromatographen bis zu einem Überdruck von etwa 5 bar ausgelegt. Wegen ihres hohen Strömungswiderstandes können gepackte Säulen nur bis zu ca. 10 m Länge betrieben werden, während man mit Kapillarsäulen noch bis zu 200 m Länge bei diesem Vordruck arbeiten kann.

Trägergasgeschwindigkeit: Wegen der Kompressibilität des Trägergases ist die Trägergasgeschwindigkeit am Anfang einer Säule geringer als am Ende. Da die zur Trennung optimale Geschwindigkeit in einem begrenzten Bereich liegt, wird sie nur auf einer relativ kurzen Strecke innerhalb der Säulen erreicht. Da nun Kapillaren im Vergleich zu gepackten Säulen einen geringeren Strömungswiderstand und damit einen geringeren Druckabfall bei gleicher linearer Trägergasgeschwindigkeit zeigen, ist auf einem längeren Teil der Säulen eine optimale Strömung zu erzielen. Mit der Kompressibilität des Trägergases ist auch zu erklären, daß sich die Trennleistung von Säulen nicht proportional mit deren Länge steigern läßt [180]. Wegen des erforderlichen größeren Vordrucks bei längeren Kapillaren wird in diesen die optimale Strömung auf einer kürzeren Strecke erreicht, so daß kürzere Kapillaren eine bessere Trennleistung pro Längeneinheit ergeben.

Diffusionseffekte: Die innerhalb des Trägermaterials ablaufende Diffusion wirkt sich mindernd auf die Trennleistung gepackter Säulen aus. Diese Art der Diffusion entfällt bei Dünnfilmkapillarsäulen, so daß bei ihnen eine etwas bessere Trennleistung pro Längeneinheit resultiert.

B. Bezeichnungen für Kapillarsäulen

Die Literatur enthält eine Reihe von Bezeichnungen für Kapillarsäulen (= open tubular columns = capillary columns):

   a) Dünnfilmkapillarsäulen = **W**all **c**oated **o**pen **t**ubular columns (WCOT columns)

   b) Dünnschichtkapillarsäulen = **S**upport **c**oated **o**pen **t**ubular columns (SCOT columns) und praktisch synonym **P**orous **l**ayer **o**pen **t**ubular columns (PLOT columns)

   Daneben gibt es „Whiskers-Kapillaren", die nach einem besonderen Verfahren mit nadelartigen Gebilden versehen wurden (s. Abschn. II.D.2). Die Kapillar-GC wird gelegentlich auch (etwas unglücklich) mit „(GC)^2" bezeichnet. Der Idealtyp ist die Dünnfilmkapillarsäule, in der ein gleichmäßiger Film der stationären Phase die äußerst glatte Säulenwand, die möglichst inert sein soll, bedeckt. Eine derartige Säule läßt sich jedoch nur mit wenigen stationären Phasen herstellen, denn auf sehr glatten Oberflächen ergeben die meisten Phasen, besonders bei stärkeren Filmdicken, keine stabilen Beläge.

   Metallkapillaren haben je nach der Produktionsmethode eine mehr oder weniger starke Rauhtiefe, die oft für das Haften der Phase ausreicht. Glas ist jedoch von Natur aus praktisch absolut glatt. Um die Glasoberfläche aufzurauhen, damit die Phase haften bleibt, kann man eine dünne Schicht eines sehr feinen Trägermaterials, z. B. Chromosorb R 6470-1, von einem Teilchendurchmesser der Größenordnung 1–10 µm aufbringen, die anschließend mit der Phase belegt wird [240, 303, 97, 99, 418, 267, 128, 382]. Man erhält dadurch eine sog. Dünnschichtkapillare, auf die man sehr starke Belegungen mit stationärer Phase auftragen kann. Nach den ersten frühen Arbeiten ist eine Reihe von weiteren Verfahren zur Aufrauhung von Glasoberflächen beschrieben worden. Die Rauhtiefe ist dabei je nach Methode sehr unterschiedlich und es fällt schwer, noch zwischen Dünnfilm- und Dünnschicht-Kapillarsäulen zu unterteilen. Die Grenzen sind im Prinzip auch unwesentlich.

   Die Trennleistung von Dünnschicht-Kapillaren kann je nach Art und Gleichmäßigkeit des aufgebrachten Materials gegenüber der von Dünnfilmsäulen sehr ähnlich oder auch mehr oder weniger stark verringert sein.

Typische Dünnschichtkapillaren können wesentlich stärker mit stationärer Phase belegt werden, so daß sich auf ihnen größere Substanzmengen ohne Überladungserscheinungen trennen lassen als auf Dünnfilmkapillaren.

Typische, leicht haftende Phasen sind z. B. Methylsilicone und Polyethylenglykole, die als dünne Filme keine Aufrauhung erfordern, während z. B. Silicone mit hohem Nitril-(Cyano-) oder Phenyl-Gehalt und Polyphenylether zur Haftung eine Aufrauhung der Kapillarenoberfläche benötigen.

Weitere Probleme sind die Adsorptionsaktivität und die katalytische Aktivität der inneren Oberfläche der Säulen gegenüber den zu trennenden Substanzen. Metall- und Glasoberflächen zeigen nämlich auch nach dem Belegen mit stationärer Phase eine mehr oder weniger ausgeprägte Adsorptionsaktivität, besonders gegenüber polaren Verbindungen. Sie läßt sich aber durch Verwendung polarer Phasen oder durch Erhöhung der Filmdicke unterdrücken. Bei den früher verwendeten Metallkapillaren hatte man deshalb unpolaren Phasen häufig etwas polare Substanz, meist ein nichtionogenes Detergens (polyethoxylierter Alkohol oder polyethoxyliertes Phenol, wie Atpet 80, Span 80, oder Igepal CO 880) beigemischt. Bei Glassäulen, die mit unpolaren Phasen belegt werden sollen, behandelt man die Oberfläche häufig mit polaren Substanzen vor (etwa Polyethylenglykolen oder quart. Phosphoniumsalzen) und wäscht den Überschuß aus. Die Zwischenschichten von Polyethylenglykolen machen sich besonders bei dünner Belegung mit einer unpolaren Phase in der Weise bemerkbar, daß sie den unpolaren Charakter der stationären Phase mehr oder weniger in den mittelpolaren Bereich verschieben. Ist die Zwischenschicht sehr dick, so wird außerdem die Trennleistung der Säulen durch den „Doppelfilm" stark verringert (Näheres s. Abschn. II.E).

C. Säulenmaterial

Als Material für Kapillarsäulen (s. a. [302]) werden heute fast ausschließlich rostfreier Stahl („Edelstahl"), Nickel [52], Glas oder Quarzglas verwendet. Daneben wurden früher Kupferkapillaren benutzt. Ebenso sind aus Polyamid hergestellte Kapillaren beschrieben worden, die allerdings nur in niedrigen Temperaturbereichen brauchbar sind. Die anfangs ausschließlich verwendeten Edelstahlkapillaren wurden nach und nach immer mehr durch solche aus Glas verdrängt. Die Vorteile von Glas sind der relativ niedrige Preis des Materials, die Durchsichtigkeit (günstig zum Erkennen von Ungleichmäßigkeiten der Belegung), eine reproduzierbar glatte Oberfläche und die relativ leichte Modifizierbarkeit dieser Oberfläche. Neuerdings lassen sich mit Hilfe neuer Technologien Quarzglaskapillaren herstellen [102]. Der besondere Vorteil von Quarzglas (= Kieselglas = „fused silica") besteht in seiner leichten Desaktivierbarkeit. Dies ist durch den geringen Gehalt an Fremdionen von Quarzglas bedingt (s. a. [295, 296]). Das Begradigen der Säulenenden in der bei Glassäulen üblichen Weise (s. Abschn. III.A) würde wegen des hohen Schmelzpunktes (1700 °C) Schwierigkeiten bereiten. Die Quarzkapillaren werden sehr dünnwandig und damit flexibel hergestellt. Durch äußere Beschichtung mit einem Hochtemperaturlack wird ihre Zerbrechlichkeit weitgehend beseitigt. Die meisten Herstellerfirmen bringen einen Überzug von Polyimid auf, sodaß die Säulen bis zu ca. 350 °C ihre mechanische Stabilität behalten. Sie werden in ungewendelter Form produziert und dann meist auf Haltegestelle aus Edelstahl aufgewickelt.

Beim Einbau in den Gaschromatographen müssen die Enden nicht mehr geradegebogen werden, da sie sich nach dem Herausziehen aus dem Haltegestell von selbst aufrichten. Die Selbstherstellung von Quarz-Kapillaren mit käuflichen Glaskapillarziehmaschinen ist wegen der hohen Schmelztemperatur von Quarzglas nicht möglich.

Erfahrungen mit Quarz-Säulen und detaillierte Angaben zu ihrer Desaktivierung und Belegung sind in einigen Publikationen mitgeteilt worden [102, 358, 417, 510, 296]. Quarzoberflächen verhalten sich generell ähnlich wie intensiv säurebehandelte Glasoberflächen. Viele der für diese entwickelten Desaktivierungsmethoden lassen sich auch bei Quarzkapillaren verwenden. In der Literatur werden Quarzglaskapillaren unterteilt in „quartz capillaries" und „fused silica capillaries". Der erste Typ wird aus natürlichem Quarz (z. B. Bergkristall) hergestellt und der zweite aus „synthetischer Kieselsäure", die durch Flammenhydrolyse von $SiCl_4$ gewonnen wird. Dieser Typ soll reiner und leichter desaktivierbar sein (s. a. [296]). Quarzkapillaren haben folgende Vorteile gegenüber Glaskapillaren: besser und reproduzierbarer desaktivierbar, leichterer Einbau, geringe Zerbrechlichkeit. Diese Säulen werden sich daher in Zukunft wahrscheinlich für viele Anwendungen durchsetzen.

Bezugsquellen für Leersäulen

1. Edelstahlkapillarrohr: Alltech, Analabs, Applied Science, ATS, Handy and Harman, Packard, Perkin-Elmer, Phase Sep, Schoeller, SGE, Supelco, WGA.
Nickelkapillarrohr: Alltech, Analabs, Applied Science, ATS, Handy and Harman, Packard, Phase Sep.
2. Unbelegte Glaskapillaren: Alltech, Analabs, ATS, Chromalytic, J. a. W., Klimes, Macherey-Nagel, Packard, Perkin-Elmer, Phase Sep, RFR, SGE, Supelco, WGA.
3. Unbelegte Quarzkapillaren: Alltech, ATS, Hewlett-Packard, Phase Sep, SGE, WGA.

Bezugsquellen für belegte Kapillarsäulen

1. Edelstahlkapillarsäulen: Alltech, Analabs, Perkin-Elmer, SGE.
Nickelkapillarsäulen: Alltech
2. Glaskapillarsäulen: Alltech, Applied Science, ATS, Berghof, Bruker-Franzen, Chromalytic, Chromatography Services, Chrompack, Column Technology, Erba, J. a. W., Jaeggi, L. C. Company, LKB, Macherey-Nagel, Ohio Valley, Oriola Oy, Perkin-Elmer, Phase Sep, Pierce, Quadrex, RFR, SGE, Supelco, WGA.
3. Quarzkapillarsäulen: Alltech, Applied Science, ATS, Chrompack, Hewlett-Packard, J. a. W., Oriola Oy, Phase Sep, Quadrex, SGE, WGA.
Weitere Bezugsquellen sind im Heft „Lab Guide 80–81" von Anal. Chem. *52* (10), 62 + 64 (1980) angegeben unter der Rubrik „columns, open tubular" und „columns, support-coated, open tubular".

Kapitel II

Herstellung von Dünnfilmkapillarsäulen aus Glas

A. Glassorten

Zur Eigenherstellung von Glaskapillaren werden praktisch ausschließlich zwei Glastypen eingesetzt: die Borosilicat-Gläser, wie z. B. Pyrex oder Duran (80% SiO_2, 10–13% B_2O_3, 2–3% Al_2O_3, 4–5% Na_2O und einige weitere < 1%), oder Alkali-Gläser = „soda lime glass", wie z. B. AR-Glas (70% SiO_2, 1–2% B_2O_3, 4% Al_2O_3, 11–13% Na_2O, 4–5% K_2O, 8% CaO). Sie unterscheiden sich stark in den chemischen Eigenschaften ihrer Oberflächen. Unbehandeltes Borosilicat-Glas reagiert schwach sauer, während die Alkali-Gläser relativ stark alkalisch sind. Sie verhalten sich auch unterschiedlich gegenüber den stationären Phasen. Bei höheren Temperaturen werden z. B. Silicone auf unbehandeltem Alkali-Kalk-Glas relativ stark katalytisch zersetzt. Auch das Adsorptionsverhalten gegenüber den zu trennenden Substanzen ist unterschiedlich, z. B. gegenüber solchen mit sauren oder basischen Eigenschaften. Die Gläser verhalten sich auch bei der chemischen Modifizierung ihrer Oberflächen unterschiedlich. Die Unterschiede in den adsorptiven und katalytischen Eigenschaften bei beiden Glasarten lassen sich jedoch je nach Behandlungsmethode ganz oder teilweise aufheben.

Zum Einbau der Kapillaren in den Gaschromatographen müssen die Enden in der Regel begradigt werden. Dabei ist das Schmelzverhalten der Alkali-Kalk-Gläser etwas nachteilig, denn die Viscosität des geschmolzenen Glases nimmt mit steigender Temperatur schnell ab. Bei Überschreiten des engen Arbeitsbereiches schmelzen die Kapillaren leicht zu, oder ihr Querschnitt verengt sich. Die früher zur Herstellung von Laborgeräten viel verwendeten AR-Glas-Rohre sind in Deutschland im Fachhandel nur noch schwer und meist aus Restbeständen erhältlich. Von der Fa. Kimble in den USA werden sie noch angeboten (Nr. 46475). Sonderanfertigungen bei Glasröhrenherstellern (Schott-Ruhrglas, Glaswerk Wertheim), sind nur im Tonnenmaßstab (0,5–1 t) durchführbar. Daher wird von Laboratorien, die ihre Kapillarsäulen selbst herstellen, meist Borosilicat-Glas verwendet, weil es leichter zu beschaffen ist und ein günstigeres Schmelzverhalten hat.

B. Ziehen von Glaskapillaren

Desty et al. (1960) haben das erste Gerät zum Ziehen von langen, dünnen Glaskapillaren aus dickeren Glasrohren konstruiert [107]. Bis vor kurzem wurde ein Gerät nach demselben Prinzip von der Fa. Hupe und Busch/Hewlett Packard gebaut. Ähnliche Geräte werden von den Firmen Shimadzu, RFR, Alltech, Erba und Pierce hergestellt. Von Desty [108, 109] sind weitere Ziehmaschinentypen beschrieben worden, mit denen man auch im Querschnitt nichtrunde Kapillaren für Versuche zur Verbesserung des Trenneffekts und Quarzkapillaren herstellen kann. Bei allen Geräten wird das Ausgangsrohr langsam in einen rohrförmigen Schmelzofen geschoben, in dem es gerade bis zum Erweichen erhitzt wird. Auf der anderen Seite des Ofens wird durch wesentlich schnelleres Ziehen eine Kapillare erhalten, die dann noch mit Hilfe eines beheizten Wendelrohres zu einer Spirale geformt wird. Die Geschwindigkeit, mit der die Kapillare gezogen wird, ist bei den meisten Geräten konstant, während die Geschwindigkeit, mit der das Ausgangsrohr in den Schmelzofen geschoben wird, variiert werden kann. Das Verhältnis von Zieh- zu Schubgeschwindigkeit heißt „Ziehverhältnis". Man kann mit Hilfe folgender Gleichung berechnen, welches Ziehverhältnis für einen bestimmten Kapillarendurchmesser bei vorgegebenem Durchmesser des Ausgangsrohres erforderlich ist:

$$\text{Ziehverhältnis} = \frac{(\varnothing \text{ des Ausgangsrohres})^2}{(\varnothing \text{ der Kapillare})^2}.$$

Beim Ziehen ist meist eine geringe Aufweitung zu beobachten, so daß die Durchmesser etwas größer als die errechneten ausfallen. Zur ungefähren Ermittlung des i.$\varnothing$ kann mit einer Düsenlehre (z. B. Alltech Nr. 3302) gemessen werden. Eine genaue Messung muß mikroskopisch z. B. mit Hilfe eines Okularmikrometers erfolgen. Als Ausgangsrohr dienen in der Regel 1,50 m lange Rohre von ca. 6–9 mm ä.$\varnothing$ und 2–3 mm i.$\varnothing$.

Als *Vorbehandlung* der Glasrohre vor dem Ziehen ist in der Literatur das Waschen mit verschiedenen Lösungen empfohlen worden, z. B. mit Chromschwefelsäure, $KMnO_4$-, HCl-, HNO_3-, HF-Lösungen, Lösungen von grenzflächenaktiven Substanzen oder auch Lösungsmitteln mit Methanol, Aceton, Dichlormethan. Da das Entfernen von Glassplittern und größeren Staubmengen genügt, und Spuren von organischem Material nicht stören, weil sie während des Ziehvorganges verbrannt werden, hat sich folgendes Vorgehen im eigenen Laboratorium bewährt:

Spülen mit einem kräftigen Strom von destilliertem Wasser, zur Erleichterung des Trocknens Nachspülen mit Aceton und Trocknen mit Luftstrom, z. B. durch Saugen mit einer Wasserstrahlpumpe. Das Aceton muß vollständig entfernt werden, denn sonst kommt es auf der inneren Glaswand beim Ziehvorgang zu Rußabscheidungen. Eine weitere Trocknung, wie sie in der Literatur empfohlen wurde, hat sich als nicht notwendig erwiesen.

Die Glasrohre können nach der Reinigung direkt in die Ziehmaschine gelegt werden, und zwar so weit, daß das Rohrende einige cm aus dem Schmelzofen ragt. Nach dem Aufheizen wird durch Ziehen am Rohrende das Rohr von Hand kapillar gezogen. Nach Abbrechen des dicken Endes wird die vorgezogene Kapillare in die Ziehrollen gelegt, und die beiden Motoren für den Vorschub des Ausgangsrohres und das Ziehen der Kapillare eingeschaltet. Das Ende des Rohres kann aber auch schon vor dem Einlegen in die Ziehmaschine in einer Gebläseflamme zu einer Kapillare ausgezogen werden; dadurch wird der Beginn des Ziehvorganges etwas erleichtert und beschleunigt.

Das Wendelrohr, in dem die Kapillare zur Spirale gebogen wird, muß in Abständen von 10–15 min mit Graphit geschmiert werden. Man kann sich diese

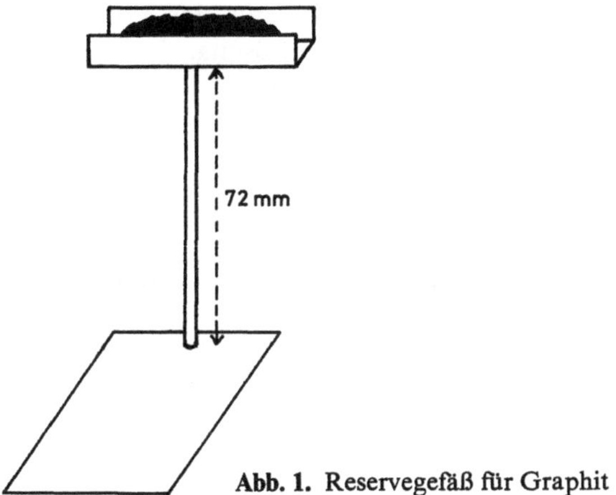

Abb. 1. Reservegefäß für Graphit

Arbeit durch Verwendung eines mit Graphit gefüllten Reservegefäßes (s. Abb. 1,
s. a. [461]) erleichtern, das nur etwa alle 2 Stunden nachgefüllt werden muß. Auch
das Füllen des gesamten Wendelrohres mit Graphit nach mechanischem Entfernen
von Rauhigkeiten auf dessen innerer Oberfläche hat sich bewährt [462]. Letzteres
kann z. B. mit Hilfe eines vierkantigen flexiblen Messingrohres erfolgen, das in dem
Wendelrohr kräftig hin- und hergezogen wird. Dieser Reinigungsschritt muß nach
einiger Zeit, am besten nach jedem Ausziehen einer Kapillare, wiederholt werden.

Der den Kapillaren anhaftende Graphit wird nach dem Ziehen abgespült, um
nicht die Lösungen der stationären Phasen beim Eintauchen der Enden und so auch
das Innere der Kapillaren damit zu verunreinigen. Man schmilzt dazu beide Enden
der Kapillaren mit der Sparflamme eines Bunsenbrenners zu, taucht die Kapillare
einige Minuten in die verdünnte Lösung eines haushaltsüblichen Spülmittels, spült
mit Leitungswasser und dann mit destilliertem Wasser von außen nach.

Bei Störungen des Ziehvorganges kommt es gelegentlich vor, daß der Schmelzofen mit Glas vollläuft. In solchen Fällen kann das Heizrohr (bei den HP-Geräten)
ausgebaut, bis zur Rotglut in einer Gebläseflamme erhitzt und durch Einbringen in
kaltes Wasser abgeschreckt werden. Dadurch zerspringt das Glas in kleine Splitter
und läßt sich mechanisch aus dem Rohr entfernen. Das Heizrohr (bei HP-Geräten)
ist aus einem wenig temperaturstabilen Material hergestellt, so daß es nach relativ
kurzem Gebrauch durchkorrodiert. Im eigenen Laboratorium hat sich ein aus
einem hochtemperaturbeständigen Edelstahl (Dreckshage) selbst gefertigtes Heizrohr besser bewährt.

C. Belegungsmethoden

Zum Aufbringen der stationären Phase auf die Innenwand der Kapillaren gibt es
zwei Verfahren, das „dynamische" und das „statische". Davon sind jeweils mehrere
Varianten beschrieben worden:

1. Dynamisches Verfahren: Füllen eines Teiles der Säule mit der Lösung der stationären Phase und Durchdrücken oder Durchsaugen der Lösung.

  a) Ursprüngliche Version: Durchleiten der Lösung allein [112].
  b) Quecksilberpfropfmethode: zusätzliches Durchleiten eines Quecksilberpfropfes direkt hinter der Lösung [503].

2. Statisches Verfahren: Füllen der ganzen Säule mit der Lösung der stationären Phase und Entfernen des Lösungsmittels.

  a) Abpumpen des Lösungsmittels nach vakuumdichtem und blasenfreiem Verschließen des Endes [72].
  b) Abdampfen des Lösungsmittels mit spezieller Ofenkonstruktion [276, 287, 288].

1. Dynamisches Verfahren

Diese Arbeitsweise wird zur Belegung von Kapillarsäulen am häufigsten benutzt, da sie unkompliziert und schneller als die statische Methode ist. Sie liefert bei niedrigviskosen Lösungen in der Regel sehr gleichmäßige Belegungen, die auch relativ reproduzierbar sind. Für höherviskose Lösungen z. B. von Silicongummi wie SE-30, OV-1 oder Polyethylenglykolen mit Molekulargewichten von 20 000 und mehr wie Carbowax 20 M in Konzentrationen über 5% ist diese Methode weniger geeignet.

Während der Belegung sollten die Kapillaren konstant temperiert werden und möglichst auch waagerecht liegen. Dies läßt sich am besten in einem Wasserbad bei Raumtemperatur auf einem Magnetrührer erreichen, das die Temperatur ausreichend konstant und homogen hält.

Im eigenen Laboratorium hat sich folgende *Ausführungsweise* bewährt:

Die Kapillarenenden werden zunächst mit einer Flamme rechtwinkelig zur Seite umgebogen und grob begradigt, so daß die Enden der waagerecht im Wasserbad liegenden Kapillare über die Wasseroberfläche hinausragen. Einige Millimeter von den Enden entfernt werden die Kapillaren nach dem Anritzen z. B. mit einem Diamantschreiber, einem Widia-Messer oder der Kante eines Wetzsteines sauber abgebrochen. Die scharfe Bruchkante wird durch so kurzes Erhitzen mit einer Flamme rundgeschmolzen, daß die Öffnung nicht zuschmilzt und sich auch nicht wesentlich verengt. Durch Entlangfahren mit dem Zeigefinger überprüft man, ob durch das „Feuerpolieren" die Kanten ausreichend abgerundet wurden. Mit Hilfe einer Lupe oder auch mit bloßem Auge wird dann überprüft, ob die Enden zugeschmolzen sind. Nun wird die Kapillare auf einen waagerecht an ein Stativ geklemmten, am Ende etwa 1 cm hoch umgebogenen Stab gelegt. Das vordere, umgebogene Kapillarenende läßt man in die Lösung der stationären Phase tauchen, indem man einige Windungen der Kapillare von dem Haltestab herabhängen läßt. Das andere Ende wird über einen dünnen Schlauch aus PTFE oder Siliconkautschuk, dessen innerer Durchmesser etwas geringer als der äußere Durchmesser der Kapillare ist, und über ein kapillar ausgezogenes Glasrohr als Reduzierstück mit einer Wasserstrahlpumpe verbunden. Etwa 10–20% der Säulenlänge werden mit der Lösung gefüllt, bei Säulen von 5–10 m Länge jedoch mindestens etwa 5–10 Windungen. Die Konzentration liegt je nach gewünschter Filmdicke bei etwa

3–30%. Nach Abziehen des zur Wasserstrahlpumpe führenden Schlauches wartet man noch, bis sich das im hinteren Teil der Kapillare befindliche Vakuum abgebaut hat, erkennbar am Stillstand der Front der Belegungslösung in der Kapillare, und nimmt das vordere Ende aus dem Vorratsgefäß mit der Belegungslösung. Lösungen oder Lösungsmittel können auch anstatt mit Vakuum mit einer 0,5 oder 1 ml fassenden gasdichten Spritze (z. B. Fa. Hamilton, Nr. 1001 N) über einen kurzen PTFE-Schlauch in die Kapillaren eingebracht werden. Dann legt man die Kapillare in einen Halter etwa der in Abb. 2 gezeigten Form. Den Halter mit der Kapillare stellt man in eine mit Wasser von Raumtemperatur gefüllte Glasschale (z. B. Kristallisierschale der Fa. Schott Nr. 2131159 oder Corning Nr. 133-67), die sich auf einem Magnetrührer befindet. Auf den Halter kann auch verzichtet werden, wenn eine Schale mit geringerem Innendurchmesser verwendet wird, in die die Kapillaren gerade hineinpassen. Das gleichmäßige Belegen gelingt meist auch in senkrechter Lage der Kapillarenwindungen. Dabei kann ein Becherglas als Wasserbad dienen und ein in der Mitte nach unten gebogener Draht als Halter (s. Abb. 3).

Das vordere Ende der Kapillare schließt man mit einem PTFE-Schlauch an einen genau arbeitenden Druckminderer an (z. B. Feindruckminderer „Regulus 1" der Fa. Dräger oder „Elf" Druckregler Modell 8601 der Fa. Brooks). Als Adapter kann ein dünnes Edelstahlrohr (z. B. eine Kanüle) von etwa 0,7–1 mm ä.∅ dienen, das in ein dickeres Edelstahlrohr eingelötet wurde. Am anderen Ende der zu belegenden Kapillare wird über ein kurzes Stück PTFE-Schlauch eine Bremskapillare angeschlossen, die etwa den gleichen inneren Durchmesser haben sollte und mindestens so lang sein muß, daß sie die überschüssige Lösung aufnehmen kann. Diese

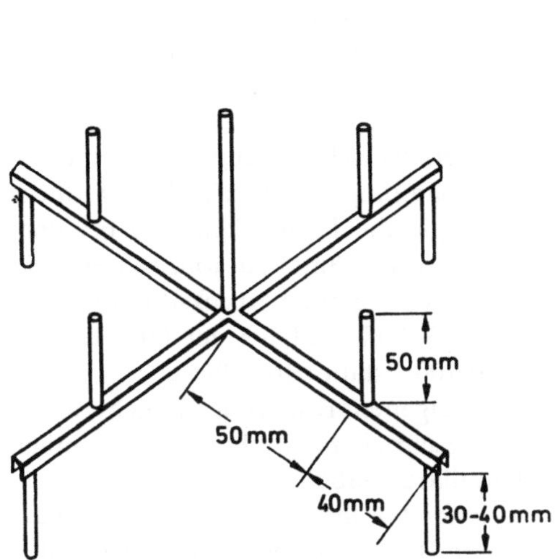

Abb. 2. Halter für Kapillaren

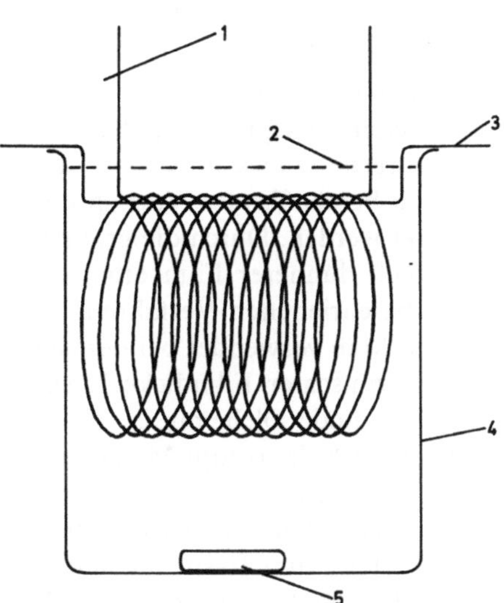

Abb. 3. Becherglas mit Halter für Kapillaren.
1 Kapillare, 2 Wasseroberfläche, 3 Draht oder Kapillarrohr aus rostfreiem Stahl, 4 3 l-Becherglas (niedrige Form), 5 Magnetrührstäbchen

kann sich außerhalb des Wasserbades befinden. Mit Hilfe eines konstanten Stickstoff-Überdruckes von etwa 0,05–0,5 bar wird die Lösung mit einer konstanten Geschwindigkeit von etwa 1–2 cm/s durch die Kapillare gedrückt. Wenn sich nach dem Belegvorgang die überschüssige Lösung in der Bremskapillare befindet oder diese verlassen hat, hängt man die Bremskapillare ab und wäscht aus ihr die Phase mit reinem Lösungsmittel wieder aus. Sie ist so nach dem Trocknen praktisch beliebig oft wiederverwendbar. Das Lösungsmittel der stationären Phase in der Hauptkapillare wird durch einen leichten Stickstoffstrom entfernt, indem man die Kapillare noch im Wasserbad beläßt und den Stickstoff beim gleichen Überdruck wie bei der Belegung beläßt. Pentan, Ether, Ameisensäuremethylester oder Dichlormethan lassen sich so je nach Länge der Kapillaren in etwa 15 min–2 h bei Raumtemperatur austreiben. Dies erkennt man am Verschwinden des Lösungsmittelgeruchs oder kleiner Tröpfchen am äußersten Ende der Kapillare. Um die Verdunstung schwererflüchtiger Lösungsmittel zu beschleunigen, darf der Stickstoffdruck auf etwa das Doppelte erhöht oder das Wasserbad aufgeheizt werden.

Die Verwendung des Wasserbades von Raumtemperatur hat sich sehr bewährt, da schon kleine Temperatur-Inhomogenitäten zu ungleichmäßigen Filmen führen können. Die Filmdicke ist u. a. von der Wanderungsgeschwindigkeit des Lösungspfropfes abhängig (s. z. B. [428]). Da sich die Geschwindigkeit vom Austreten der ersten Lösungsanteile an stark erhöht, auch wenn der Druck praktisch konstant ist, der Strömungswiderstand sich durch Verringerung der Pfropflänge aber schnell erniedrigt, wird die Belegung auf diesem Stück ungleichmäßig. Die Filmdicke zeigt dort einen Gradienten, d. h. sie nimmt dort langsam zu. Man verwirft daher das letzte Stück oder arbeitet besser mit einer Bremskapillare in der oben beschriebenen Weise. Auch durch das Benetzen der Innenwand verringert sich die Lösungspfropflänge etwas, und dadurch steigert sich die Geschwindigkeit ein wenig. Der dadurch entstehende Gradient in der Filmdicke ist aber sehr gering.

Mit Hilfe der *„Quecksilberpfropf-Methode"* [503] lassen sich manchmal Ungleichmäßigkeiten „wegbügeln". Bei ihr wird hinter der Beleglösung eine ca. 3–10 cm lange Strecke Quecksilber eingesaugt. Das Quecksilber kann auch mit einer nicht leicht zu beschaffenden Vorrichtung aus Glasmetalleinschmelzungen [503] hineingedrückt werden. Durch die große Oberflächenspannung des Quecksilbers wird ein wesentlich dünnerer Film erhalten, so daß für gleiche Filmdicken, wie bei dem zuerst beschriebenen Verfahren, die Lösungen etwa 2–3mal so konzentriert sein müssen. Man verwendet bei der dynamischen Belegung ohne Quecksilberpfropf je nach gewünschter Filmdicke Lösungen mit ca. 3–30% und bei der Quecksilberpfropf-Methode solche mit ca. 10 bis annähernd 100% stationärer Phase.

Die Quecksilberpropf-Methode bringt nach eigenen Erfahrungen nicht unbedingt gleichmäßigere Belegungen als die oben beschriebene Methode. Gelegentlich können kleine Quecksilbertröpfchen in der Kapillare bleiben.

Als Gefäße zum *Herstellen und Aufbewahren der Lösungen* der stationären Phase sowohl für die dynamische als auch die statische Belegung sind die 8 ml fassenden Reagenzrohre mit Schraubdeckel der Fa. Corning Glass (Nr. 611-51) besonders geeignet, da sie sehr dicht schließen, die PTFE-beschichteten Dichtungen keine Stoffe an die Lösung abgeben und nicht mit Lösungsmitteln quellen. Die verwendeten Lösungsmittel und stationären Phasen können Feststoffe („Staub") bzw. unlösliche Anteile enthalten, die sich am einfachsten durch Absetzenlassen oder schneller durch Zentrifugieren abtrennen lassen. Bei einer Filtration würde das Lösungsmittel in unkontrollierbarer Menge verdunsten. Die o. g. Röhrchen passen genau in die Zentrifugeneinsätze der Fa. Heraeus-Christ (Nr. 4011 = „Vielfachträger") und halten auch relativ hohe Drehgeschwindigkeiten aus. Man beläßt die Lösungen nach dem Zentrifugieren im gleichen Gefäß und vermeidet heftige Bewegungen, um die Partikel nicht wieder aufzuwirbeln. Das Ende der Kapillare sollte beim Einsaugen der Beleglösung nicht bis auf den Gefäßboden reichen. Man verwirft daher auch den letzten Rest der im Reagenzrohr befindlichen Lösung (ca. 0,5–1 ml).

Zum *Anschluß* der Kapillaren ohne Verschraubungen *an Vakuum* oder geringen *Überdruck* bei der Belegung sind englumige Siliconschläuche geeignet. Sie quellen jedoch mit den meisten organischen Lösungsmitteln stark und bleiben schon beim Überdruck von etwa 0,5–1 bar nicht mehr dicht. PTFE-Schrumpfschlauch ist für kurze Verbindungswege bis zu wenigen Zentimetern sehr geeignet. Für längere Verbindungsleitungen ist englumiger PTFE-Schlauch von etwa 0,6 mm i.∅ für Kapillaren von 0,7–1 mm ä.∅ günstiger. Die Enden des relativ starren Materials werden am besten auf folgende Weise bearbeitet: Einen bis auf dunkle Rotglut erhitzten Metalldorn von ca. 1–1,2 mm Durchmesser schiebt man nach 1–2 s Abkühlzeit ca. 5 mm weit in den Schlauch. Nach dem Abkühlen wird der Schlauch abgezogen; dies erfolgt am leichtesten, indem man mit dem Daumennagel dahinterhakt. In die konische Aufweitung wird dann die Glaskapillare mit etwas Kraft hineingeschoben. Diese Verbindung hält Vakuum und niederen Drucken stand. Bei Überdrucken von mehr als etwa 1 bar wird die Kapillare manchmal hinausgedrückt. Durch Aufschrumpfen auf das Glas läßt sich die Stabilität der Verbindung stark erhöhen, so daß sie bis zu etwa 10 bar Überdruck standhält. Dazu erhitzt man die Verbindungsstelle vorsichtig durch Fächeln mit einer Flamme bis gerade zum Transparentwerden des PTFE-Schlauches und läßt dann erkalten. PTFE-Schrumpfschlauch (erhältlich z.B. bei der Fa. WGA) läßt sich in gleicher Weise aufschrumpfen. Das Lösen der Verbindung erfolgt am einfachsten durch Hinterhaken mit dem Daumennagel, und Abziehen des Schlauches, wobei man mit der anderen Hand die Kapillare hält.

Manche Phasen geben bereits in Konzentrationen von ca. 5% so hochviskose Lösungen, daß sie nur mit relativ hohen Vordrucken von 3–5 bar dynamisch mit vernünftiger Geschwindigkeit aufgebracht werden können. Dabei treten aber häufig Ungleichmäßigkeiten in Form konzentrischer Ringe in ziemlich gleichmäßigen Abständen auf, die wahrscheinlich durch elektrostatische Aufladung bedingt sind. Meist kann man dann später beim Austreiben des Lösungsmittels im N_2-Strom eine Glättung beobachten.

2. Statisches Verfahren

Führt die dynamische Methode nicht zu einer gleichmäßigen Belegung, so ist die statische Belegung angebracht. Sie liefert bei richtiger Durchführung sehr gleichmäßige Filme, deren Dicke im Gegensatz zur dynamischen Methode genau bekannt ist. Da bei der statischen Methode praktisch keine Verluste an Phase auftreten und mit verdünnteren Lösungen gearbeitet wird, wird sie auch gern für sehr teure stationäre Phasen verwendet. Sie wird besonders häufig zum Aufziehen von Phasen verwendet, die in höherer Konzentration viskose Lösungen ergeben wie

Silicongummi (z. B. SE-30, SE-52, SE-54, OV-1), Polyethylenglykole mit Molgewichten von etwa 20 000 und höher (z. B. Carbowax 20 M und 40 M) und Polyethylenoxide (z. B. Superox-Typen). Die Lösungen brauchen nur etwa 1/30 der bei der dynamischen Methode für gleiche Filmdicken erforderlichen Konzentration zu haben, also etwa 0,05–1% statt 3–50%.

Das Verfahren besteht aus folgenden Schritten:

a) Füllen der gesamten Säule mit der Lösung der stationären Phase.

b) Vakuumdichtes und blasenfreies Verschließen des einen Säulenendes.

c) Abdampfen des Lösungsmittels im Vakuum.

Beim letzten Schritt bewegt sich die Lösung praktisch nicht innerhalb der Kapillare, das verdampfende Lösungsmittel diffundiert hinaus, daher wurde das Verfahren auch „statisch" genannt.

a) Füllen der Säulen

Die Lösungen können in die Säule entweder gesaugt oder gedrückt werden. Dazu werden die Säulenenden zunächst wie bei der dynamischen Methode beschrieben umgebogen. Die gesamte Säule kann durch Saugen mit einer Wasserstrahlpumpe gefüllt werden. Dies dauert bei längeren Säulen (über 20 m) und viskoseren Lösungen (z. B. 0,1% Superox 4 in Dichlormethan) bis zu mehreren Stunden. Beim Einsaugen viskoser Lösungen können die Kapillaren verstopfen, weil an der vorderen Front ein Teil des Lösungsmittels verdampft. Dies kann meist verhindert werden, wenn man vor der Lösung einige Windungen reinen Lösungsmittels einsaugt.

Sehr viel schneller können die Säulen mit Hilfe von Überdruck gefüllt werden (s. a. [216]). Dazu können die oben beschriebenen zur Aufbewahrung der Lösungen dienenden Gewinderöhrchen direkt verwendet werden, ohne daß die Lösungen umgefüllt werden müssen. Die Verschlußkappe wird dazu gegen eine mit 2 PTFE-Schläuchen versehene (s. Abb. 4) ausgetauscht. Als Lösungsmittel für die statische Belegung sind besonders die leichterflüchtigen geeignet: n-Pentan ist für Methyl-

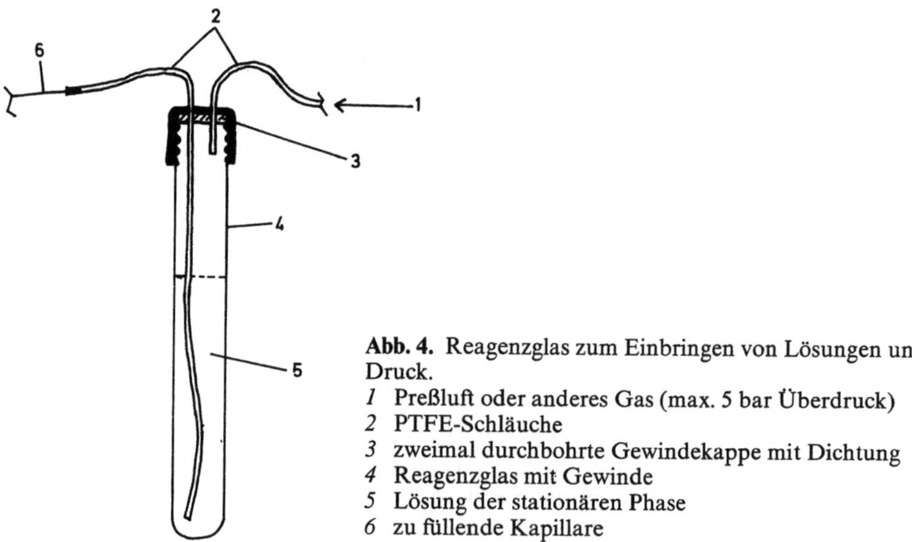

Abb. 4. Reagenzglas zum Einbringen von Lösungen unter Druck.

1 Preßluft oder anderes Gas (max. 5 bar Überdruck)
2 PTFE-Schläuche
3 zweimal durchbohrte Gewindekappe mit Dichtung
4 Reagenzglas mit Gewinde
5 Lösung der stationären Phase
6 zu füllende Kapillare

und Phenylsilicone, Dexsil 300, Apiezone, C_{87}-Kohlenwasserstoff, Polypropylenglykole u. Dichlormethan oder Ameisensäuremethylester (Kp. 32 °C) für die meisten anderen Phasen angebracht. Auch Diethylether kann günstig sein. Aceton ist wegen seines hohen Siedepunktes weniger angebracht. Alle Lösungsmittel sollten bei der statischen Belegung möglichst frei sein von stark alkalisch oder stark sauer (HCl in CH_2Cl_2) reagierenden und höheren Konzentrationen an nicht flüchtigen Verunreinigungen.

b) Verschließen eines Säulenendes

Das richtige Verschließen des einen Säulenendes bei der statischen Belegung ist entscheidend für das Gelingen der Methode. Der Verschluß muß absolut vakuumdicht sein und darf an der Grenzfläche zur Lösung der stationären Phase keine Gasblase enthalten und nicht gasen. Tritt eine dieser Erscheinungen auf, so mißlingt die Belegung.

Zum Verschließen ist eine ganze Reihe von Materialien und Methoden beschrieben worden:

Wasserglas [72, 474, 197],
Vaselin/Wachs-Mischung [169] oder Apiezon N (ref. bei [350]),
Epoxid-Kleber [100] oder andere Klebstoffe [159, 379, 61],
Kunststoffschlauch aus PTFE, PE (Polyethylen) u. a. [482, 543, 22, 275],
Bitumen [367],
Abschmelzen mit scharfer Wasserstoff-Sauerstoffflamme [308].

Das Verschließen mit Wasserglas ist die älteste Technik und dürfte auch heute noch die verbreitetste sein. Das Material ist preiswert und im Handel leicht beschaffbar: Natronwasserglas, eine etwa 35%ige Lösung, Merck Nr. 5621 oder Roth Nr. 2-7561. Es hat sich auch im eigenen Laboratorium bewährt, wobei folgendermaßen vorgegangen wurde:

Nach dem Füllen der Kapillare mit der Lösung der stationären Phase wird das zu verschließende Ende sofort in ein kleineres Volumen (ca. 5–10 ml) Wasserglas getaucht. Durch Anlegen eines geringen Überdruckes von 0,05–0,1 bar am anderen Ende werden etwa 5 cm der in der Kapillare befindlichen Lösung in die Wasserglaslösung ausgedrückt, um eine eventuell eingedrungene Luftblase mit Sicherheit auszutreiben. Dann saugt man nach Drehen des Gefäßes mit der Wasserglaslösung um einen kleinen Winkel, ohne das Kapillarenende herauszunehmen, auf etwa 3–5 cm Wasserglas mit einer Wasserstrahlpumpe ein. Dies kann man am besten am Vor- und Zurückgehen der Lösungsfront an dem am Vakuum angeschlossenen Ende beobachten oder, indem man mit Phenolphthalein angefärbtes Wasserglas verwendet. Nach Abhängen der Zuleitung zur Wasserstrahlpumpe nimmt man das Ende aus der Wasserglaslösung, wischt das überschüssige Wasserglas ab und hält das Ende einige Sekunden in den Dampfraum eines teilweise mit konz. Ameisensäure gefüllten Gefäßes. Dabei sollte das zu dichtende Ende etwa 10–20 cm tiefer als das offenbleibende Ende liegen, um zu erreichen, daß durch den entstehenden geringen hydrostatischen Druck das Wasserglas nicht eingesaugt wird, sondern gerade bis zur Öffnung reicht. Nach einer Wartezeit von etwa 15–20 min kann meist mit dem Abpumpen des Lösungsmittels begonnen werden. Ob die Klebstelle dicht hält und nicht gast, kann durch Saugen mit der Wasserstrahlpumpe am offenen Ende geprüft werden. Dabei sollte man die Lösungsfront am offenen Ende beobachten. Beim Anlegen des Vakuums bewegt sich die Front ganz kurz um einige mm nach vorn, sollte aber dann sofort zum Stehen kommen und sich danach in anderer Richtung zum verschlossenen Ende hin bewegen, weil sofort die Lösungsmittelverdampfung einsetzt. Bewegt sich die Front weiter zum offenen Ende hin, so muß das andere verschlossene Ende und die Grenzfläche zwischen der Lösung der stationären Phase und dem Wasserglas beobachtet und das Vakuum sofort aufgehoben werden. Sind hier Luftblasen zu sehen, so muß das Verschließen mit Wasserglas nach Abbrechen der letzten 1–2 cm wie oben beschrieben wiederholt werden. Sind hier aber keine Luftblasen zu sehen und die Lösung hatte sich zur Vakuumseite hin fortbewegt, so gaste die Lösung der stationären Phase selbst irgendwo, z. B. an einem kleinen Staubpartikel. Diese Störung läßt sich durch Liegenlassen der Kapillare über Nacht (d. h. ca. 15 h lang) beseitigen, da sich das Gas dann gleichmäßig in der Umgebung lösen und verteilen kann (s. a. [216]).

Die empfohlene Anfärbung von Wasserglas mit wenig (!) Phenolphthalein erleichtert die Beobachtung beim Verschließen etwas, war im eigenen Laboratorium aber entbehrlich. Die von anderen Autoren empfohlenen langen Wartezeiten sind besonders bei einer Beschleunigung der Aushärtung des Wasserglases mit Ameisensäure-Dämpfen meist nicht erforderlich. Gewisse Probleme traten bei polaren, mit Wasser mischbaren Lösungsmitteln (Aceton, Methanol) auf, indem das Wasserglas an der Berührungsstelle mit der Lösung sofort ausflockte. Durch Einsaugen eines mit Wasser wenig mischbaren Lösungsmittels (z. B. Toluol) in etwa eine Windung und dann von Wasserglas wurden die Schwierigkeiten vermieden.

Im eigenen Laboratorium hat sich das Verschließen mit Bitumen (Teer) besonders bewährt. Bitumen, Type 85/25, ist im Bauhandel äußerst preiswert erhältlich:

Eine kleinere Menge Bitumen, etwa 100 g, wird in einem kleinen Becherglas auf einem Brenner unter dem Abzug zum Schmelzen gebracht und etwas höher erhitzt. Die Masse wird mit einem Pipettierhelfer in ein vorgewärmtes Glasrohr von etwa 1 m Länge, 3–5 mm ä.∅ und 2–4 mm i.∅ schnell aufgesaugt. Sollte das Material schon während des Aufsaugens erstarren, so muß die Masse stärker erwärmt oder das Glasrohr z. B. mit einer Gasflamme noch stärker vorgewärmt werden. Nach dem Erstarren werden nach dem Anritzen mit einem Glasschneider etwa 1 cm lange Stücke des mit Teer gefüllten Glasrohres abgebrochen. Zum Verschließen der Kapillaren wird das Ende etwa 1–2 mm tief in den Teer gedrückt. Dabei sollte am offenbleibenden Ende ein sehr leichter Überdruck angelegt werden, so daß ein wenig Lösung austritt und so das Eindringen eines Luftbläschens in das zu verschließende Ende verhindert wird. Dies ist sofort dicht, und man kann direkt mit dem Abpumpen des Lösungsmittels beginnen. Ist das Bitumenmaterial zu hart zum Hineindrücken der Glaskapillare, so kann es mit der Sparflamme eines Laborbrenners kurz erwärmt werden. Nach 1 min Abkühlen ist dann die Kapillare leicht in die Masse zu pressen. Bei längeren Belegungszeiten von mehr als etwa 10 h kann sich das Material z. B. mit Pentan und Dichlormethan anlösen, und es kann zu Lufteinbrüchen kommen. Am sichersten ist es, vorher auf 5–10 cm Länge Methanol einzusaugen und dann erst das Bitumenröhrchen auf das Kapillarenende zu drücken.

Eine elegante Methode ist auch das Abschmelzen des Kapillarenendes. Dabei soll möglichst wenig Pyrolysegas entstehen, das sonst zu Störungen beim Abpumpvorgang führt. Auch hier darf keine Gasphase am verschlossenen Ende vorhanden sein. Einen gasfreien Verschluß erreicht man bei folgendem Vorgehen:

Noch vor dem Füllen mit der Lösung der stationären Phase wird das zu verschließende Ende in einer Flamme sehr fein ausgezogen und das ausgezogene Stück bis auf etwa 3–5 cm abgebrochen. Die Kapillare wird nun mit Hilfe von Druck vom anderen Ende her gefüllt. Hat die Lösung das kapillar ausgezogene Ende erreicht, wird nach Austreten von etwa 100 µl der Lösung der Druck weggenommen und das Ende sofort mit einer feinen *sehr heißen* Flamme, am besten einer Knallgasflamme, möglichst schnell zugeschmolzen. Geeignet sind der Water-Welder (Kager), eine Mikroschweißapparatur (MIG. O. MAT), oder am einfachsten der Mikroflammen-Brenner, „The Little Torch" Model 11-1101 von Tescom (Engelkemper Nr. 524 A 15 oder Arnold Nr. 126/20). Die beim kurzen Erhitzen entstehende geringe Menge an Pyrolysegas muß sich erst in der Phasenlösung aufgelöst haben, bevor Vakuum angelegt wird. Dieser Lösungsvorgang kann durch Anlegen eines Gasüberdruckes von 1–5 bar beschleunigt werden und ist meist nach etwa 5 min bis etwa 1 h beendet. Durch Betrachten mit einem kleinen Mikroskop, z. B. Emoskop S oder SM (Emo-Optik), einer Lupe oder auch mit bloßem Auge kann das Verschwinden des letzten Restes der Gasblase verfolgt werden. Auch durch Anlegen eines Vakuums kann erkannt werden, ob noch ungelöstes Gas vorhanden ist, indem sich die Blase dann stark vergrößert. Das Vakuum sollte dann sofort wieder entfernt und erneut Druck aufgegeben werden. Nach einer gewissen Wartezeit kann von neuem so getestet werden.

c) Abdampfen des Lösungsmittels

Das Abpumpen des Lösungsmittels dauert je nach Lösungsmittel, nach Badtemperatur und Kapillarenlänge wenige Stunden bis zu etwa 5 Tagen, z. B. bei einer 50–60 m langen Kapillare von 0,25 mm i.Ø mit Dichlormethan als Lösungsmittel und bei 20 °C Badtemperatur.

Die Verwendung einer Wasserstrahlpumpe kann bei kurzer Belegungsdauer sinnvoll sein, bei längerer Belegungsdauer sind die Betriebskosten jedoch hoch. Zuverlässiger und günstiger ist dann eine elektrische Vakuumpumpe (Öldrehschieberpumpe). Eine Methode mit besonders niedrigen Betriebskosten ist auch das Anwenden einer „Vakuumreserve" in Form einer Saugflasche oder eines Rundkolbens (s. a. [275]). Im eigenen Laboratorium hat sich als „Vakuumreserve" neben einem Vakuumexsikkator von etwa 20 l Inhalt auch ein Blechfaß, dessen Nähte durch Lackieren nachgedichtet wurden, zur Belegung langer Kapillaren bewährt. Über einen Dreiwegehahn aus Glas, am besten mit PTFE-Küken, kann man die Vakuumpumpe, die Vakuumreserve und die Kapillare beliebig miteinander verbinden. Auf diese Weise ist auch ein Nachevakuieren der Vakuumreserve ohne Aufheben des Vakuums in der Kapillare möglich.

Sehr elegant ist auch das Einbringen der gesamten einseitig verschlossenen Kapillare in einen größeren Exsikkator von 10–20 l Inhalt [169]. Nach dichtem Verschließen des Exsikkators unter Verwendung von Hahn- bzw. Exsikkatorfett wird er evakuiert, am besten mit einer Öldrehschieberpumpe bis auf einen Druck von etwa 100–150 mbar, was mit einer leistungsfähigen Vakuumpumpe etwa 0,5–1 h dauert. Dann wird der Hahn am Exsikkator zugedreht und die Pumpe kann abgestellt werden. Die Kapillare ist so auch gegen schroffe Temperaturschwankungen isoliert. Am Säulenanfang kann es jedoch zu einer ungleichmäßigen Belegung kommen, da sich beim Beginn des Abpumpens das restliche Gas im Exsikkator zunächst abkühlt und sich damit auch die Lösung der stationären Phase in der Kapillare zusammenzieht. Beim anschließenden Erwärmen dehnt sie sich langsam wieder auf. Dies kann sogar zur Verstopfung des Kapillarenanfangs führen (Näheres s. [169]).

Während des Abpumpens sollte die Kapillare ziemlich konstant temperiert werden, da durch die Ausdehnung und Kontraktion der Lösung schon bei kleinen Temperaturschwankungen die Lösungsfront vor- und zurückwandert. Auf diese Weise entsteht eine ungleichmäßige Belegung in Form konzentrischer Ringe. Am einfachsten lassen sich kurzzeitige Temperaturschwankungen in einem gerührten Wasserbad von Raumtemperatur vermeiden, wie es bei der dynamischen Belegung beschrieben wurde. Die beiden Kapillarenenden sollten dabei bis über die Wasseroberfläche ragen. Oft genügt auch ein „Luftbad" (s. [275]).

Ein Vakuummeßgerät, z. B. ein Pirani-Vakuummeter (Type TPG 031 mit Meßröhre TPR 010 der Fa. Balzers oder Thermotron TM 13/1 mit Meßröhre 2111 der Fa. Leybold-Heraeus) ist recht nützlich, da man über die Anzeige den Abpumpvorgang verfolgen bzw. die Dichtigkeit der Vakuumreserve überprüfen kann. Ein „Verstopfen" der Kapillare kann man daran erkennen, daß das Vakuum bei direktem Verbinden der Kapillare mit der Pumpe praktisch seinen Endwert erreicht, obwohl noch Lösungsmittel in der Kapillare ist. Diese Störung ist in der Regel dadurch bedingt, daß die Lösung vorher langsam in Richtung der Vakuumseite wanderte, indem sie irgendwo gaste oder die Klebstelle leicht undicht wurde.

Bei höherer Temperatur läßt sich das Lösungsmittel viel schneller abpumpen [197]. Im eigenen Laboratorium hat sich dazu der heizbare Magnetrührer „Ika RET" (Janke und Kunkel) mit einem Kontaktthermometer (Bereich von etwa 0–100 °C) zur konstanten Beheizung des Wasserbades am besten bewährt. Man kann sogar bei Temperaturen oberhalb des für Normaldruck geltenden Siedepunktes der Lösungsmittel arbeiten, ohne daß die Lösungssäule reißt. Bedingt durch den Strömungswiderstand in Form des bereits leergepumpten Kapillarenteiles, den das verdampfte Lösungsmittel zu überwinden hat, bevor es in die Pumpe gelangt, herrscht an der Stelle der Lösungsverdampfung ein ganz anderer Druck als der an der Pumpe gemessene.

Da die Abpumpgeschwindigkeit mit Zunahme des leergepumpten Kapillarenteiles abnimmt, dauert das Belegen bei langen Säulen wesentlich länger als bei kurzen Säulen. Durch ein geeignetes Temperaturprogramm kann die *Abpumpgeschwindigkeit* konstant gehalten werden. Im eigenen Laboratorium wurde dazu folgende Vorrichtung gebaut:

Das Vakuummeßgerät hat einen Schreiberausgang von 0–100 mV. Über diese Spannung läßt sich die Ein-Aus-Schaltung der Heizung des Magnetrührers mit Hilfe einer einfachen, zusätzlich in den Rührer eingebauten Elektronik steuern. Wird der Druck zu hoch, schaltet die Heizung ab, wird er zu gering, wird sie wieder eingeschaltet. Die durch den Schaltvorgang bedingten Temperaturschwankungen in der Badflüssigkeit lassen sich in engen Grenzen halten, indem die maximale Heizplattentemperatur nur etwa 20–50 °C über der Badtemperatur eingestellt wird. Ein Kontaktthermometer kann als Übertemperatursicherung verwendet werden. Wasser ist nur bis etwa 60–70 °C als Badfüllung geeignet, da es zu schnell verdampft. Sehr geeignet ist für höhere Temperaturen z. B. Polyethylenglykol 400 (z. B. Roth Nr. 2-0144), die Heizbadflüssigkeit BASF (Cappel) oder Heizbadflüssigkeit Merck (Nr. 15265), die bis etwa 170 °C verwendet werden können. Diese Flüssigkeiten lassen sich mit Wasser abwaschen. Der durch die thermische Ausdehnung der Lösung bedingte Gradient in der Filmdicke ist praktisch ohne Bedeutung. Auf diese Weise lassen sich auch recht schwerflüchtige Lösungsmittel, wie Methanol, in einer vernünftigen Zeit abpumpen. Am sichersten ist es jedoch, leichtflüchtige Lösungsmittel bei Raumtemperatur abzudampfen, da die Lösungen bei höherer Temperatur häufiger gasen.

Nachdem die letzten Anteile des Lösungsmittels verdampft sind, sollte man nicht sofort das Vakuum aufheben, da sie sonst in der Kapillare kondensieren können, was zu Ungleichmäßigkeiten der Belegung führt. Man sollte daher noch mindestens etwa 15 min das Vakuum aufrechterhalten.

Die in der Literatur beschriebene Ausheizmethode wird in der Praxis kaum angewendet. Dabei wird die einseitig verschlossene Kapillare mit dem offenen Ende zuerst langsam in einen Heizofen transportiert, in dem das Lösungsmittel verdampft wird [276, 287, 288].

D. Aufrauhungsmethoden

Auf unbehandelten Glasoberflächen haften nur wenige stationäre Phasen. Zu dieser Gruppe gehören die Methylsilicone, Silicone mit niedrigem Phenylgehalt bis zu etwa 20 Mol %, OV-1701, OV-215, Polyethylenglykole und Polyethylenoxide mit Molgewichten von etwa 20 000 und mehr, Fluorad FC 431 (ein polyethoxyliertes Perfluoroctadecanol); FFAP, WG 11, SP 1000 und OV 351 (mit Nitroterephthalsäure umgesetztes Carbowax 20 M) haften häufig auch auf nicht modifizierten Glasoberflächen, ebenso Kohlenwasserstoffe, wie Squalan und Apiezone, auch Polypropylenglykole und einige UCON-Öle perlen als dünne Filme meist nicht ab. Die übrigen Phasentypen bilden auf unbehandelten Glasoberflächen meist instabile Filme, die sich zu Tröpfchen zusammenziehen. Dazu neigen z. B. besonders Polyphenylether, Polyphenylethersulfone, Nitrilsilicone, Phenylsilicone mit höheren Phenylgehalten (OV-17) und viele Polyester.

Manche Phasen perlen bereits in der Kälte direkt nach dem Belegen ab, manche erst beim Aufheizen im Gaschromatographen. Dabei können sich sehr viele feine Tropfen bilden oder auch einige größere. Die Trennleistung derartiger Säulen ist stark reduziert. Die Phasentröpfchen können auch, wenn sie das innere Lumen der Kapillaren ausfüllen, vom Trägergas in den Detektor gedrückt werden und so zu Störungen der Anzeige führen. Aber auch niedrigviskose, gut auf dem Glas haftende und gleichmäßige Filme bildende Phasen können vom Trägergas nach und nach ein wenig zum Säulenende hin gedrückt werden. Dabei bleibt der Film gleichmäßig, nur am Säulenende sind kleine Tröpfchen zu erkennen, die die Trennleistung der Säule mehr oder minder reduzieren und auch langsam in den Detektor gelangen und dort zu Störungen führen. Diese Erscheinung ist besonders bei dickeren Filmen (0,3–1 µm) und höheren Trägergasströmungen z. B. auch bei OV-101 und anderen Methylsiliconölen, bei Polypropylenglykolen und bei Apiezon L zu beobachten.

Auch gut haftende Phasen, wie z. B. Polyethylenoxide, können manchmal nach einiger Betriebsdauer vom Untergrund abperlen, was wahrscheinlich auch von der Art der injizierten Proben abhängt, indem diese z. T. adsorptiv am Glas festgehalten werden und so dessen Benetzbarkeit reduzieren.

Das sicherste Mittel, das Abperlen der Phasen zu verhindern, ist eine Aufrauhung der glatten Glasoberfläche. Dazu ist eine Reihe von Verfahren entwickelt worden. Die erhaltenen Kapillaren sind dann jedoch keine typischen „Dünnfilmkapillaren" mehr, sind aber wegen ihrer in der Regel trotzdem hohen Trennleistung eher zu diesem Typ zu zählen, als zu den mit wesentlich dickeren Schichten gröberen Materials versehenen typischen Dünnschichtkapillaren.

Folgende Methoden wurden in der Literatur beschrieben:
1. Berußung
   a) durch Pyrolyse von Dichlormethan,
   b) durch Aufbringen von Ruß in Form einer Dispersion;
2. Erzeugung von „Whiskers"
   a) durch Pyrolyse von Methyltrifluorchlorethylether,
   b) mit HF oder Fluoriden;
3. Belegung mit NaCl-Kristallen
   a) durch Ätzen mit HCl-Gas,
   b) durch Aufbringen mit Hilfe von NaCl-Lösungen;
4. Abscheidung von $BaCO_3$ aus $Ba(OH)_2$-Lösung mit CO_2;
5. Aufbringen von Kieselsäure.

1. Berußen

Das von Grob [178, 179] beschriebene Verfahren ergibt sehr dünne Rußschichten von ca. 1 nm. Die Filme der aufgebrachten Phasen sind mit 0,1 µm und darüber um etwa das hundertfache dicker. Durch die Berußung wird die Benetzbarkeit der Glasoberfläche erhöht, der Aufrauhungseffekt ist weniger ausgeprägt. Die Rußschichten werden durch Pyrolyse von Dichlormethan-Dämpfen, die mit Stickstoff verdünnt sind, bei etwa 550 °C entsprechend folgender Reaktion erhalten:

$$CH_2Cl_2 \; \rightarrow \; C + 2\,HCl\,.$$

Mit einigen Phasen werden sehr gute Säulen erhalten, jedoch stören oft die Adsorptionserscheinungen des Rußes. Bei einem anderen Verfahren werden die Kapillaren mit Hilfe einer Dispersion von Ruß in einem organischen Lösungsmittel „berußt" [420, 171, 172], die Trennergebnisse sind jedoch nicht sehr überzeugend.

Berußungsverfahren werden in der Praxis kaum noch benutzt, daher wird hier auf Details verzichtet.

2. Erzeugen von „Whiskers"

Von Novotny et al. [421] und Tesarik et al. [541] wurde eine Aufrauhungsmethode beschrieben, bei der durch Pyrolyse von Methyl-trifluorchlorethylether in der Kapillare Fluorwasserstoff erzeugt wird:

$$\underset{\underset{F}{\overset{\overset{Cl}{|}}{\underset{|}{\overset{F}{|}}}}{H-C-C-O-CH_3} \longrightarrow HF + \underset{\overset{F}{|}}{\overset{\overset{Cl}{|}\ \overset{F}{|}}{C=C-O-CH_3}}$$

Diese auch „etching ether" genannte Substanz ist im Handel erhältlich (Macherey-Nagel Nr. 701017, Alltech Nr. 2186). Der Ether läßt sich in die Kapillare bringen, indem man sie mit Stickstoff spült, der zuvor mit dem in einem Blasenzähler befindlichen Ether gesättigt wurde. Nach Abschmelzen der Kapillarenenden wird einige Stunden auf etwa 400–550 °C erhitzt. Dabei entstehen auf der Glasoberfläche feine haarförmige Gebilde, sog. „Whiskers", die einen Durchmesser von etwa 1 µm haben und je nach experimentellen Bedingungen Längen von einigen µm und mehr haben. Mit Wasser lassen sie sich herauslösen, obwohl man sie als Kieselsäure-Körper identifiziert hat (s. a. [350]).

Mit dieser Methode lassen sich auch Kapillaren aus Borosilicatglas aufrauhen, was z. B. mit HCl-Gas nicht gelingt. Bei der Reaktion entsteht neben Kohlenstoff (Ruß) wahrscheinlich auch HCl. Der Kohlenstoff kann später wegen seiner Adsorptionen stören, er läßt sich durch Verbrennen im Luft- oder Sauerstoff-Strom bei etwa 450–550 °C entfernen. Trotzdem zeigen Whiskers-Kapillaren eine nur schwer zu beseitigende, ausgeprägte Adsorptionsaktivität.

Das Verfahren wurde von Schieke et al. [491–496] weiterentwickelt und näher untersucht. Von Sandra et al. [479] werden geeignete Desaktivierungsmethoden für diese Oberflächen beschrieben. Der Ether läßt sich auch in die Kapillaren bringen, indem man sie damit spült [154]. Auch mit Hilfe von HF oder NH_4HF_2 lassen sich Whiskers erzeugen [433–435]. Eine Aufrauhung wird ebenfalls mit einer 10–20%igen wäßrigen Lösung von KHF_2 sowohl in Kapillaren aus Alkali-Kalk-Glas als auch aus Borosilicat-Glas erzielt [249]. In Vorversuchen konnte im eigenen Laboratorium auch mit einem Gemisch von HCl- und HF-Gas eine stärkere Aufrauhung von Kapillaren aus Borosilicat-Glas erreicht werden.

Bei allen diesen Verfahren resultieren sehr adsorptionsaktive Oberflächen, die sich nicht gut desaktivieren lassen. Eine starke Aufrauhung in Verbindung mit dünneren Belegungen erniedrigt außerdem die Trennleistung der Säulen. Die in der Literatur zu findenden schönen elektronenmikroskopischen Aufnahmen von Whiskers sollten nicht über die meist weniger überzeugenden gaschromatographischen Trennungen hinwegtäuschen. Über die Vor- und Nachteile von Whiskers-Kapillaren s. [480].

3. Belegen mit NaCl-Kristallen

Auf Soda-Kalk-Gläsern bilden sich bei höheren Temperaturen von ca. 300–550 °C mit Chlorwasserstoff NaCl-Kristalle entsprechend folgender Reaktion:

$$\geqq Si - O - Na + HCl \rightarrow \ \geqq Si - OH + NaCl$$

Bei den angewendeten Temperaturen wird daneben Wasser durch Kondensation von $\geqq Si - OH$-Gruppen gebildet. Ein Verfahren zur Aufrauhung von Kapillaren nach diesem Prinzip ist bereits 1968 von Tesarik und Novotny kurz beschrieben worden [541, 421]. Die Methode wurde dann in mehreren Laboratorien weiterentwickelt [15, 16, 17, 502, 148, 334, 379, 34, 442]. Nur Soda-Kalk-Glas gibt einen dichten Belag von NaCl-Kristallen, während Borosilicat-Glas kaum verändert wird. Die in der Literatur beschriebenen Methoden unterscheiden sich in folgenden Punkten: Ätztemperatur, Ätzdauer, statische oder dynamische Ätzung. Bei allen Verfahren sind die resultierenden Oberflächen sehr adsorptionsaktiv und bedürfen zur Trennung polarer Verbindungen, besonders bei Verwendung unpolarer stationärer Phasen einer intensiven Desaktivierung.

Beim „statischen" Ätzverfahren wird die Kapillare mit HCl-Dämpfen gefüllt, abgeschmolzen und auf mindestens 300 °C erhitzt, beim „dynamischen" Ätzverfahren bleibt die Kapillare offen und wird bei mindestens 300 °C mit gasförmigem HCl-Gas gespült. Von allen Autoren wird wasserfreies HCl-Gas verwendet, das entweder einem Stahlzylinder entnommen wird oder in einer einfachen Gasentwicklungsapparatur aus NaCl oder konz. HCl mit konz. H_2SO_4 erzeugt wird. Die Gasentwicklungsapparatur kann z. B. aus einem 200 ml-Erlenmeyerkolben mit Saugstutzen (Saugflasche) und einem Scheidetrichter, der mit einem durchbohrten Stopfen auf der Saugflasche angebracht wird, bestehen. Durch den Saugstutzen kann das HCl-Gas entnommen werden. Das Zwischenschalten einer mit H_2SO_4 gefüllten Gaswaschflasche zum Auswaschen mitgerissener Nebel ist sinnvoll. Bei dem von Schomburg empfohlenen „dynamischen" Ätzen, bei dem das HCl-Gas bei der Ätztemperatur durch die Kapillare gedrückt wird, wird der Chlorwasserstoff am besten aus Stahlflaschen verwendet, da er unter höherem Druck stehen muß. Der Chlorwasserstoff steht in gefüllten Zylindern (z. B. Merck Nr. 823249) unter einem Überdruck von etwa 55 bar. Korrosionsbeständige Druckminderer sind recht teuer und halten über lange Zeiträume dem Angriff des Chlorwasserstoffs auch nicht stand. Wesentlich billiger und ungefährlicher ist das Umfüllen des HCl-Gases in kleinere Stahl- oder Edelstahlbehälter von ca. 100–500 ml, die nur bis zu einem für die Ätzung gewünschten Überdruck, z. B. 5 bar, mit HCl gefüllt werden. Wegen des geringen Gasverbrauches bei der Ätzung fällt der Druck nur langsam ab.

Im eigenen Laboratorium konnte das Ätzen sehr einfach mit 36%iger wäßriger HCl erreicht werden, und zwar mit der „dynamischen" Ätzmethode: Die Kapillare wird dazu in einen Muffelofen (möglichst mit Luftumwälzung) oder in einen Gaschromatographen gebracht, so daß beide Enden nach außen ragen, und auf 400 °C hochgeheizt. Dann wird das eine Ende mit dem Auslaßschlauch des in Abb. 4 gezeigten Druckgefäßes verbunden, das mit etwas konz. HCl gefüllt ist. Mit Hilfe eines Stickstoff- oder Preßluft-Überdruckes von etwa 1–5 bar je nach Länge der Kapillare wird die Salzsäure in die erhitzte Kapillare gedrückt, wo sie verdampft und erst wieder am anderen Ende kondensiert. Die Ätzung ist meist nach ca. 1 h abgeschlossen. Man prüft dann, ob die Kapillare auf der ganzen Länge mit einem gleichmäßigen weißlichen Belag überzogen ist, ohne den Ofen zu stark abzukühlen, so daß es nicht zu Flüssigkeitskondensationen auf der Kapillare kommt. Ist die Ätzung ausreichend, läßt man den Überdruck vom Druckgefäß ab, hängt dann die Kapillare ab, verbindet sie mit einer N_2- oder Preßluftleitung und drückt so lange Gas durch, bis die austretenden Dämpfe praktisch nicht mehr sauer reagieren, was mit angefeuchtetem Indikatorpapier überprüft wird, das man an die

Kapillarenöffnung hält. Erst dann nimmt man die Kapillare aus dem Ofen. Dieses Verfahren ist technisch wenig aufwendig, die resultierenden Oberflächen sind jedoch wie bei den anderen HCl-Ätzmethoden zunächst sehr adsorptionsaktiv.

Bei einer anderen Methode wird das NaCl mit Hilfe eines „Sols", einer kolloidalen Dispersion, aufgebracht [416]. Das Verfahren ist besonders für Boro-silicat-Gläser geeignet, die mit gasförmigem HCl wegen ihres geringen Alkalige-haltes praktisch keine Aufrauhung ergeben. Die *Herstellung des Sols* erfolgt durch Ausfällung des NaCl aus methanolischer Lösung durch schnelle Zugabe von Tri-chlorethan in folgender Weise: 3 ml einer gesättigten NaCl-Lösung in Methanol (etwa 1% NaCl enthaltend) werden mit Hilfe einer Spritze in 8 ml 1,1,1-Trichlor-ethan gegeben, indem man die Kanülenspitze unter die Oberfläche des Lösungs-mittels hält und den Spritzenkolben kräftig nach unten drückt.

Das Lösungsmittel soll vorher durch Schütteln mit konz. H_2SO_4 und Destillation gereinigt werden. Käufliches 1,1,1-Trichlorethan „puriss." (Fluka Nr. 91099) ist nach eigener Erfahrung ohne Vorbehandlung für die Methode rein genug. Das Gefäß, in dem das NaCl ausgefällt wird, muß nach Angabe der Autoren mit Chromschwefelsäure und H_2O gut gereinigt und bei 400 °C getrocknet werden, da das NaCl sonst zu grob ausfällt. Nach eigener Erfahrung ist auch eine Behandlung mit 20%iger HCl bei 100 °C und anschließende Silylierung der Oberfläche z. B. mit TMCS/HMDS/Pyridin $(1+2+4)$ günstig.

Das Einbringen der Dispersion kann bei kurzen oder weitlumigen Kapillaren mit Vakuum erfolgen, bei langen oder engen Säulen mit Überdruck. Dazu kann die in der Publikation [416] oder einfacher die in Abb. 4 gezeigte Vorrichtung ver-wendet werden. Zunächst werden jeweils auf einige m Länge nacheinander Dichlormethan, Methanol und Trichlorethan in die Kapillare gebracht und dann solange die Dispersion mit einer Geschwindigkeit von 1–5 cm/s durchgedrückt, bis mindestens 25 µl/cm² durchgeströmt sind (z. B. bei einer 20 m langen Kapillare von 0,3 mm i.Ø etwa 5 ml Dispersion). Die Kontaktzeit zwischen Säule und Disper-sion sollte dabei mindestens 40 min betragen. Dann wird mit einer einige m der Kapillarenlänge entsprechenden Trichlorethan-Menge nachgewaschen. Dabei soll-ten die letzten Lösungsmittelanteile nicht zu schnell aus der Kapillare strömen, was z. B. durch Anhängen einer Bremskapillare wie bei der dynamischen Belegung verhindert werden kann. Nach dem Entfernen des Lösungsmittels mit einem Gas-strom kann die Kapillare desaktiviert und mit stationärer Phase belegt werden. Bei einem anderen Verfahren werden NaCl-„Dendriten" aus 10%iger wäßriger Lösung bei 60 °C auf AR-Glas aufgebracht [481].

4. Abscheiden von $BaCO_3$

Bei dem von Grob et al. [191, 193, 201, 207] entwickelten Verfahren wird aus einer wäßrigen Bariumhydroxid-Lösung, die mit Hilfe von CO_2 durch die Kapillare gedrückt wird, Bariumcarbonat auf der Glasoberfläche abgeschieden:

$$Ba(OH)_2 + CO_2 \rightarrow BaCO_3 + H_2O.$$

Die Glasoberfläche muß vorher durch intensives Behandeln mit etwa 20%iger Salz-säure von Kationen weitgehend befreit werden, um adsorptionsarme Kapillaren zu erhalten. Das Verfahren ist für Soda-Kalk-Glas und Borosilicat-Glas geeignet. Von den Autoren wird folgende *Arbeitsvorschrift* angegeben:

a) Vorbehandlung („acidic leaching"): Die Kapillare wird mit 20%iger Salzsäure gefüllt, wobei 6–8% der Länge leergelassen werden. Beide Enden werden nach dem Evakuieren abgeschmolzen. Die Kapillare wird dann für etwa 15 h auf 150 °C erhitzt. Danach werden die Enden wieder geöffnet, die Kapillare geleert und mit einer 20% ihres inneren Volumen entsprechenden Menge an destilliertem Wasser gespült. Die Kapillare wird dann für einige Stunden unter Durchfluß eines mittleren, trockenen Gasstromes bei 300 °C getrocknet.

b) Belegung mit Bariumcarbonat *für polare Phasen:* 5–10% der Kapillarenlänge werden mit 0,5%iger HCl und dann 10–20% mit gesättigter Bariumhydroxidlösung (ca. 6 g Ba(OH)$_2$ · 8 H$_2$O/100 H$_2$O enthaltend), die noch 0,01% Marlazin L 10 (Bender u. Hobein) enthält, gefüllt. Nach Einsaugen von Luft auf 5–12 cm je nach Kapillarendurchmesser wird die Flüssigkeit mit CO$_2$ mit etwa 1 cm/s durchgedrückt, nachdem eine Bremskapillare von ähnlichem innerem Durchmesser am Ende der Kapillare angebracht wurde. Wenn die gesamte Flüssigkeit aus der Säule ausgetreten ist, wird die Kapillare in einem Ofen unter gleicher Gasströmung wie beim letzten Schritt für einige min auf 80–90 °C aufgeheizt und danach bei Raumtemperatur mit Aceton durchgespült.

Belegung mit Bariumcarbonat *für polare Phasen:* 5–10% der Kapillarenlänge werden mit 0,05%iger HCl und dann 10–20% mit einer auf 1 : 30 verdünnten gesättigten Bariumhydroxidlösung, die noch 0,0001–0,0003% Marlazin L 10 enthält, gefüllt. Nach Einsaugen von Luft auf 25–80 cm je nach Kapillarendurchmesser, wird so wie oben weitergearbeitet. Der Arbeitsschritt, bei dem die Säule auf 80–90 °C aufgeheizt wird, kann entfallen.

Bei der Herstellung unpolarer Säulen wird durch die Behandlung mit Ba(OH)$_2$ praktisch keine Aufrauhung erreicht, sie dient vielmehr einem Abdecken der bei der HCl-Behandlung entstehenden aktiven Stellen (s. a. [193, 454]) und einer Verbesserung der Desaktivierung mit PEG. Weitere Details und Angaben zur Säulendesaktivierung sind den o. g. Publikationen zu entnehmen. Auf dem durch BaCO$_3$ leicht basisch reagierenden Untergrund zeigen Polyethylen- und Polypropylenglykole eine um 50–70 °C erhöhte Temperaturstabilität, freie Carbonsäuren werden jedoch praktisch quantitativ festgehalten. Durch eine Behandlung mit H$_2$SO$_4$ läßt sich das BaCO$_3$ in BaSO$_4$ überführen, wodurch sich die Reaktion der Säulen in den neutralen bis sauren Bereich verschieben läßt.

5. Aufbringen von Kieselsäure

Die Glasrohre können vor dem Ziehen von innen mit einer Schicht von Quarzstaub mit einem Partikeldurchmesser von etwa 5 μm überzogen werden [545, 546]. Beim Ziehen der Kapillaren verschmelzen die Partikel fest mit der Oberfläche. Die Kapillaren können nach der Desaktivierung mit einer sehr dicken Belegung an stationärer Phase versehen werden, die um einen Faktor von etwa 10 stärker als allgemein üblich ist. Die Trennergebnisse sind trotz des etwas rauh erscheinenden Verfahrens recht brauchbar.

In vielen Arbeiten wird eine Stabilisierung der Filme der stationären Phasen mit Hilfe von Dispersionen von kolloidaler Kieselsäure beschrieben. Eine Zuordnung

der Kapillaren entweder zu den Dünnfilm- oder Dünnschichtsäulen fällt auch hier
schwer, da neben dem Durchmesser der Teilchen die Art des Aufbringens der
Kieselsäuren sehr unterschiedlich sein kann.

Die kolloidalen Kieselsäuren des Handels sind als feste Produkte in Form von
losen Pulvern oder auch als Dispersionen erhältlich, die in der Technik zu sehr
vielen unterschiedlichen Zwecken eingesetzt werden. Die festen Produkte werden
durch Flammenhydrolyse von $SiCl_4$ in einer Sauerstoff/Wasserstoff-Flamme hergestellt. Der mittlere Partikeldurchmesser liegt bei den verschiedenen Typen zwischen
7 und 40 nm (s. a. [275a]). Neben den nicht nachbehandelten Typen gibt es auch
silylierte Typen. Am häufigsten wurde bisher die Verwendung des Silanox 101
(Tullanox 500), einer silylierten kolloidalen Kieselsäure mit einem mittleren Teilchendurchmesser von 7 nm, beschrieben [156, 157, 69, 266, 268, 356, 412, 389, 40].
Auch nicht silylierte Typen wurden verwendet [444, 53, 513, 94, 330]. Bezugsquellen
für Silanox 101 bzw. Tullanox 500 (neue Bezeichnung) sind Alltech (Nr. 9654),
Applied Science (Nr. 04880), Chrompack (Nr. 1999), für nichtsilylierte kolloidale
Kieselsäure Sigma-Chemie („Silica fumed", verschiedene Typen), Roth (Nr. 2-8022)
und für wäßrige Dispersionen kolloidaler Kieselsäure Merck (Nr. 12475), Roth
(Nr. 2-8025). Auch durch Hydrolyse von $SiCl_4$ läßt sich auf der Glasoberfläche
SiO_2 erzeugen [36].

Durch sehr dünne Zwischenschichten von kolloidaler Kieselsäure läßt sich die
Haftung vieler stationärer Phasen und die Desaktivierung verbessern [513]. Im
eigenen Laboratorium hat sich als sicherste Methode zur Stabilisierung von Filmen
das Aufbringen relativ dicker Schichten kolloidaler Kieselsäure (z. B. Aerosil 200)
mehr bewährt. Sehr wichtig ist dabei das ausreichende Dispergieren mit Hilfe von
energiereichem Ultraschall in einem geeigneten organischen Lösungsmittel. In
Methanol lassen sich alle Typen gut dispergieren, jedoch sind dessen schwere Ver-
dampfbarkeit und ungünstiges Benetzungsverhalten nachteilig.

Die Dispersionen können dynamisch oder statisch aufgebracht werden. Dies
kann vor dem Belegen mit der stationären Phase oder zusammen mit dieser
erfolgen. Einige Phasen (z. B. PEG) geben jedoch mit nichtsilylierter kolloidaler
Kieselsäure Niederschläge, und eine wirksame Desaktivierung läßt sich meist nicht
in Gegenwart der stationären Phase durchführen. Daher ist es sinnvoll, zunächst
die Kieselsäure auf gegebenenfalls säuregewaschenes bzw. „geleachtes" Glas aufzu-
bringen, zu desaktivieren und dann mit Phase zu belegen.

Die in der Literatur beschriebenen, z. T. nicht sehr überzeugenden Trennergebnisse mit Kapillaren, die mit kolloidaler Kieselsäure beschichtet wurden, lassen sich
durch Anwendung geeigneterer Dispergier- und Aufbringungsmethoden stark
verbessern. Zum Herstellen der Dispersionen und Aufbringen der Kieselsäure hat
sich im eigenen Laboratorium folgendes Vorgehen bewährt:

Herstellen der Kieselsäure-Dispersion

500 mg Aerosil 200 oder Silanox 101 werden mit 10 ml Methanol versetzt und nach
dem Mischen mit einem Spatel mit Hilfe eines Ultraschallgenerators dispergiert.
Dabei sollte das verwendete Glasgefäß mit Wasser oder einem Eis-Wasser-Ge-
misch gekühlt werden, um Lösungsmittelverluste oder ein Sieden durch die Erwär-
mung des Inhalts zu vermeiden. Die Verwendung von Ultraschallreinigungsbädern,
wie sie in der Literatur beschrieben wird, reicht zur Erzielung homogener Disper-

sionen meist nicht aus und führt zu wechselnden Ergebnissen. Eine ausreichende Zerteilung ist mit Hilfe eines energiereichen und konzentrierten Ultraschall liefernden, mit einer Sonde arbeitenden Generators (z. B. Sonifer B-12 der Fa. Branson) möglich. Mit einem derartigen Gerät, das auch von Nota [420] zur Herstellung von Rußdispersionen verwendet wurde, wird etwa 3 min lang bei mittlerer Energie unter gelegentlichem Umschütteln homogenisiert. Als Dispergiermittel hat sich neben Aceton besonders Methanol bewährt, das haltbarere Dispersionen ergibt.

Aufbringen der Dispersion

Dazu kann die dynamische oder die statische Methode angewendet werden. Da beim ersten Verfahren Konzentrationen von etwa 3–10% in Aceton verwendet werden, verstopfen die Kapillaren bei der Belegung häufiger. Außerdem ist die dabei erhaltene Kieselsäureschicht oft ungleichmäßig. Zuverlässiger kann die Kieselsäure in Form einer etwa 0,05–0,2%igen Dispersion in Ameisensäuremethylester (Aerosil 200) oder Ether (Silanox 101) statisch aufgebracht werden. Man stellt diese Konzentrationen am besten aus einer 5%igen „Stammlösung" in Methanol durch Verdünnen mit technischem Ameisensäuremethylester (Merck Nr. 800889) bzw. Ether ein. Um eventuell vorhandene Agglomerate abzutrennen, sollten die Dispersionen nach dem Schütteln einige Stunden stehengelassen werden oder bei niederer Drehzahl in einem geschlossenen Gefäß (ca. 1000–2000 U/min) zentrifugiert werden. Die Beschichtung mit Kieselsäure ist für alle Säulenmaterialien, also auch bei Quarzkapillaren anwendbar.

Erfahrungsgemäß verlieren Kapillaren, die Siliconphasen auf dickeren Kieselsäureschichten enthalten, bei Temperaturen über etwa 200–250 °C schon nach ca. einem Tag einen großen Teil ihrer Trennleistung. Diese Erscheinung kann mit einer bei höheren Temperaturen ablaufenden Vernetzung der linearen Siloxanketten der stationären Phase durch die Kieselsäure erklärt werden, weil dabei eine Verharzung („Verlackung") eintritt. Nach einer vorherigen intensiven Desaktivierung mit einem PEG läßt sich dieser Vorgang meist unterdrücken.

E. Desaktivierungsmethoden

Bei diesen Verfahren soll das adsorptive und katalytisch zersetzend wirkende Verhalten der Kapillarenoberfläche reduziert bzw. beseitigt werden. Unbehandeltes oder nach einer der aufgeführten Methoden aufgerauhtes Glas ist nämlich nach direkter Belegung mit stationärer Phase ohne Zwischenschalten eines Desaktivierungsschrittes in der Regel nur zur Trennung einer mehr oder weniger begrenzten Zahl von Substanzgruppen geeignet, da viele Stoffe durch Adsorption oder katalytische Zersetzung an der Kapillarenwand ganz oder teilweise verlorengehen. Bei Verwendung polarer stationärer Phasen werden die aktiven Stellen teilweise abgedeckt („desaktiviert"), so daß man dann für viele Substanzen auf eine weitergehende Desaktivierung der Glasoberfläche verzichten kann. Mit unpolaren Phasen belegte Säulen zeigen aber meist eine ausgeprägte Adsorptionsaktivität schon gegenüber Fettsäuremethylestern und manchmal sogar gegen gesättigte n-Kohlenwasserstoffe. Auch die stationären Phasen können sich auf dem Untergrund langsam katalytisch zersetzen, was sich in starkem Bluten und bei Temperaturprogrammierung in einer stark ansteigenden Grundlinie äußert. Außerdem nimmt die Menge an stationärer Phase in der Säule nach und nach ab, wodurch sich die Retentionszeiten verkürzen. Daher ist die Desaktivierung meist ein entscheidender Schritt für die Qualität einer Säule. Durch die Desaktivierung ergibt sich aber auch eine Reihe von Problemen:

Die Inaktivität einer Säule kann bei niedrigerer Temperatur als der maximalen Arbeitstemperatur der stationären Phase bzw. der für vernünftige Analysezeiten erforderlichen Temperatur nachlassen.

Die Trenncharakteristik unpolarer Säulen kann sich durch die Desaktivierung mit polaren Substanzen in den mittelpolaren Bereich verschieben.

Die sich ausbildende dünne Zwischenschicht von Desaktivierungsmittel hat ein anderes Sorptionsverhalten als die stationäre Phase. Ist dies besonders ausgeprägt, so zeigen alle Peaks, auch die von n-Kohlenwasserstoffen Tailing.

Die Desaktivierungsmethoden sind zum Teil schlecht reproduzierbar, da ihre Wirksamkeit von vielen Parametern abhängt, wie z. B. der Glassorte und der Vorgeschichte und Vorbehandlung der Oberfläche.

Die Benetzbarkeit des Untergrundes kann sich durch die Desaktivierung verbessern, aber häufig auch verschlechtern.

Eine universelle Desaktivierungsmethode ist noch nicht gefunden worden, die für alle Oberflächen, stationären Phasen und zu trennenden Substanzen optimal ist. So gibt es eine Fülle von Verfahren, die nebeneinander eine Daseinsberechtigung haben.

Folgende Stoffgruppen werden dabei verwendet:

1. Silylierungsmittel.
2. Polyethylenglykole.
3. Quartäre Phosphonium- und Ammoniumsalze und andere N-enthaltende Substanzen.
4. Verschiedene weitere Substanzen wie Epoxidharze, Natriumtetraphenylborat.

Das Vorbehandeln von Glasoberflächen mit Säuren vor der eigentlichen Desaktivierung verbessert die Inaktivität der Säulen erheblich. Dabei werden die Kationen und bei einigen Verfahren [581] offenbar auch die Borsäure aus der Oberfläche entfernt. Das Waschen von Trägermaterial für gepackte Säulen mit Säure ist schon vor langer Zeit entwickelt worden als Vorbehandlung für die Silylierung [438] oder Bindung von Carbowax 20 M bzw. PEG [30, 31, 33, 246].

Zur Säurebehandlung von Glaskapillaren sind folgende Varianten beschrieben worden:

1. Borosilicat-Glas, 24 h mit konz. HCl (36%) bei Raumtemperatur behandelt [98].
2. Soda-Kalk-Glas oder Borosilicat-Glas, 15 h mit 20%iger HCl bei 140–180 °C, Trocknen bei 300 °C [191, 193, 211, 212, 215].
3. Soda-Kalk-Glas, mit HCl (gasf.) geätzt, ca. 27 h mit 88%iger Ameisensäure gespült [349].
4. Borosilicat-Glas, ca. 27 h mit 19%iger HCl bei 100 °C [379] bzw. ca. 50 h mit 20%iger HCl bei 110 °C [350, 581] gespült.
5. Soda-Kalk-Glas, mit HCl (gasf.) 2–3 h, bei 450–500 °C „dynamisch" geätzt, Spülen mit H_2O [71].
6. Soda-Kalk-Glas, 8 h mit SO_2/O_2 (1 + 1) bei 550 °C geätzt, Spülen mit H_2O [113].

Durch diese Vorbehandlungsmethoden wird die Oberfläche „desalkalisiert", was besonders bei Alkali-Kalk-Glas wichtig ist, da sie sich sonst nicht ausreichend silylieren läßt, und sich Siliconphasen, bedingt durch die alkalische Reaktion der Glasoberfläche, bei höheren Temperaturen zersetzen. Bei der Säurebehandlung entstehen Oberflächen, die der von hydratisierten Quarzkapillaren ähnlich sind und sich mit Silylierungsmitteln oder Polyethylenglykolen desaktivieren lassen.

1. Silylierungsmethoden

Bei der Silylierung von kieselsäure-reichem Material, wie Kieselgur, Kieselgel oder Glas, werden die an der Oberfläche vorhandenen $\geqq Si - OH$-Gruppen mit Silylierungsreagenzien umgesetzt. So wird das Trägermaterial für gepackte Säulen in der Gaschromatographie schon seit etwa 20 Jahren auch in silylierter Form in den Handel gebracht. Heute werden überwiegend silylierte Typen eingesetzt.

Die silylierten Oberflächen haben folgende Vorteile: Gute Stabilität auch bei hohen Temperaturen und meist geringe Beeinflussung der Trenncharakteristik (Polarität) der stationären Phasen. Von Nachteil ist bei der Kapillarenherstellung die häufig zu beobachtende Verringerung der Benetzbarkeit oder die grundsätzliche Beschränkung auf eine geringe Zahl von stationären Phasen. Die „Silylierungsmethoden" lassen sich in folgende Gruppen einordnen:

a) Silylierung „in der Gasphase" [269, 421, 422, 423, 473, 575, 211, 212, 214, 215, 581, 65, 67, 163, 35, 350].

b) Silylierung in flüssiger Phase [259, 538, 427, 44, 518].

c) Umsetzung mit einem polymeren Silicon [509].

d) Polymerisation von Siliconen auf der Glasoberfläche [106a, 369–371, 63–66], die zugleich als stationäre Phasen dienen („in situ polymerization").

a) Silylierung in der Gasphase

Bei dieser Methode liegt das Silylierungsmittel während der meist bei höheren Temperaturen durchgeführten Umsetzung in Dampfform vor. Schon 1950 wurde von Howard und Martin Trägermaterial mit Dimethyldichlorsilan-Dämpfen hydrophobiert. Von Novotny wurden verschiedene Silylierungsmittel bei höherer Temperatur zur Inaktivierung und teilweise zur Verbesserung der Benetzbarkeit von Glaskapillarsäulen verwendet. Davon wird in der Literatur häufiger die Inaktivierung mit einem Gemisch von Trimethylchlorsilan (TMCS) und Hexamethyldisilazan (HMDS) im Verhältnis 1+4 bei Temperaturen über 200 °C für einige Stunden [423] erwähnt. Die von Welsch et al. [575] beschriebene Desaktivierung mit HMDS allein durch 20 stündiges Erhitzen auf 300 °C wurde nach Modifizierung durch Grob [212, 215] zu einem sehr brauchbaren Verfahren.

Die neuere Version wird folgendermaßen durchgeführt: Kapillaren aus Borosilicat-Glas werden mit 20%iger HCl gefüllt, dann 8% der Windungen wieder geleert, die Enden unter Vakuum abgeschmolzen, und die Säulen 12–18 h auf 170–180 °C erhitzt. Nach Öffnen der Enden wird die Salzsäure herausgedrückt. Dann wird mit einem halben bis einem Säulenvolumen 2%iger HCl und mit dem gleichen Volumen Wasser nachgewaschen. Die Kapillaren werden mit offenen Enden 20 min auf 240–250 °C erhitzt und dann für 10–20 min bei gleicher Temperatur über ein T-Stück mit beiden Enden mit einer Vakuumpumpe verbunden. In 10–20% der Säulenwindungen werden Hexamethyldisilazan oder eine Mischung von Diphenyl-tetramethyldisilazan/Hexamethyldisilazan/Pentan (1 + 1 + 2) gefüllt und mit Stickstoff durchgedrückt. Nach dem Anschließen beider Enden über ein T-Stück an Vakuum (5 min für 20 m- und 20 min für 50 m-Säulen) werden die Enden unter Vakuum abgeschmolzen. Nach dem Erhitzen auf 400 °C für 8–12 h wird die Säule mit Toluol, Methanol und Ether gespült. Weitere Details sind den o. g. Publikationen zu entnehmen.

Daneben haben sich auch Cyclosiloxane wie Octamethylcyclotetrasiloxan (Fluka, Ohio Valley, Patrarch) zur Desaktivierung von HCl-behandelten Glasoberflächen und von Quarzoberflächen [67] und Octamethyldichlortetrasiloxan (Petrarch), auch als Surfasil (Pierce) im Handel, bewährt [350]. Von Blomberg et al. [65, 66] sind auch Cyclosiloxane mit Trifluorpropyl- und Cyanopropylgruppen eingesetzt worden.

b) Silylierung in flüssiger Phase

Bei diesem Verfahren liegt das Silylierungsmittel in flüssiger Form meist als Lösung vor. Auf diese Weise werden in der Chromatographie hauptsächlich gaschromatographische Trägermaterialien silanisiert und Kieselgele für die HPLC mit chemisch gebundenen Phasen belegt. Zur Desaktivierung von Glaskapillarsäulen werden diese Methoden kaum eingesetzt. Die von Novotny et al. [427] und Bartle et al. [44] beschriebene Umsetzung der Glasoberfläche mit Silylierungsmitteln mit längeren Seitenketten ist bisher in der Literatur nicht weiter erwähnt worden und dürfte kaum angewendet werden. Im eigenen Laboratorium hat sich für verschiedene spezielle Anwendungen folgende Silylierungsmethode bewährt:

Kapillaren aus Borosilicat-Glas werden mit 20%iger HCl gefüllt und für 15 h mit offenen Enden auf 95–100 °C erhitzt. Danach wird die Salzsäure mit Gasdruck aus der Kapillare entfernt. Dann wird nacheinander auf je 5–10% der Windungen mit 20%iger HCl, H_2O, Methanol und Dichlormethan nachgewaschen. Nach dem Trocknen der Kapillare im Luftstrom bei Raumtemperatur wird sie zunächst auf 5–10% der Länge mit Pyridin und dann auf der gesamten Länge mit einer 10%igen Lösung von Dimethylchlorsilan $\begin{smallmatrix} H_3C \\ H_3C \end{smallmatrix}\!\!>\!\!Si\!\!<\!\!\begin{smallmatrix} H \\ Cl \end{smallmatrix}$ (DMCS, z. B. Fluka Nr. 39900) in Pyridin gefüllt. Nach 15 h wird die Kapillare leergedrückt, mit je einigen Windungen Dichlormethan/Methanol/H_2O/Methanol/Dichlormethan gespült und bei Raumtemperatur im Luftstrom getrocknet. Sie kann dann mit einem Methylsilicon oder einem Methylphenylsilicon mit niederem Phenylgehalt belegt werden. Durch die Nachdesaktivierung mit den Pyrolyseprodukten von Polyethylenglykol 20000 [415] wird dann eine sehr gute Inaktivität erhalten. Die Säulen sind wegen des relativ dünnen Zwischenfilmes für spezielle Spurenanalysen mit spezifischen Detektoren besonders geeignet [260].

c) Umsetzung mit einem polymeren Silicon

Bei dieser von Schomburg entwickelten Methode wird HCl-geätztes Soda-Kalk-Glas mit stark verdünntem Fluorwasserstoff in N_2 bei höherer Temperatur gespült. Dabei bilden sich $\geqq Si-F$-Gruppen, die mit den Makromolekülen des dann aufzubringenden Silicons bei höherer Temperatur reagieren, wobei wahrscheinlich die Molekülketten aufgebrochen werden entsprechend folgender Reaktion:

$$\equiv Si-F + CH_3-\underset{\underset{CH_3}{|}}{\overset{\overset{CH_3}{|}}{Si}} - \left[\underset{\underset{R}{|}}{\overset{\overset{R}{|}}{O-Si}}-\right]_m O - \left[\underset{\underset{R}{|}}{\overset{\overset{R}{|}}{Si-O}}-\right]_n \underset{\underset{CH_3}{|}}{\overset{\overset{CH_3}{|}}{Si-CH_3}} \longrightarrow$$

$$\equiv Si-O - \left[\underset{\underset{R}{|}}{\overset{\overset{R}{|}}{Si-O}}-\right]_m \underset{\underset{CH_3}{|}}{\overset{\overset{CH_3}{|}}{Si-CH_3}} + F - \left[\underset{\underset{R}{|}}{\overset{\overset{R}{|}}{Si-O}}-\right]_n \underset{\underset{CH_3}{|}}{\overset{\overset{CH_3}{|}}{Si-CH_3}}$$

Dabei wird der eine Molekülteil chemisch an das Glas gebunden. Nach dem Ausheizen der flüchtigen Reaktionsprodukte oder dem Auswaschen des Überschusses der Phase und der Reaktionsprodukte (die das Fluor enthaltenden Molekülteile) und Belegen mit Phase ist die Säule gebrauchsfertig. Dazu wird von den Autoren folgende Arbeitsvorschrift angegeben [509]:

Desalkalisieren der Glasoberfläche: Kapillaren aus Soda-Kalk-Glas werden unter Durchfluß von gasförmigem Chlorwasserstoff 2–4 h auf 450 °C erhitzt. Die entstandenen Alkali- und Erdalkalichloride werden durch Waschen mit Wasser entfernt. Nch dem Spülen mit Aceton wird die Säule bei höherer Temperatur getrocknet.

Behandeln mit HF: Bei 450 °C mit 0,1% HF in Stickstoff spülen.

Desaktivieren: Die Kapillare wird z. B. mit einer der folgenden Phasen belegt: OV-1, OV-101, OV-17, Dexsil 400, unter N_2 abgeschmolzen und für 2–20 h auf 450 °C erhitzt. Danach werden die flüchtigen Reaktionsprodukte (etwa 10–20% der aufgebrachten Phase) durch Konditionieren der Säule bei Temperaturen bis zu 300 °C entfernt, wonach die Säule gebrauchsfertig ist. Man kann auch die gesamte, nicht vom Glas gebundene Phase auswaschen, und die Kapillare erneut belegen.

Auch ohne HCl- und HF-Behandlung werden mit Borosilicat-Glas manchmal gute Desaktivierungen erzielt. Eine analoge Methode wird bei der Herstellung von gepackten Säulen unter der Bezeichnung „no-flow-conditioning" schon lange angewendet (s. a. [472, S. 3.20]).

d) Polymerisation von Siliconen auf der Glasoberfläche

Wenn Dichlorsilane unter bestimmten Bedingungen hydrolyisert werden, so entstehen OH-Gruppen enthaltende Vorpolymerisate, die bei höherer Temperatur unter H_2O-Abspaltung mit den OH-Gruppen der Glasoberfläche und auch untereinander reagieren unter Ausbildung von $Si-O-Si$-Bindungen. Dabei entstehen Makromoleküle. Auf diese Weise wird in einem einzigen Schritt die Glasoberfläche desaktiviert und die stationäre Phase polymerisiert [369–371, 63–66]. Die so erhaltenen Säulen haben gegenüber den nach vielen anderen z. T. einfacheren Methoden hergestellten keine Vorteile im Hinblick auf Temperaturstabilität oder Inertheit.

2. Polyethylenglykol-Methoden

Die Desaktivierung von Kapillarsäulen mit Polyethylenglykolen (PEG) ist sehr
wirksam. Die Temperatur, bis zu der die Desaktivierung erhalten bleibt, liegt bei
etwa 230–280 °C je nach Vorbehandlung der Glasoberfläche und zu trennenden
Substanzen. Je nach Verfahren entstehen teilweise dickere Zwischenschichten, die
die Polarität der stationären Phasen beeinflussen oder auch die Trennleistung der
Säulen, besonders im Spurenbereich, verschlechtern können. Die verschiedenen in
der Literatur beschriebenen mit PEG durchgeführten Desaktivierungsmethoden
lassen sich in folgende Gruppen einteilen:

a) Zugabe eines Polyglykols zur stationären Phase.

b) Belegen mit Polyethylenglykolen, Konditionieren bei höheren Temperaturen
im Trägergasstrom und Auswaschen des Überschusses oder Abschmelzen unter
Inertgas, Aufheizen auf 280 °C und Auswaschen des Überschusses.

c) Sättigen des Trägergases mit den flüchtigen Pyrolyseprodukten von PEG
20 M.

Die Zugabe eines Polyethylenglykols zur stationären Phase verändert je nach
Konzentration in der stationären Phase die Trenncharakteristik der Säule unterschiedlich stark. Höhermolekulare Polyglykole sind dabei nicht so wirksam und
niedermolekulare Polyglykole geben stärkeres Bluten. Die Lebensdauer von Säulen
mit Siliconphasen ist beim Arbeiten oberhalb von 200 °C stark reduziert. Die Methode wird daher in der Literatur wenig erwähnt und in der Praxis wohl kaum
noch angewendet.

Das Spülen mit PEG-Lösungen und sofortiges Wiederauswaschen des Überschusses ergibt meist nur eine geringere Desaktivierung. Wird jedoch nach dem Spülen
auf höhere Temperaturen um 250–280 °C erhitzt, so wird ein Teil des PEG fest an
das Glas gebunden. Anschließend wird der PEG-Überschuß ausgewaschen, und
die stationäre Phase aufgebracht. Zur Hitzebehandlung mit PEG sind zwei Varianten möglich: Man kann die Säule entweder im Trägergasstrom einige Zeit konditionieren oder aber nach kurzem Konditionieren unter Stickstoff abschmelzen [60,
62] und einige Zeit auf 280 °C oder 250 °C [379] erhitzen. Danach wird jeweils der
Überschuß an Phase, d. h. der nicht fest vom Glas gebundene Anteil mit Dichlormethan und/oder Methanol ausgewaschen. Diese Methoden wirken sehr gut
desaktivierend. Es verbleibt ein vergleichsweise dicker Restfilm auf dem Glas, besonders bei intensiv HCl-behandeltem Glas, der bei der Belegung mit Phasen
anderer Polarität stören kann. Meist wird PEG 20 000 (Carbowax 20 M) verwendet,
PEG mit mittleren Molgewichten von 400 [379] und 1000 [194] sind aber mindestens genauso wirksam. Auch das Polyethylenoxid „Superox 4" [29] kann verwendet werden. Die Version, bei der die Kapillaren unter N_2 abgeschmolzen und auf
280 °C erhitzt werden, ist analog den von Aue u. Mitarb. [308 a, 30–33, 246] entwickelten Methoden, bei denen Carbowax 20 M in nichtextrahierbarer Form an
verschiedene Trägermaterialien gebunden wird. Diese Methodik wurde zuerst von
Cronin [98] zur Desaktivierung von Kapillaren verwendet.

Im eigenen Laboratorium hat sich bei vielen Anwendungen folgendes Vorgehen
bewährt:

Borosilicat-Glas-Kapillare mit konzentrierter Salzsäure waschen, mit Wasser, Methanol und 10% Carbowax 1500 (einem Gemisch aus PEG 400 und PEG 1000) in

Dichlormethan waschen, bei 150 °C etwa 30 min im N_2-Strom ausheizen, unter N_2 abschmelzen, 18 h auf 280 °C erhitzen, mit Dichlormethan-Überschuß auswaschen.

Sättigen mit flüchtigen Pyrolyseprodukten. Diese Variante gibt sehr dünne Zwischenfilme, verändert die Polarität der Säulen kaum und ist besonders für die Spurenanalytik geeignet. Die Säulen können mit Hilfe dieser Methode vor oder nach der Belegung mit stationärer Phase desaktiviert werden. Auch Säulen, die bei längerem Gebrauch wieder aktiv geworden sind, lassen sich so erneut desaktivieren. Die Methode geht auf die Beobachtung von Ives et al. [277] zurück, daß sich gepackte Säulen mit den Pyrolyseprodukten von Carbowax 20 M desaktivieren lassen. Von Franken et al. [149] und Nijs et al. [415] wurde sie in modifizierter Form für Kapillarsäulen angewendet. Die für gepackte Säulen beschriebene Nachdesaktivierung durch Injektion einer Lösung von PEG 400 [532] ist auch bei Kapillarsäulen manchmal in gewissem Umfang wirksam. Im eigenen Laboratorium hat sich für viele Anwendungen das Nachdesaktivieren von Säulen mit Silicon-Phasen bewährt. Dazu wird von uns der Glaseinsatz des Einspritzblocks mit 10% PEG 6000 auf Chromosorb W-AW gefüllt und bei etwa 240 °C Einspritzblock- und Säulentemperatur ca. 30 min bis zu 18 h desaktiviert.

Neben den Desaktivierungen durch Silylierung und mit Polyethylenglykolen spielen die nun zu beschreibenden Desaktivierungsmethoden in der Praxis nur eine untergeordnete Rolle, sind aber manchmal für ganz spezielle Trennungsprobleme von großem Wert.

3. Quartäre Phosphonium- und Ammoniumsalze und weitere N-enthaltende Substanzen

Die saure Oberfläche von Borosilicat-Glas oder auch durch eine entsprechende Vorbehandlung angesäuerte Glasoberflächen lassen sich mit diesen Substanzen oft gut desaktivieren:

    Benzyltriphenylphosphoniumchlorid [373, 473],
    Polydentate [375],
    Gasquat L [395, 179, 373],
    NIA = N-Isopropyl-3-azetidinol [479],
    Triethanolamin [479],
    CHAZ = N-Cyclohexyl-3-azetidinol [480],
    Triisopropanolamin [480].

CHAZ ist bei Alltech (Nr. 2236) erhältlich und Triisopropanolamin als 5%ige Lösung in Methanol von Alltech (Nr. 2234) oder als Reinsubstanz von Fluka (Nr. 92049).

4. Weitere Substanzen

    Kalignost = Natriumtetraphenylborat [147]
    KF [168]
    KOH [480]

FFAP [328, 409]
Terephthalsäure [409]
Epoxid-Harze [331, 409]
H_3PO_4 [480]
Si-Schicht, aus SiH_4 erzeugt [455]

F. Stationäre Phasen

Für Kapillarsäulen können grundsätzlich die gleichen stationären Phasen wie für gepackte Säulen verwendet werden. Es haben sich jedoch hauptsächlich die Phasen durchgesetzt, die schon auf unbehandelten oder nur wenig modifizierten Glasoberflächen stabile Filme ergeben (s. a. [563]): Methylsilicone (z. B. OV-101, SE-30, OV-1, SP 2100) bzw. Methylsilicone mit geringem Phenylgehalt (SE-52, SE-54, OV-73), das Phenylmethylsilicon OV-1701, Polyethylenglykole (Carbowax 20 M, FFAP und analoge Phasen), Polyethylenoxide (z. B. Superox 0,1 und 4), Kohlenwasserstoffe (z. B. Squalan), Cyanopropyl-phenylsilicone (Silar 5 CP, OV-225), Polypropylenglykole und Dexsil 300. Für die meisten anderen Phasen ist eine Aufrauhung der Glasoberfläche erforderlich. Dies gilt auch für die niedrigviskosen Typen der o. g. Phasen, falls sie als dicke Filme (etwa 0,3–1 μm) aufgebracht werden. Daher sind hochviskose bzw. gummiartige Phasen oft günstiger (s. a. [195]).

Die stationären Phasen sind in den Listen der Lieferanten für GC-Zubehör meist nur alphabetisch mit ihrer Handelsbezeichnung aufgeführt, so daß der chemische Aufbau, analoge Phasen und Synonyma nicht ersichtlich sind. Auch die recht brauchbare Anordnung in der Reihenfolge ihrer Rohrschneider- bzw. McReynolds-Konstanten läßt den chemischen Aufbau, der zur Beurteilung der Brauchbarkeit einer Phase für ein bestimmtes Trennproblem oft wissenswert ist, nicht eindeutig erkennen. Die in der GC häufiger verwendeten stationären Phasen lassen sich in folgende chemische Gruppen einteilen:

1. Kohlenwasserstoffe;

2. Polyether: Polyethylenglykole und Polyethylenoxide, polyethoxylierte Carbonsäuren, Alkohole, Phenole und Amine, Polyethylenglykol-Polypropylenglykol-Mischpolymerisate und Blockpolymerisate, Polypropylenglykole, Polyphenylether und Polyphenylethersulfone;

3. Ester und Polyester;

4. Amide und Polyamide;

5. Silicone (Öle und Gummi): Methylsilicone, Phenylmethylsilicone, Trifluorpropylmethylsilicone, Cyanoethylmethylsilicone, Cyanopropylmethylsilicone, Cyanopropylphenylsilicone, Cyanopropylsilicone und Dicyanoallylsilicone, Dexsile;

6. verschiedene Substanzen: Nitrile, flüssige Kristalle, Polyester-Silicon-Gemische.

Viele als stationäre Phasen verwendeten Präparate stellen technische Großprodukte dar, die in ihren chromatographischen Eigenschaften stärker schwanken können. Daher sollten die speziell für die GC als stationäre Phasen hergestellten Präparate bevorzugt werden, da sie über viele Jahre mit gleichbleibenden Eigenschaften hergestellt werden wie z. B. die OV-Präparate.

Eine Monographie über stationäre Phasen stammt von Baiulescu und Ilie [38]. Die im folgenden aufgeführten Phasen haben zum Teil nur historische Bedeutung oder werden wenig in der Kapillar-GC eingesetzt. Sie sind aber in älteren Publikationen angegeben, und das Auffinden äquivalenter, moderner Typen soll auf diese Weise erleichtert werden. Die Suche nach Phasen bestimmter Trenncharakteristik wird auch durch die Rohrschneider- bzw. McReynolds-Konstanten erleichtert.

1. Kohlenwasserstoffe

Stationäre Phasen vom Kohlenwasserstoff-Typ wurden schon in den Anfängen der Kapillar-GC zur Trennung von Kohlenwasserstoffen verwendet, da sie auch relativ gut auf unbehandelten Oberflächen haften. An erster Stelle ist das *Squalan* zu nennen. Sein Temperaturbereich reicht von -30 bis 150 °C. Über 100 °C wird die Phase jedoch polarer, bedingt durch Oxidationsvorgänge. Wegen ihrer höheren Maximaltemperatur werden stattdessen auch die Apiezonfette, Apiezon L oder Apiezon N, verwendet, die ein technisches Gemisch von fast ausschließlich gesättigten, langkettigen Kohlenwasserstoffen sind und die eine sehr ähnliche Trenncharakteristik wie Squalan haben und von 50 bis etwa 300 °C verwendbar sind. In einigen Arbeiten ist die adsorptive Reinigung und die Hydrierung von Apiezon L beschrieben, die jedoch nur einen relativ geringen Einfluß auf das Trennverhalten der Apiezonfette haben [436, 239, 14, 297, 560, 513, 86]. Der vom Arbeitskreis von Kovats [463] entwickelte C_{87}-Kohlenwasserstoff (als Apolane-87 von Applied Science und als C_{87}-Hydrocarbon von Chrompack erhältlich) ist zwar vergleichsweise teuer, liefert aber als reine Substanz angeblich reproduzierbarere Trennungen und stellt bei statischer Belegung keinen großen Unkostenfaktor dar, da meist weniger als 10 mg/Kapillare benötigt werden. Sein Arbeitsbereich liegt zwischen etwa 50–70 °C und je nach Kapillarenvorbehandlung 200–280 °C.

Alle Kohlenwasserstoff-Phasen sind für die dynamische und statische Belegung am besten in n-Pentan (z. B. Merck Nr. 7176) zu lösen. Von den Apiezonen bleibt ein gewisser, unbedeutender Teil ungelöst, den man absetzen läßt oder abzentrifugiert. In Toluol sind die Apiezone fast ganz löslich, jedoch ist dieses Lösungsmittel u. a. wegen des relativ hohen Siedepunktes ungünstig.

Von der Fa. Alltech werden zwei gummiartige Kohlenwasserstoffe unter den Bezeichnungen RSL-110 und RSL-210 vertrieben. RSL-110 ist ein verzweigter gesättigter Kohlenwasserstoff, wahrscheinlich ein Polyisobutylen (= Polyisobuten) mit einem M. G. von 50 000–200 000, und auch in n-Pentan löslich. Wegen der hohen Viskosität konzentrierter Lösungen kann die Phase nur in Form von etwa 0,1–0,5%igen Lösungen statisch aufgebracht werden. Beim Erhitzen über 200 °C verändert sich die Polarität der Phase, bleibt aber dann nach 24stündigem Konditionieren bei 300 °C konstant. RSL-210 ist ein verzweigter ungesättigter Kohlenwasserstoff, der in Dichlormethan löslich ist und sich wie RSL-110 nur statisch aufbringen läßt. Die Maximaltemperatur von RSL-110 ist 320 °C und von RSL-210 275 °C (s. a. [564, 484]). Die wenig verwendeten Polybutene Oronite 32 und 128 sind ebenfalls in n-Pentan löslich. Die Trennleistung von Kapillarsäulen mit diesen vier Phasen nimmt jedoch nach eigenen Erfahrungen mit steigender Temperatur zu und ist erst bei Temperaturen über 130 °C einigermaßen zufriedenstellend, so daß die Einsetzbarkeit dieser Phasen begrenzt ist. Über eine neue Gruppe von Kohlenwasserstoff-Phasen berichtet Onuska [436]. Für den Temperaturbereich von 30–60 °C wird häufiger Octadecan verwendet.

2. Polyether

Neben den Siliconen werden Polyether, besonders Polyethylenglykole, am häufigsten als stationäre Phasen eingesetzt. Sie lassen sich in folgende Gruppen aufteilen:

Polyethylengiykole und Polyethylenoxide,
polyethoxylierte Carbonsäuren,
polyethoxylierte Alkohole und Phenole,
polyethoxylierte Amine,
Polypropylenglykole,
Polyethylenglykol-Polypropylenglykol-Mischpolymerisate und -Blockpolymerisate,
Polyphenylether und Polyphenylethersulfone.

Die verschiedenen *Polyethylenglykole* haben alle die gleiche Struktur, sie unterscheiden sich nur im Molgewicht:

$$OH-CH_2-CH_2-O-[CH_2-CH_2-O]_n-CH_2-CH_2-OH \, .$$

Die Polyethylenglykole (PEG) sind auch unter der Bezeichnung Carbowax, Pluriol E und Polywachs im Handel. Die jeweils danach folgende Zahl gibt das Molekulargewicht an: z. B. Polyethylenglykol 6000 = PEG 6000 = Carbowax 6000 = Pluriol E 6000. Die Molgewichte von 20 000 und 40 000 werden auch als „20 M" und „40 M" angegeben. Polyethylenglykole mit folgenden Molgewichten sind handelsüblich: 200, 300, 400, 500, 600, 750, 1000, 1500, 2000, 3000, 4000, 6000, 10 000, 15 000, 20 000 und 40 000.

Bei den PEG mit der geschützten Bezeichnung „Carbowax" sind folgende Besonderheiten zu beachten: Carbowax 1500 ist ein Gemisch von Carbowax 400 und Carbowax 1000 [232] oder Carbowax 300 und Carbowax 1540 (s. Chrompack Kat. 1981). Carbowax 1540 hat ein mittleres Molgewicht von 1500. Carbowax 20 M wird durch Verknüpfen von 3 Molekülen Carbowax 6000 mit einem Diepoxid hergestellt.

Mit dem Molgewicht steigt der Arbeitsbereich von 20–100 °C für PEG 200 kontinuierlich bis zu 65–250 °C für PEG 40 000.

Von den PEG zu unterscheiden sind die Polyethylenoxide, die zwar die gleiche Kettenstruktur wie die PEG, aber praktisch keine OH-Endgruppen und ein wesentlich höheres Molgewicht als die PEG haben. Sie werden für die GC unter den Bezeichnungen Superox 0,1, 0,6 und 4 mit einem mittleren Molgewicht von 100 000, 600 000 bzw. 4 000 000 u.a. von der Fa. Alltech vertrieben (s.a. [483, 562]). Auch von anderen Firmen werden die Polyethylenoxide, die in technischem Maßstab hergestellt werden, in z. T. geringeren Reinheitsgraden vertrieben: Polyox 600 M, Polyox 4000 M (Applied Science), Polyethylenoxid [M. G. 100 000, 200 000, 300 000, 600 000, 900 000, 4 000 000 und 5 000 000 (Ega-Chemie)], Polyethylene oxide [M. W. 300 000, 600 000, 4 000 000, 5 000 000 (BDH)]. Ihr Arbeitsbereich liegt etwa bei 65–300 °C. Sie haben in der Schmelze (über ca. 65 °C) eine mehr gummiartige Konsistenz und halten besser auf unbehandelten oder wenig modifizierten Glasoberflächen als die Polyethylenglykole.

Alle Polyethylenglykole und Polyethylenoxide sind in Dichlormethan und Ameisensäuremethylester löslich, die Polyethylenglykole auch in Methanol und bis zu einem M. G. von ca. 2000 auch in Aceton. Die niederen Polyethylenglykole haben einen höheren Anteil an OH-Gruppen und wirken, wahrscheinlich aus diesem Grunde, besser desaktivierend. Die Haftung auf glatten Oberflächen nimmt aber mit steigendem Molgewicht zu.

Die als stationäre Phasen in der GC üblichen „polyethoxylierten Säuren" werden nicht durch Umsetzen der Säuren mit Ethylenoxid sondern aus Carbowax 20 M und den Säuren erhalten. Zu dieser Gruppe gehören Carbowax 20 M-TPA, FFAP, SP 1000, AT-1000, WG 11, OV-351 und STAP. Carbowax 20 M-TPA stellt wahrscheinlich zunächst eine Mischung von Carbowax 20 M und Terephthalsäure dar, in der dann während des Gebrauchs bei höheren Temperaturen eine Veresterung stattfindet. FFAP mit den in Klammern angegebenen analogen Phasen wird durch Umsetzen (Verestern) von Carbowax 20 M mit Nitro-terephthalsäure hergestellt.

Die Phasen reagieren sauer und werden daher häufiger zur Trennung freier Carbonsäuren verwendet. Sie können aber auch allgemein wie etwa Carbowax 20 M und wegen der Veresterung der etwas labilen OH-Endgruppen bis zu Temperaturen von 250–275 °C eingesetzt werden, ihre untere Arbeitstemperatur liegt bei etwa 65 °C. Das STAP ist ein mit Bernsteinsäureanhydrid oder Maleinsäureanhydrid umgesetztes Carbowax 20 M und hat einen Arbeitsbereich von 100–225 °C. Die Bezeichnung ist eine Abkürzung von „steroid analysis phase" und besagt, daß sich die Phase zur Trennung von Steroiden eignet. Die Steroide sind darauf als TMS-Derivate chromatographierbar. Dies ist z. B. beim Carbowax 20 M wegen der OH-Endgruppen nicht ohne größere Substanzverluste möglich, da die TMS-Gruppen der Steroide während des Trennvorganges ausgetauscht werden, und die Substanzen so keine definierten Peaks ergeben. Dieser Austausch erfolgt beim STAP an den –COOH-Endgruppen nicht.

Polyethoxylierte Alkohole und Phenole werden als Emulgatoren und Netzmittel für viele technische Zwecke verwendet (s. a. [499]).

$$HO-CH_2-CH_2-[O-CH_2-CH_2-]_nO-R\,,\quad n = ca.\ 8-40,$$

R = n-aliphatischer Kohlenwasserstoff-Rest (C_{16} oder C_{18}) bzw. Octylphenol- oder
    Nonylphenol-Rest.

In der Kapillar-GC haben sich einige von diesen Produkten als stationäre Phasen bewährt, für spezielle Trennprobleme könnten sich einige weitere als günstig erweisen. Polyethoxyliertes Methanol kommt z. B. unter der Bezeichnung Carbowax 350, 550 oder 750 in den Handel, hat aber als stationäre Phase in der GC praktisch keine Bedeutung. Folgende polyethoxylierten Octyl- und Nonylphenole werden gelegentlich als stationäre Phasen verwendet:

9–15 Ethox-Reste enthaltende Produkte: Dowfax 9N9, Igepal CO-630 (= Antarox CO-630), Marlophen 89, Marlophen 814, Renex 678, Tergitol NPX, Triton X 100.

20–40 Ethox-Reste enthaltende Produkte: Dowfax 9N40, Igepal CO-880 (= Antarox CO-880), Igepal CO-990 (= Antarox CO-990), Lutensol AP 20, Surfonic N 30, Triton X 305, Tergitol NP-35.

Emulphor und Cremophor sind veraltete Bezeichnungen für Emulan. Die meisten Emulan-Typen sind polyethoxylierte Octadecanole. Fluorad FC-431 ist ein perfluoriertes Octadecanol mit Ethox-Resten, das ein gutes Haftungsvermögen auf Glasoberflächen hat. Es wird als 50%ige Lösung geliefert (Chrompack Nr. 3170), s. a. [58]. Polyethoxylierte Amine spielten als stationäre Phasen in der GC bisher keine größere Rolle, bis auf Marlazin L 10, das bei der Bariumcarbonat-Belegung von Glas als Hilfsmittel verwendet wird. Die Substanzen aus dieser Gruppe könnten sich aber zur Trennung basischer Substanzen oder zur Inaktivierung saurer Kapillarsäulen-Oberflächen eignen. Sie werden unter den Bezeichnungen Marlazin (u. a. polyethoxylierte „Fettamine" z. B. polyethoxyliertes Octadecylamin) und Lutensol ED bzw. Tetronic (polypropoxyliertes und polyethoxyliertes Ethylendiamin) hergestellt.

Silicon-Polyethylenoxid-Copolymerisate, wie OV-330, das von 20–250 °C verwendbar ist, sind auch sehr brauchbare stationäre Phasen.

Alle polyethoxylierten Substanzen sind in Dichlormethan und Ameisensäuremethylester löslich, meist auch in Aceton. Die lipophilen d. h. die mit kurzen Ethoxketten mit bis zu etwa 10 Einheiten (wie z. B. Triton X 100 oder OV-330) lösen sich außerdem in Toluol und Ether. Die untere Verwendungstemperatur liegt zwischen etwa 0–65 °C, dem Schmelzpunkt (Schmelzbereich, Erweichungstemperatur) der Substanzen, und die obere Einsatztemperatur bei 180–280 °C, je nach Molgewicht der Substanz und Art der Säulenvorbehandlung. Einige Angaben zur Stabilität dieser Substanzgruppe s. [445]. Die Polypropylenglykole (PPG) sind mittelpolare, in n-Pentan lösliche Verbindungen und sind von Temperaturen unter 0 °C bis zu etwa 150–230 °C, je nach Molgewicht, verwendbar. Sie werden z. B. unter den Bezeichnungen UCON LB und Pluriol P u. a. als Hydrauliköle hergestellt. Die UCON-Öle können Antioxidantien und Korrosionsinhibitoren enthalten, und haben einen breiten Molgewichtsbereich [221]. Die Bezeichnungen haben folgende Bedeutung: LB = wasserunlöslich = löslich in Petrolether, 50 HB = wasserlöslich = wenig löslich in Petrolether und 75-H = wasserlöslich = unlöslich in Petrolether, X gibt den Zusatz eines Antioxidans an. Die Typen UCON 50-HB und 75-H gehören zur Gruppe der Polyethylenglykol-Polypropylenglykolmischpolymerisate. Die Öle werden durch Mischen verschiedener Typen auf eine bestimmte Viskosität (in Saybolt-Sekunden) eingestellt, wobei sich je nach Charge schwankende Molgewichtsbereiche ergeben. Trotzdem werden einige in der GC relativ häufig als stationäre Phasen verwendet, wie z. B. das UCON LB 550 X, 50 HB 5100 und 75 H 90 000. Die polyethoxylierten Polypropylenglykole (Blockpolymerisate) werden unter den Bezeichnungen Pluronic L und Pluriol PE hergestellt. So enthalten z. B. Pluronic L 61 und Pluriol PE 6100 einen Anteil von 10% Polyethylenoxid im Molekül bei einem Gesamt-Molgewicht von etwa 2000 (s. a. [194]). Die erste Ziffer bzw. die ersten beiden Ziffern geben das Molgewicht des Polypropylenoxid-Anteils an ($3 \stackrel{\wedge}{=} 950$, $4 \stackrel{\wedge}{=} 1100$, $6 \stackrel{\wedge}{=} 1750$, $8 \stackrel{\wedge}{=} 2300$, $9 \stackrel{\wedge}{=} 2750$, $10 \stackrel{\wedge}{=} 3250$), die zweite Ziffer gibt, mit 10 multipliziert, den Anteil an Polyethylenoxid in % des Gesamtmoleküls an. Die Moleküle sind Blockpolymerisate und haben folgende Struktur:

$$\text{HO–[CH}_2\text{–CH}_2\text{–O–]}_x\text{[CH–CH}_2\text{–O–]}_y\text{[CH}_2\text{–CH}_2\text{–]}_z\text{OH}$$
$$|$$
$$\text{CH}_3$$

Einige Typen sind bei Serva und Fluka erhältlich (Pluronic L 61, L 64 und F 68), auf Anfrage aber auch von anderen Lieferanten (z. B. WGA). Die Verwendung reiner Polypropylenglykole und der Pluronic-Typen ist empfehlenswerter als die von UCON-Ölen, da sie einen definierten, engeren Molgewichtsbereich haben und keine technischen Zusätze enthalten.

Die *Polyphenylether* sind chemisch sehr inerte Verbindungen, die aber relativ schlecht auf glatten Glasoberflächen haften. Folgende Typen sind in der GC als stationäre Phasen üblich: Polyphenylether (5 Ringe) = OS 124, (6 Ringe) = OS 38, (7 Ringe) = Polysev und Poly-MPE = PPE-20 und PPE-21. Sie sind in Dichlormethan löslich, OS 124, OS 38 und Polysev auch in Ether. Der Arbeitsbereich liegt bei 0–200 °C (OS 124), 0–225 °C (OS 38), 30–250 °C (Polysev) und 125–375 °C (PPE-20 und PPE-21). Zur Synthese von Poly-MPE s. [48]. Die Polyphenylethersulfone gehören zu den temperatur-stabilsten organischen stationären Phasen. Sie sind in Dichlormethan löslich und von 150–400 °C (Poly-S 176) und 200–400 °C (Poly-S 179) einsetzbar (s. a. [381]).

3. Ester und Polyester

In der Gaschromatographie werden einige Ester als stationäre Phasen verwendet, z. B. verschiedene Phthalsäureester, Phosphorsäureester und Adipinsäureester, Citroflex A und A4. Ihre Maximaltemperatur liegt jedoch tiefer als die von Polyestern, die in der GC häufiger eingesetzt werden. Die Synonyma und die Zusammensetzung einiger Polyester gehen aus Tabelle 1 (s. S. 40 f.) hervor, s. a. [23] und [38 S. 187]. Polyester gehen bei Temperaturen um 200 °C in unlösliche „Suprapolyester" über [335]. Dabei können die Kapillaren viel an Trennleistung verlieren. Diese Phasen haben sich bisher hauptsächlich in gepackten Säulen bewährt.

4. Amide, Polyamide und Polyimide

Amide und Polyamide wurden in der Kapillar-GC bisher sehr wenig eingesetzt. Bei den Polyamiden und Polyimiden ist deren hohe Maximaltemperatur von Vorteil. Jedoch läuft offenbar bei höheren Temperaturen eine Weiterkondensation analog wie bei den Polyestern ab, wodurch sich die Trennleistung der Säulen stark verschlechtert.

Folgende Polymeren aus dieser Substanzgruppe sind im Handel:

Polyamide: Poly – A 101A,   Polyimid: Poly – I 110.
              Poly – A 103,
              Poly – A 135,
              Versamid 900, 930 und 940;

Einige chirale Oligopeptide haben zur Trennung von Aminosäure-Derivaten in ihre optischen Antipoden eine gewisse Bedeutung.

5. Silicone

Die Silicone haben alle das gleiche Grundgerüst, die Polysiloxan-Kette:

$$
CH_3-\underset{\underset{CH_3}{|}}{\overset{\overset{CH_3}{|}}{Si}}-\left[\underset{\underset{R_2}{|}}{\overset{\overset{R_1}{|}}{O-Si}}-\underset{\underset{R_4}{|}}{\overset{\overset{R_3}{|}}{O-Si}}-\right]_n \underset{\underset{CH_3}{|}}{\overset{\overset{CH_3}{|}}{O-Si}}-CH_3
$$

Die Variation der Reste „R" ergibt eine ganze Palette von Phasen unterschiedlicher Polarität und Trennspezifität, von den ganz unpolaren Methyl- über die mittelpolaren Phenyl- und Trifluorpropyl- zu den sehr polaren Cyanoalkyl-Gruppen. Die Zusammensetzung häufiger in der Gaschromatographie verwendeter Silicone geht aus der Aufstellung (s. u.) hervor. Umfangreiche Übersichten sind von Haken [237, 238] publiziert worden. Weitere Angaben über geeignete Silicone s. [91] und [548].

Zusammensetzung von häufiger verwendeten Silicon-Phasen

Methylsilicone:
   (a) Öle: OV-101, SF-96, SP-2100, UC-L-45, DC-200, DC-430 (mit 1% Vinyl)
   (b) Gummi: OV-1, OD-1, DC-410, SE-30, JXR, UC-W-98 (mit 1% Vinyl),
SE-30-GCgrade (o. ä. Bez.)

Phenylsilicone:
   mit 5% Phenyl: SE-52 (Gummi), DC-560, SE-54 (Gummi mit zusätzl. 1% Vinyl)
   mit 5,5% Phenyl: OV-73 (Gummi)   mit 35% Phenyl: OV-11
   mit 10 % Phenyl: OV-3   mit 50% Phenyl: OV-17, DC-710,
   mit 20 % Phenyl: OV-7   SP-2250, OV-1701 („Gummi")
   mit 25 % Phenyl: DC-550, DC-704   mit 65% Phenyl: OV-22
   mit 33 % Phenyl: OV-61   mit 75% Phenyl: OV-25

Trifluorpropylsilicone (50%):
   OV-210, OV-215 (Gummi), OV-202, SP-2401, QF-1 = FS 1265,
   LSX-3-0295 = Silastic LS420 (Gummi mit zusätzl. 1% Vinyl)

Cyanoalkylsilicone:
   mit   5% Cyanopropyl: OV-105
   mit 25% Cyanoethyl: XE-60, AN-600
   mit 100% Cyanopropyl: Silar 10C, SP-2340, Alltech CS-10
   mit 100% Dicyanoalkyl: OV-275

Phenyl- und Cyanopropyl-Gruppen enthaltende Silicone:
   mit 25% Phenyl, 25% Cyanopropyl: OV-225
   mit 50% Phenyl, 50% Cyanopropyl: Silar 5CP, SP-2300, Alltech CS-5
   mit 30% Phenyl, 70% Cyanopropyl: Silar 7CP, SP-2310
   mit 20% Phenyl, 80% Cyanopropyl: Alltech CS-8
   mit 10% Phenyl, 90% Cyanopropyl: Silar 9CP, SP-2330

Tabelle 1. Polyester-Phasen

Bezeichnung der Polyesterphase	Abkürzung	LAC-	HI-EFF-	Andere Handelsbezeichnungen	Chemische Bezeichnung
Butandioladipat	BDA	28-R-861	4 AP		Adipinsäure-1,4-butandiolpolyester
Butandiolsuccinat	BDS	6-R-860	4 BP	Craig-polyester	Bersteinsäure-1,4-butandiolpolyester
Cyclohexandimethanoladipat (= Dimethanolcyclohexanadipat)	CHDMA	12-R-746	8 AP		Adipinsäurecyclohexan-1,4-dimethanolpolyester
Cyclohexandimethanolsuccinat (= Dimethanolcyclohexansuccinat)	CHDMS	12-R-796	8 BP		Bernsteinsäurecyclohexan-1,4-dimethanolpolyester
Diethylenglykoladipat	DEGA	1-R-296	1 AP	Resoflex	Adipinsäurediethylenglykolpolyester
Diethylenglykoladipat vernetzt mit Pentaerythrit		2-R-446			Adipinsäurediethylenglykolpolyester vernetzt mit Pentaerythrit
Diethylenglykolglutarat		11-R-738			Glutarsäurediethylenglykolpolyester
Diethylenglykolsebacat	DEGSB	15-R-806			Sebacinsäurediethylenglykolpolyester
Diethylenglykolsuccinat	DEGS	3-R-728	1 BP		Bernsteinsäurediethylenglykolpolyester
Ethylenglykoladipat	EGA	13-R-741	2 AP		Adipinsäureethylenglykolpolyester
Ethylenglykolglutarat		5-R-737			Glutarsäureethylenglykolpolyester

Ethylenglykolisophthalat	EGIP	7-R-745	2 EP		Isophthalsäureethylenglykolpolyester
Ethylenglykolphthalat	EGP	10-R-744	2 GP		Phthalsäureethylenglykolpolyester
Ethylenglykolsebacat	EGSB	14-R-743	2 CP		Sebacinsäureethylenglykolpolyester
Ethylenglykolsuccinat	EGS	4-R-886	2 BP		Bernsteinsäureethylenglykolpolyester
Ethylenglykoltetrachlorphthalat	EGTCP	8-R-772			Tetrachlorphthalsäureethylenglykolpolyester
Dipropylenglykolsebacat					Sebacinsäuredipropylenglykolpolyester
Neopenthylglykoladipat	NPGA	9-R-769	3 AP		Adipinsäureneopentylglykolpolyester
Neopentylglykolsebacat	NPGSB	17-R-770	3 CP		Sebacinsäureneopentylglykolpolyester
Neopentylglykolsuccinat	NPGS	18-R-767	3 BP		Bernsteinsäureneopentylglykolpolyester
Pentandioladipat		27-R-850			Adipinsäure-1,5-pentandiolpolyester
Pentandiolsuccinat		26-R-849			Bernsteinsäure-1,5-pentandiolpolyester
Phenyldiethanolaminsuccinat	PDEAS		10 BP		Bernsteinsäurephenyldiethanolaminpolyester
Propylenglykoladipat		23-R-828		Reoplex 400	Adipinsäure-1,2-propylenglykolpolyester
Propylenglykolmaleinat		25-R-935			Maleinsäure-1,3-propylenglykolpolyester
Propylenglykolmaleinat		20-R-923			Maleinsäure-1,2-propylenglykolpolyester
Propylenglykolphthalat		19-R-922			o-Phthalsäure-1,2-propylenglykolpolyester
Propylenglykolsebacat				Reoplex 100, Edenol 1800, Harflex 370	Sebacinsäure-1,2-propylenglykolpolyester
Tetramethylcyclobutandioladipat			9 AP		Adipinsäuretetramethylcyclobutandiolpolyester
Tetramethylcyclobutandiolsuccinat			9 BP		Bernsteinsäuretetramethylcyclobutandiolpolyester

Tabelle 2. Klassifizierung häufiger verwendeter stationärer Phasen nach ihrer Polarität (Polarität von oben nach unten ansteigend):
A = Aceton, C = Chloroform, D = Dichlormethan, E = Diethylether, EA = Ethylacetat, H = Hexan, M = Methanol, MEK = Methylethylketon, MF = Methylformiat, P = Pentan
Die zuerst angegebenen Lösungsmittel werden meist in den Lieferantenkatalogen empfohlen, die an 2. Stelle stehenden sind besonders zur statistischen Belegung von Kapillarsäulen geeignet.
Kw. = Kohlenwasserstoff, Si. = Silicon, Pet. = Polyether, Pes. = Polyester

Phase[a]	Lösungsmittel		Arbeits-bereich (°C)	Benzol	Butanol	2-Pen-tanon	Nitro-propan	Pyridin		Stoff-gruppe
	1.	2.	Min.–Max.	1	2	3	4	5	Σ_1^5	
Squalan	T	P	0 – 120	0	0	0	0	0	0	Kw.
Apolane-87	H	P	30 – 280	21	10	3	12	25	71	Kw.
Apiezon L	T	P	50 – 300	32	22	15	32	42	205	Kw.
SE-30	T	P, E, D	0 – 350	15	53	44	64	41	217	Si.
OV-1	T	P, E, D	0 – 350	16	55	44	65	42	222	Si.
OV-101	T	P, E, D	0 – 350	17	57	45	67	43	229	Si.
SE-52	T	P, E, D	0 – 300	32	72	65	98	67	334	Si.
SE-54	T	P, E, D	0 – 300	33	72	66	99	67	337	Si.
OV-73	T	P, E, D	0 – 350	40	86	76	114	85	401	Si.
OV-3	A, T	P, E, D	0 – 350	44	86	81	124	88	423	Si.
OV-105	A	P, E, D	0 – 275	36	108	93	139	86	462	Si.
Dexsil 300 GC	T	P, E, D	50 – 400	47	80	103	148	96	474	Si.
OV-7	A, T	P, E, D	0 – 350	69	113	111	171	128	592	Si.
OV-61	A	P, E, D	30 – 350	101	143	142	213	174	773	Si.
OV-11	A, T	P, E, D	0 – 350	102	142	145	219	178	786	Si.
OV-17	A, T	P, E, D	0 – 350	119	158	162	243	202	884	Si.
OV-1701		E, D	0 – 350	67	170	153	228	171	789	Si.
UCON LB 550 X	M	P	0 – 200	118	271	158	243	206	996	Pet.
Polypropylenglykol 2025	C	P	0 – 180	112	264	180	260	221	1037	Pet.
OV-22	A	E, D	0 – 350	160	188	191	283	253	1075	Si.
Polypropylenglykol 1025	C	P	0 – 160	130	290	174	258	230	1082	Pet.
Polypropylenglykol 425	C	P	0 – 130	128	294	173	264	226	1085	Pet.
UCON LB 1715	M	P	0 – 200	132	297	180	275	235	1119	Pet.
OV-25	A	E, D	0 – 350	178	204	208	305	280	1175	Si.
OS-138	T	E, D	0 – 250	182	233	228	313	293	1249	Pet.
Edenol 1800	C	E, D, MF	20 – 250	170	309	224	306	277	1286	Pes.

QF-1	A	D, A + E (1+9)	0 – 250	144	233	355	463	305	1500	Si.
OV-210, OV-202	C, A	D, A + E (1+9)	0 – 275	146	238	358	468	310	1520	Si.
OV-215	C, EA	EA + E (1+9)	50 – 275	149	240	363	478	315	1545	Si.
Triton X-100	M	E, D	20 – 190	203	399	268	402	362	1634	Pet.
OV-330	A	E, D	20 – 275	222	391	273	417	368	1671	Pet.
UCON 50 HB 5100	M	E, D	0 – 200	214	418	278	421	375	1706	Pet.
Lutensol AP 20	C	E, D	30 – 250	218	418	281	434	380	1731	Pet.
AN-600	MEK	D, MF	20 – 300	202	368	331	483	367	1751	Si.
XE-60	A, C	D, MF	0 – 250	204	381	340	493	367	1785	Si.
OV-225	A, C	D, MF	0 – 275	228	369	338	492	386	1813	Si.
Triton X-305	M	D, MF	40 – 200	262	467	314	488	430	1961	Pet.
Superox 4	C	D, MF	65 – 300	296	568	349	555	470	2238	Pet.
EGSP-Z	C	D, MF	50 – 230	308	474	399	548	549	2278	Pes./Si.
Superox 0,1	C	D, MF	65 – 280	315	550	363	570	503	2301	Pet.
Carbowax 20 M	C	D, MF	60 – 250	322	536	368	572	510	2308	Pet.
Carbowax 20 M TPA	C	D	60 – 250	321	537	367	573	520	2318	Pet.
Carbowax 6000	C	D, MF	60 – 200	322	540	369	577	512	2320	Pet.
Carbowax 4000	C	D, MF	50 – 150	325	551	375	582	520	2353	Pet.
Silar 5 CP	C	D, MF	50 – 275	319	495	446	637	531	2428	Si.
FFAP	C (+ M)	M + D (1+9) M + MF (1+9)	60 – 275	340	580	397	602	627	2546	Pet.
STAP	C	D	100 – 225	345	586	400	610	627	2568	Pet.
Carbowax 1000	C	D, MF	40 – 150	347	607	418	626	589	2587	Pet.
Carbowax 600	C	D, MF	30 – 120	350	631	428	632	605	2646	Pet.
Butandiolsuccinat	C	D, MF	50 – 225	370	571	448	657	611	2709	Pes.
Reoplex 400	C	D, MF	0 – 210	364	619	449	647	671	2750	Pes.
DEGA (vernetzt mit Pentaerythrit)	A	D, MF	20 – 220	387	616	471	679	667	2820	Pes.
Silar 7 CP	C	D, MF	50 – 275	440	638	605	844	673	3200	Si.
ECNSS-M	C	D, MF	30 – 210	421	690	581	803	732	3227	Pes./Si.
EGSS-X	C	D, MF	100 – 230	484	710	585	831	778	3388	Pes./Si.
Silar 9 CP	C	D, MF	50 – 275	489	725	631	913	778	3536	Si.
DEGS	A	D, MF	20 – 200	492	733	581	833	791	3543	Pes.
Silar 10 C	C	A + D (1+9) MF	50 – 275	523	757	659	942	801	3682	Si.
EGS	C	D, MF	100 – 200	537	787	643	903	889	3759	Pes.
OV-275	A	A + D (1+9) MF	0 – 275	629	872	763	1106	849	4938	Si.

[a] Stationäre Phasen mit anderen Bezeichnungen aber praktisch identischer chemischer Zusammensetzung (s. in den einzelnen Abschnitten) haben in der Regel auch die gleiche Trenncharakteristik.

Prozentangaben bedeuten bei den Siliconen in der Regel Mol% der Reste in den Seitenketten. Die sich zu 100 ergebende Differenz entspricht dem Anteil an Methyl-Gruppen. Die angegebenen Vinylgehalte lassen sich nicht mehr nachweisen, da die Gruppen offenbar weiterreagiert haben (Günther 1981). Die Trenncharakteristik verschiedener Cyanoalkylsilicone schwankt chargenweise (s. z.B. [114]).

Die Maximaltemperatur beträgt je nach Molgewicht und Art der Seitenketten 200–350 °C. Über die Minimaltemperatur sind für verschiedene Silicone sehr unterschiedliche Angaben zu finden, die auch für ein und dasselbe Produkt variieren.

Die Methyl- und Phenylsilicone sind in n-Pentan, Ether und Dichlormethan löslich, die Phenylsilicone mit einem Phenylgehalt von über 50% jedoch nur in Ether und Dichlormethan. Die Trifluorpropylsilicone und die Cyanoalkylsilicone sind in Dichlormethan löslich, wobei zum Erzielen einer klaren Lösung eventuell 10–20% Aceton zugemischt werden müssen. Daneben sind die meisten Trifluorpropylsilicone in Aceton/Ether (1 + 9) und die Cyanoalkylsilicone in Ameisensäuremethylester löslich. Die Phenylcyanopropyl-Silicone lösen sich in Dichlormethan und Ameisensäuremethylester. Auch in reinem Aceton sind viele Silicone löslich, das jedoch für die statische Belegung weniger geeignet ist.

Daneben spielen noch spezielle Phasen zur Trennung von optischen Antipoden besonders von Aminosäuren und chiralen Arzneimitteln eine Rolle, s. [141–144, 475, 476, 414]. Eine mit einer chiralen Silicon-Phase („Chirasil-Val") belegte Kapillarsäule wird von Applied Science vertrieben.

Mit den Siliconen verwandt sind die Dexsile. Sie bestehen aus Polysiloxan-Ketten, in die Carborane eingebaut sind [27]. Dexsil 300 GC enthält eine Kette mit Dimethylsiloxan-Einheiten, Dexsil 400 GC eine mit Phenylmethylsiloxan- und Dexsil 410 GC mit Cyanoethylmethylsiloxan-Einheiten. Der Arbeitsbereich der Phasen liegt zwischen 50 und 400 °C.

6. Weitere Substanzen

Eine Gruppe von in der Kapillar-GC weniger gebräuchlichen Phasen sind die Silicon-Ester-Mischungen:

ECNSS-S = Ethylenglykolsuccinat-Cyanoethylsilicon-„Copolymer" mit niedrigem Silicon-Gehalt,

ECNSS-M = Ethylenglykolsuccinat-Cyanoethylsilicon-„Copolymer" mit mittlerem Silicon-Gehalt,

EGSP-A = Ethylenglykolsuccinat-Phenylsilicon-„Copolymer" mit niedrigem Silicon-Gehalt,

EGSP-Z = Ethylenglykolsuccinat-Phenylsilicon-„Copolymer" mit mittlerem Silicon-Gehalt,

EGSS-X = Ethylenglykolsuccinat-Methylsilicon-„Copolymer" mit niedrigem Silicon-Gehalt,

EGSS-Y = Ethylenglykolsuccinat-Methylsilicon-„Copolymer" mit mittlerem Silicon-Gehalt.

Diese Phasen stellen Mischungen eines Polyesters und Silicons dar, die sich wahrscheinlich bei höheren Säulentemperaturen zu „Copolymeren" umsetzen [232]. Für ganz spezielle Trennprobleme besonders von isomeren Aromaten sind flüssigkristalline Substanzen eingesetzt worden [331, 285, 345, 281–283, 247]. Eine Übersicht über die Typen und Anwendungen dieser Substanzen in der GC s. [284].

Einige flüssigkristalline stationäre Phasen sind von den Firmen Analabs und Applied Science erhältlich.

Einige niedermolekulare Nitrile werden als sehr polare Phasen in der GC, hauptsächlich mit gepackten Säulen verwendet, wie z. B. Triscyanoethoxypropan („Fractonitril III", Merck). Einem breiteren Einsatz dieser Phasen steht deren niedere Maximaltemperatur im Wege. Mit Hilfe eines in Squalan gelösten Ni-II-Komplexes als stationärer Phase konnte eine Auftrennung von enantiomeren Spiroketalen erreicht werden [572]. Auch Mischungen von stationären Phasen wie z. B. eines Methylsilicongummi (OV-1) mit einem PEG 20 000 (Superox 20 M) sind sehr brauchbar [487].

7. Haltbarkeit von stationären Phasen und deren Lösungen

Silicone, in Dichlormethan gelöst, können durch Spuren von HCl, die in diesem Lösungsmittel vorhanden sind oder sich während der Aufbewahrung bilden, depolymerisiert werden [442, 203, 558, 559, 414]. Daher ist z. B. n-Pentan meist das geeignetere Lösungsmittel. Polyalkylenglykole neigen als Ether zur Autoxidation [258, 460]. Säulen mit derartigen Phasen müssen, wenn sie einige Zeit nicht gebraucht wurden, erneut konditioniert werden, da bei den Oxidationsvorgängen leichtflüchtige und zersetzliche Substanzen z. B. Formaldehyd und Ameisensäure [232] entstehen, die besonders bei höheren Säulentemperaturen und Temperaturprogrammierung eine instabile Grundlinie bringen. Nitril-Phasen sollen lichtempfindlich sein [232].

8. Zersetzungen an stationären Phasen

Polyalkylenglykole mit freien OH-Gruppen an den Enden sind zur Trennung von TMS-Derivaten nicht geeignet. Am empfindlichsten sind TMS-Carbonsäuren, die sich schon auf Carbowax-desaktivierten Säulen zersetzen.

Eine Zersetzung von Aldehyden ist in FFAP-belegten Säulen beobachtet worden [20, 577].

9. Chemisch gebundene stationäre Phasen

Unter dieser Bezeichnung kommen Füllmaterialien für gepackte Säulen und neuerdings auch Kapillarsäulen in den Handel. Die Frage, ob die stationären Phasen an die Glasoberfläche echt chemisch gebunden sind, nur eine Anlagerungsverbindung („Molekülverbindung") eingegangen sind oder lediglich in unlöslicher Form vorliegen, ist in der Praxis nicht von so großer Bedeutung. Man sollte diese Phasen daher besser als „nicht extrahierbar" bezeichnen.

Mögliche chemische Bindung an das Glas. Silicone können über Si–O–Si-Gruppen chemisch an das Glas gebunden sein. Dieser Vorgang läuft wahrscheinlich bei der

„in-situ-Polymerisation" von Siliconen ab. Auch PEG scheinen bei höherer Temperatur eine echte Bindung mit dem Glas, wahrscheinlich über eine $-Si-O-$ Gruppe, einzugehen.

Mögliche Anlagerungsverbindungen. PEG neigen zu dieser Art von Bindung an Kieselsäureoberflächen, die wahrscheinlich als Wasserstoffbrückenbindungen vorliegen und zwar zwischen den OH-Gruppen des PEG und $Si-O-Si$-Gruppen bzw. den $C-O-C$-Gruppen des PEG und freien OH-Gruppen (Silanolgruppen) des Glases.

Möglichkeiten zum Unlöslichwerden von stationären Phasen. Einige stationäre Phasen werden bei längerem Betrieb bei höheren Temperaturen unlöslich wie z. B. Polyester, FFAP (und analoge Phasen), wahrscheinlich weil sie zu sehr großen Molekülen weiterreagieren. Viele weitere Phasen werden je nach O_2-Gehalt des Trägergases und der Betriebstemperatur nach längerem Gebrauch mehr oder weniger unlöslich. Dies ist häufig mit einem starken Verlust an Trennleistung verbunden. Methylsilicone wie SE-30, OV-1 und Methylphenylsilicone mit einem geringen Phenyl-Gehalt wie SE-52, SE-54, OV-73 lassen sich jedoch mit Hilfe von Peroxiden, z. B. mit Dibenzoylperoxid, in unlösliche Form überführen [488, 227, 229].

Nichtextrahierbare Phasen können bei der „on-column-injection" größerer Probenvolumina günstig sein, da sich die Phase dann nicht anlöst. Auch lassen sich stärker verunreinigte Säulen durch Spülen mit einem Lösungsmittel wieder regenerieren. Im allgemeinen haben sie aber bisher keine Vorteile gegenüber den in freier Form vorliegenden Phasen. Kapillaren mit „chemisch gebundenen" Silicon-Phasen sind von Chrompack und J. a. W. erhältlich.

Bezugsquellen für stationäre Phasen. Alltech, Analabs, Applied Science, ATS, Chrompack, L. C. Comp., Ohio Valley, Phase Sep, RFR, RSL, Supelco, WGA.

Die in den Katalogen der Firmen angegebenen Phasen stellen häufig nur eine Auswahl dar, weitere Phasen können meist auf Anfrage geliefert werden. Eine begrenzte Zahl von stationären Phasen ist auch bei folgenden Firmen erhältlich: Ega, Fluka, Macherey-Nagel, Merck, Riedel-de Haen, Roth, Serva.

Auswahl einer geeigneten Herstellungsmethode

Von Lee [350] ist eine sehr ausführliche Übersichtsarbeit über die gesamte Herstellung von Glaskapillarsäulen verfaßt worden und eine weitere von Alexander [18 engl., 19 dt.]. Einige brauchbare Hinweise hierzu sind auch in der älteren Literatur (z.B. [302, 425, 393]) zu finden. Die Methoden zur Modifizierung der inneren Oberfläche von Kapillaren sind teilweise schwer reproduzierbar, sowohl in den eigenen Laboratorien, in denen sie entwickelt wurden, als auch in anderen Laboratorien. Universalmethoden, die geeignete Kapillarenoberflächen für alle stationären Phasen und sehr viele unterschiedliche Trennprobleme ergeben, sind bisher noch nicht gefunden worden. Daher ist es bei der Eigenherstellung sinnvoll, seine Kapillaren „maßzuschneidern", d. h. ein Verfahren anzuwenden, das möglichst einfach ist und dabei für das jeweilige Trennproblem optimale Säulen liefert. So haben auch viele der bisher publizierten Methoden nebeneinander eine Daseinsberechtigung.

Viele Trennprobleme lassen sich entweder mit einem Methylsilicongummi wie SE30 oder einem Polyethylenglykol wie Carbowax 20 M bzw. Polyethylenoxid wie Superox 4 lösen. Die einfachste Vorbehandlung ist das Waschen mit konzentrierter Salzsäure in der Kälte. Die Oberfläche läßt sich z. B. durch Waschen mit Carbowax 1500 und Hitzebehandlung bei 280 °C desaktivieren. Zur Desaktivierung für die mit Silicongummi zu belegenden Kapillaren kann auch mit der Lösung eines Siliconöles wie OV-101 gespült und auf 400 °C erhitzt werden. Dieses Vorgehen ist für TMS-Derivate und Hochtemperaturbetrieb (über 250 °C) geeigneter. Zur Belegung ist wegen der hohen Viskosität der Lösungen o. g. stationärer Phasen die statische Methode angebracht, die etwas mehr an Erfahrung bedarf als die dynamische Methode, aber meist gleichmäßigere Belegungen ergibt.

Bei diesen auch bei höheren Temperaturen höherviskosen stationären Phasen ist es von Vorteil, daß sie auf glatten Oberflächen haften und bei höheren Trägergasgeschwindigkeiten nicht zum Säulenende hin vorgetrieben werden.

Erst wenn die Trennspezifität dieser Säulen zu gering ist, oder sich zu starke Adsorptionen ergeben, sollte eine andere Phase bzw. eine andere Desaktivierungsmethode und gegebenenfalls eine Aufrauhung versucht werden.

Kapitel III

Einbau und Betrieb von Kapillarsäulen

A. Begradigen der Enden

Damit sich die Enden der Kapillare weit genug in den Einspritzblock und in den Detektor einführen lassen, müssen sie je nach Gerätekonstruktion auf einer Strecke von etwa 1–15 cm begradigt werden. Bei Kapillarsäulen aus Metall lassen sich die Enden leicht geradebiegen, bei solchen aus flexiblem, ummanteltem Quarzglas richten sie sich von selbst auf.

Die Enden von Glaskapillarsäulen begradigen sich beim Erhitzen bis zum Erweichen des Glases durch ihr Eigengewicht. Dabei müssen bei belegten Kapillarsäulen die nicht mehr zu begradigenden nächsten Windungen vor Überhitzung geschützt werden, in den begradigten Enden muß ein vollständiges Abdampfen oder Verbrennen der stationären Phase erreicht werden, da nichtflüchtige Pyrolyseprodukte zu störenden Adsorptionen führen können.

Das von Grob et al. [186] beschriebene Verfahren hat sich in folgender Ausführung gut bewährt:

Zunächst werden die Kapillarenenden mit der Flamme grob begradigt, indem jeweils ein Teil der letzten Windung in etwa 3 cm langen Abschnitten in die erforder-

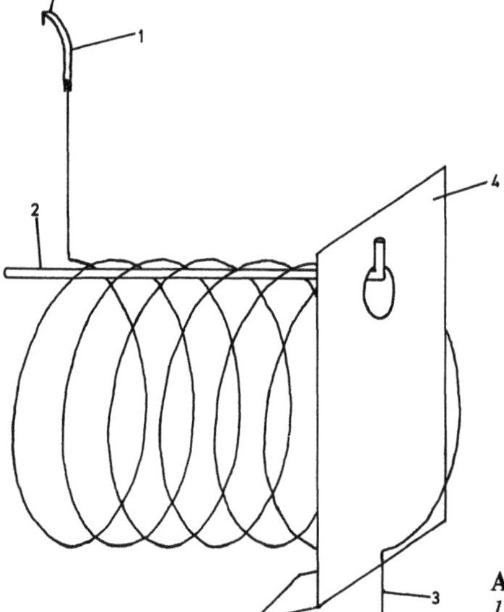

Abb. 5. Haltestange (2) mit Hitzeschild (4).
1 Preßluftzuleitung, 3 begradigtes Kapillarenende

liche Richtung gebogen werden. Dann hängt man die Kapillare auf eine waagerecht an einem Stativ befestigte Stange und bringt den Hitzeschild an, wie in Abb. 5 gezeigt. Von dem hinteren Ende her wird Luft mit einem nicht zu hohen Überdruck von 0,1–1 bar je nach Länge und Durchmesser der Kapillare durchgedrückt. Bei zu hohen Drucken kann sich die Kapillare sonst an den erhitzten Stellen aufblähen. Durch vorsichtiges Erhitzen unter Fächeln mit der Flamme eines Brenners wird das Glas gerade zum Erweichen gebracht, so daß es sich von selbst geradezieht. Ein zu langes Verweilen mit der Flamme an einer Stelle führt leicht, besonders bei Soda-Kalk-Glas, zu Verengungen oder sogar zum Verschluß. Das letzte Stück von etwa 2 cm Länge läßt sich wegen des geringen Gewichtes sehr schlecht begradigen und wird verworfen. Es wird nach Anritzen mit einem Widia-Messer, Diamantschreiber, Wolframcarbid-Stift (J. a. W. Nr. TCP-1) oder Wetzstein sauber abgebrochen, und die Bruchkante mit der Flamme abgerundet. Ein ausreichendes Feuerpolieren kann durch Entlangfahren mit dem Finger überprüft werden. Der Querschnitt der Öffnung soll sich beim Rundschmelzen aber nicht wesentlich verringern.

Zum Erhitzen ist z. B. die Sparflamme eines Erdgasbrenners sehr geeignet. Auch die nicht zu kräftig eingestellte Flamme eines Gasbrenners oder besser Mikrogasbrenners ist geeignet. Häufig genügt auch ein Feuerzeug. Butangasbrenner (z. B. Chrompack Nr. 8445 oder WGA Nr. 2008) geben meist etwas zu hohe Temperaturen zum Begradigen und sind mehr zum Hartlöten geeignet. Auch ein speziell zum Begradigen von Kapillarenenden konstruierter elektrischer Heizer (Supelco Nr. 2-3753), der jedoch relativ teuer ist, kann verwendet werden. Von der Fa. Erba ist ein elektrisch beheiztes und mit elektrischem Vorschub arbeitendes Gerät erhältlich, bei dem die Enden beim Begradigen weniger hoch erhitzt werden, so daß die stationären Phasen nicht so stark pyrolysieren und die Inaktivität der Oberfläche silylierter Kapillaren erhalten bleibt (s. a. [223]).

Bei manchen Gaschromatographen brauchen die Kapillaren nur auf etwa 1–3 cm Länge begradigt zu werden. Hier kann bei vorsichtigem Erhitzen, ohne die benachbarten Windungen thermisch zu belasten, auf den Hitzeschild verzichtet werden. Auch das Durchdrücken von Luft kann dabei in der Regel entfallen, da in den letzten cm der Säulen meist genügend Luft vorhanden ist, um die Phase zu verbrennen.

Die Enden von Glaskapillaren werden beim Begradigen wieder adsorptionsaktiv, so daß mit zunehmender Länge der begradigten Strecken viele Substanzen stärker adsorbiert werden. In solchen Fällen müssen die Enden erneut desaktiviert werden, was z. B. in gewissem Umfang durch Spülen mit einer 1%igen Lösung von Carbowax 1000 möglich ist. Nach eigenen Erfahrungen ist eine Nachdesaktivierung über die Gasphase mit den Pyrolyseprodukten von Carbowax 20 M (s. Abschn. II.E.2) sehr wirksam.

Der Verlust der Desaktivierung beim Geradebiegen kann dadurch vermieden werden, daß die Kapillarenenden schon vor der Desaktivierung und Belegung in der erforderlichen Länge begradigt werden.

Bei einigen Arten des Anschlusses an den Einspritzblock bzw. den Detektor kann bei Verwendung flexibler Dichtungen z. B. aus Siliconkautschuk auf ein Begradigen der Glaskapillaren ganz verzichtet werden (s. a. [512]).

B. Halterungen

Die Kapillarsäulen aus Glas müssen in den Gaschromatographen so fixiert werden, daß die Enden nicht abbrechen. Bei Geräten mit waagerechten Anschlüssen an Einspritzblock und Detektor können die Säulen häufig ohne spezielle Halterung auf den Boden des Säulenofens gelegt werden. Falls sich Probleme durch Verschieben der Säulenwindungen ergeben, kann auch ein Halter etwa der in Abb. 2 gezeigten Form verwendet werden. Für Geräte mit senkrecht angeordneten Verschraubungen sind die Ausführungen in Abb. 6 geeignet. Weitere Halterungen werden in der Literatur beschrieben [501, 186]. Viele andere analoge Formen sind auch von den verschiedenen Zubehörlieferanten und den Herstellern von Gaschromatographen erhältlich. Die Wärmekapazität der zur Herstellung der Halter verwendeten Metallprofile sollte an den Stellen, wo die Kapillaren aufliegen, nicht zu groß sein, um eventuelle Temperaturunterschiede bei der Temperaturprogrammierung zu vermeiden. Man verwendet daher am besten Drähte bis zu etwa 1,5 mm ∅ oder dünnwandige Rohre bis zu etwa 4 mm ∅. Bei flexiblen Quarzkapillaren kann häufig ganz auf einen Halter verzichtet werden, da sie auf ein Drahtgestell gewickelt sind und die Enden nicht so leicht abbrechen. Sie können auf den Boden des Säulenofens gelegt oder an die Ofenwand gelehnt werden.

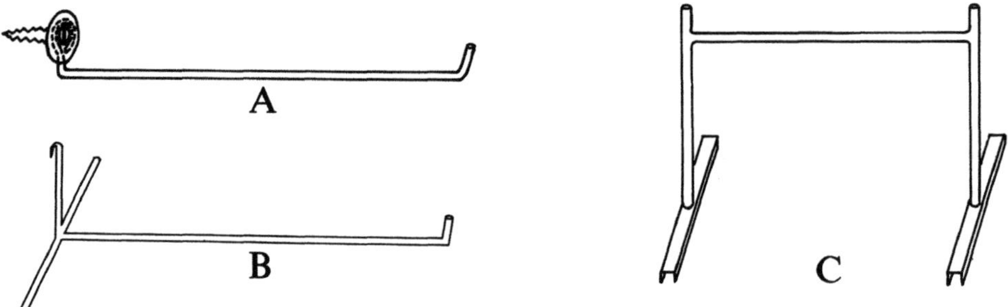

Abb. 6. Halterungen für Kapillaren, (A) zum Einschrauben in die Ofenwand, (B) zum Einhaken in eine Bohrung in der Ofenwand,(C) zum Stellen auf den Boden des Säulenofens

C. Probenaufgabe

Die bei gepackten Säulen sehr bewährte Einspritzung direkt auf die Säule („on-column-injection") ist bei Kapillarsäulen in gleicher Weise nicht möglich. Dies ist durch den geringen Innendurchmesser der Kapillaren von ca. 0,3 mm und die Dimensionierung der handelsüblichen Injektionsspritzen bedingt. Die Spritzenkanülen haben einen Außendurchmesser von ca. 0,5 mm und passen nicht in das meist engere Kapillarenlumen. Außerdem ist die untere Grenze für das Injektionsvolumen bei den hauptsächlich verwendeten 5–10 µl-Spritzen etwa 1 µl, was etwa 0,5 ml Lösungsmitteldampf entspricht. Dies Volumen kann aber von den englumigen Kapillaren nicht schnell genug aufgenommen werden. Eine entsprechende

Miniaturisierung der Spritzen und des üblichen Septum-Injektors um einen Faktor von 10 stößt auf technische Schwierigkeiten. Daher müssen bei der Kapillar-GC spezielle Probenaufgabetechniken angewendet werden, um deren volle Trennleistung zu nutzen. Eine ideale Methode sollte folgende Eigenschaften haben:

1. Keine durch die Probenaufgabe bedingte Peakverbreiterung,
2. verlustlose Probenaufgabe ohne Strömungsteiler,
3. schmaler Lösungsmittelpeak,
4. keine Diskriminierung der weniger flüchtigen Bestandteile,
5. gute Wiederholbarkeit,
6. einfache und automatisierbare Durchführung.

Mit keiner der folgenden bisher durchgeführten Probenaufgabemethoden lassen sich alle diese Idealvorstellungen gemeinsam realisieren:

1. Probenaufgabe mit Strömungsteilung („split"),
2. Probenaufgabe ohne Strömungsteilung
    a) mit Unterkühlung der Säule,
    b) unter Ausnutzung des „Lösungsmitteleffektes",
    c) Direktaufgabe auf die Säule,
    d) mit Glasnadel-Injektor.

Bei der Injektion der Probelösung in den heißen Einspritzblock, wie es bei den Methoden 1, 2a und 2b der Fall ist, muß dessen inneres Volumen etwa so groß sein, daß das aus den 1–2 µl injizierter Lösung entstehende Dampfvolumen von 0,5–1 ml darin Platz hat. Anderenfalls schlägt die verdampfte Probe teilweise in die Trägergaszuleitung zurück; dies kann zu sehr breiten Lösungsmittelpeaks und schlecht reproduzierbaren quantitativen Ergebnissen führen. Schließt man nun die Kapillare ohne einen Nebenauslaß (Split) an, so resultieren sehr breite Lösungsmittelpeaks und bei isothermer Arbeitsweise auch verbreiterte Peaks der getrennten Substanzen. Dies ist durch die geringe Strömung des Trägergases durch die Kapillare von etwa 1–3 ml/min bedingt, so daß der Transport von 0,5 ml verdampfter Probe aus dem Einspritzblock auf die Kapillare je nach Gasströmung etwa 10–30 s dauert. Um diesen Betrag vergrößert sich die Breite aller Peaks.

1. Probenaufgabe mit Strömungsteilung

Daher ist es günstiger, den Einspritzblock auf eine Trägergasströmung von z. B. 30 ml/min einzustellen und den nicht auf die Kapillare gelangenden Anteil von etwa 27–29 ml/min über einen parallel zur Kapillare angebrachten Auslaß austreten zu lassen. Auf diese Weise hat die Probe den Einspritzblock innerhalb von höchstens 1 s wieder verlassen. Dabei gelangt in dem o. g. Beispiel auch nur 1/30 bis 1/10 der injizierten Probe auf die Kapillare, jedoch in Form einer schmalen Bande. Diese Probenaufgabemethode ist die schon am längsten und immer noch am häufigsten ausgeführte Art, da sie ebenso einfach wie bei gepackten Säulen durchzuführen ist, und auch die gleichen automatischen Probengeber verwendet werden können. Die meisten Gaschromatographen sind mit Einspritzblocks für gepackte Säulen von 6 mm bzw. 1/4″ ä.∅ ausgestattet. Deren Umbau für Kapillarenbetrieb mit Strömungsteilung ist relativ leicht durchführbar. Eine einfache technische Möglichkeit ist in Abb. 7 angegeben. Die meisten Gerätehersteller können ihre Geräte auch schon für Kapillarenbetrieb eingerichtet liefern oder

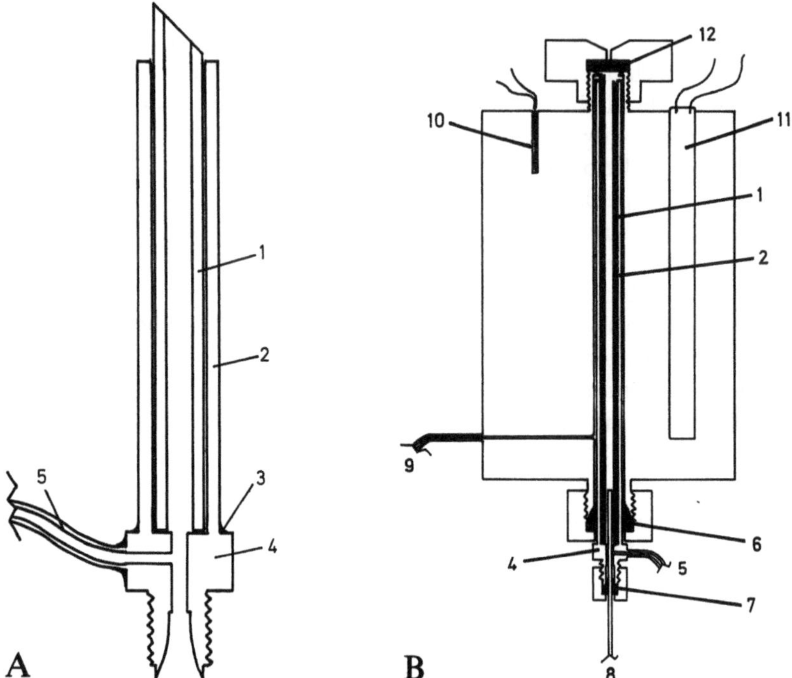

Abb. 7. Adapter zum Anschluß von Kapillarsäulen an 6 mm- bzw. ¼″-Einspritzblocks.
(A) Adapter mit Glaseinsatz; (B) Adapter, eingebaut in einen Einspritzblock.

1	Glaseinsatz, etwa 2,5 mm i.∅ und 3,8–4 mm ä.∅, oben abgeschrägt	*6*	¼″ Graphit- oder Polyimid-Dichtung
2	Rohr aus rostfreiem Stahl, etwa 6 mm ä.∅ und 4–4,2 mm i.∅	*7*	¹⁄₁₆″ Graphit-Dichtung mit etwa 0,5–1 mm i.∅ je nach Kapillaren-Durchmesser
3	Hartlot	*8*	Kapillarsäule
4	¹⁄₁₆″ „Swagelok-Cap" aus rostfreiem Stahl, aufgebohrt auf 1–1,2 mm und seitlich angebohrt	*9*	Trägergaszuleitung
		10	Thermofühler
		11	Heizelement
5	eingelötete Zuleitung zum Strömungswiderstand, „Splitleitung"	*12*	gereinigtes Silicon-Septum

bieten Umbausätze dafür an. Umbausätze sind z. B. auch von den Firmen Antech, Chrompack, Gerstel, SGE und WGA erhältlich. Einige von diesen Firmen bieten daneben die Installation des Umbausatzes an.

Die Probe sollte beim Verdampfen und auf dem Weg zum Anfang der Trennkapillare im Einspritzblock nicht mit Metallteilen (Edelstahl) in Berührung kommen. Viele Substanzen, besonders wenn sie in geringer Menge vorliegen, werden leicht an Metalloberflächen adsorbiert oder katalytisch zersetzt. Daher enthalten alle modernen Injektoren für die Kapillar-GC Glaseinsätze. Viele Typen enthalten eine weitere Auslaßleitung für das Trägergas in der Nähe der Septen. Durch diese sog. „Septum-Spülung" lassen sich flüchtige Substanzen entfernen, die bei höheren Temperaturen aus den Silicon-Septen verdampfen und besonders bei Temperaturprogrammierung Störpeaks und eine abwandernde Grundlinie verursachen. Wenn zu große Mengen Probelösung injiziert werden, kann ein Teil der verdampften

Probe auf diese Weise aus dem System entfernt werden, was zu Fehlern führt. Auf die Septum-Spülung kann ganz verzichtet werden, wenn „nichtblutende" oder besser mit Aceton extrahierte Silicon-Septen (s. Abschn. III.I) verwendet werden.

Bei der Injektion mit Strömungsteilung beobachtet man eine „Diskriminierung" der schwererflüchtigen Substanzen, d. h. in einer homologen Reihe z. B. von n-Paraffinen nimmt die gemessene Peakfläche mit steigender Kettenlänge ab. Hierfür gibt es mehrere Ursachen:
1. Fraktionierung in der Spritzenkanüle,
2. Entmischung beim Verdampfen der Probe,
3. Zersetzung oder Adsorption in der Säule.

Die Fraktionierung in der Spritzenkanüle ist nicht spezifisch für die Kapillar-GC, sondern ist auch beim Arbeiten mit gepackten Säulen zu beobachten. Diese Erscheinung ist von Grob et al. [210, 218, 220] näher untersucht worden. Weil bei Verwendung leichtflüchtiger Lösungsmittel die Verdampfung der Probe zum Teil in der sich erwärmenden Kanüle stattfindet, kommt es hier zu einer von der Einspritztechnik abhängigen Diskriminierung. Die leichter verdampfbaren Anteile verdampfen in größerer Menge aus der Kanüle als die schwererflüchtigen. Erfahrungsgemäß läßt sich der dadurch bedingte Fehler aber klein halten, wenn immer mit der gleichen Einspritztechnik und mit Eichlösungen gearbeitet wird. Von Schomburg et al. [508] wird zur Vermeidung des Kanülenfehlers die Verwendung eines schwerflüchtigen Lösungsmittels (z. B. Dodecan, Kp. 216 °C) und die Senkung der Injektortemperatur auf einen gerade noch für eine schnelle Probenverdampfung ausreichenden Wert empfohlen, so daß nicht ein Teil der Probe bereits in der Spritzenkanüle verdampft.

Auch bei der im Einspritzblock außerhalb der Spritzenkanüle ablaufenden Verdampfung findet eine gewisse Fraktionierung statt, so daß – zumindest für eine sehr kurze Zeit – relativ mehr von den leichtflüchtigen Komponenten und später mehr von den schwerflüchtigen im Dampfraum ist. Gelangt nun bei der Strömungsteilung während des Verdampfungsvorganges nicht zu jedem Zeitpunkt der gleiche Anteil von der Gasphase auf die Kapillare oder sind die verdampften Substanzen nicht homogen in der Gasphase verteilt, so kommt es zum „Splitfehler" oder zur „Nichtlinearität des Splits". Dies hat ebenfalls eine Diskriminierung oder auch schlecht reproduzierbare Peakhöhenverhältnisse zur Folge. Daher hat man versucht, mit Hilfe verschiedener Vorrichtungen eine bessere Durchmischung der verdampften Probe im Einspritzblock zu erreichen:

Einbuchtungen im Glaseinsatz, Mischtöpfchen nach Jennings [289, 290] (sog. „Jennings-Töpfchen"), eingeschmolzene Glasfritte, Füllung des Glaseinsatzes mit Quarzwatte, Glaswatte, Glaskugeln oder ähnlichem Material. Offenbar haben sich jedoch nach wie vor die leeren Glaseinsätze besser bewährt.

Eine Verbesserung der quantitativen Ergebnisse läßt sich oft auch dadurch erreichen, daß der durch das plötzliche Verdampfen der Probe im Injektor eintretende Druckstoß durch ein hinter der Splitstelle eingebautes „Puffervolumen" abgefangen wird. Dies kann aus einem leeren Edelstahlrohr von 1–5 ml Inhalt bestehen, das in der Abzweigleitung noch vor dem Strömungswiderstand angebracht wird. Es braucht nicht im Ofenraum untergebracht zu sein, falls die Zuleitung nicht zu eng ($\geqq$ 1 mm) und zu lang ist. Man kann das Rohr, falls es außerhalb des Ofenraumes angebracht wird, auch mit gekörnter Aktivkohle füllen. Dadurch wird der

Strömungswiderstand (Nadelventil o. ä.) während des Betriebs nicht verunreinigt, was zu einer Änderung der Strömungsverhältnisse führen würde. Ein weiterer günstiger Effekt des Puffervolumens besteht darin, daß das Lösungsmittel einer injizierten Probe nur langsam zum Strömungswiderstand weitergegeben wird. Anderenfalls wird durch die plötzliche Erhöhung der Viskosität des ausströmenden Trägergases, bedingt durch die Gegenwart des Lösungsmittels, eine Änderung der Strömungsverhältnisse bewirkt, die bei quantitativen Analysen zu schlecht reproduzierbaren Ergebnissen führen kann.

Das vordere Kapillarenende sollte, besonders bei Temperaturprogrammierung, bis in den heißen Teil des Einspritzblocks reichen, sonst kann es zur zwischenzeitlichen Kondensation schwerflüchtiger Komponenten im kalten Teil des Glaseinsatzes oder an der Kapillarenöffnung kommen, wodurch ebenfalls Störungen bei quantitativen Analysen auftreten können.

Die dritte Ursache für eine Diskriminierung, die Zersetzung oder Adsorption in den Säulen, ist nicht typisch für die Injektion mit Split (Strömungsteilung), sondern tritt natürlich bei allen Probenaufgabemethoden auf, falls die Säulen nicht entsprechend inaktiv sind.

Um Fehler bei der Injektion mit Split rechnerisch zu kompensieren, können viele innere Standards in Form der homologen Reihe der n-Kohlenwasserstoffe z. B. (C_8-C_{22}) verwendet werden [337].

Weitere Details zur Probenaufgabe mit Strömungsteilung s. z. B. [244, 230].

Erschweren breite Lösungsmittelpeaks die Auswertung von FID-Chromatogrammen, so sollte Schwefelkohlenstoff (Kohlenstoffdisulfid) als Lösungsmittel versucht werden, der einen sehr geringen FID-Response hat.

2. Probenaufgabe ohne Strömungsteilung

Bei der Probenaufgabe mit Strömungsteiler wird ein Vorteil der Kapillar-GC, nämlich die größere Empfindlichkeit, wegen des dabei stattfindenden Substanzverlustes teilweise oder ganz eingebüßt. Besonders bei Spurenanalysen ist daher eine Probenaufgabe ohne Strömungsteilung oft günstiger. Dazu gibt es vier verschiedene Techniken. Bei den ersten beiden Methoden kann das gleiche Injektionssystem wie bei der Injektion mit Split verwendet werden. Dabei erfolgt nach dem Verdampfen der Probe im Injektor eine Rekonzentrierung auf den Anfang der Kapillare vor dem Trennvorgang.

a) mit Unterkühlung der Säule

Bei dieser von Grob et al. [181–183, 185] zuerst beschriebenen Methode werden die zu trennenden Substanzen zunächst im Einspritzblock bei geschlossenem Splitausgang verdampft. Im vordersten Stück der Kapillarsäule, die zuvor auf mindestens 30–50 °C unter die Trenntemperatur abgekühlt wurde, werden die Substanzen mit Ausnahme des Lösungsmittels als scharfe Zone festgehalten. Beim anschließenden Aufheizen auf die zur Trennung erforderliche Temperatur beginnen die Substanzen dann als scharfe Bande zu wandern. Auf diese Weise gelangen die Substanzen praktisch verlustlos in die Trennsäule und ergeben steile Peaks. Um breite Lösungsmittelpeaks durch kleine Mengen nachströmenden, restlichen Lösungsmittels zu vermeiden, wird nach etwa 30–60 s der Splitausgang geöffnet, und der Einspritzblock durch die wesentlich höhere Gasströmung freigespült.

Diese Probenaufgabemethode besteht aus folgenden Schritten:

Abkühlen des Säulenofens um mindestens 30–50 °C,
Schließen des Strömungsteilers,
Einspritzen der Probe (1–2 µl),
nach 30–60 s Öffnen des Strömungsteilers,
Temperatur des Säulenofens um 30–50 °C steigern und evtl. Temperaturprogramm starten.

Auf die von Grob beschriebene „Septum-Spülung" kann verzichtet werden, falls „reine" Septen (z. B. mit Aceton extrahierte) verwendet werden. Bei Injektionsvolumina über etwa 1–2 µl muß langsam injiziert werden, da der Lösungsmitteldampf sonst in die Trägergaszuleitung zurückschlägt.

Die erforderliche Mindestwartezeit nach der Injektion hängt hauptsächlich von der Strömungsgeschwindigkeit, den inneren Abmessungen des Injektors und dem eingespritzten Probenvolumen ab. Sie kann experimentell durch mehrmalige Injektion einer Probelösung bei unterschiedlicher Wartezeit ermittelt werden. Das verwendete Lösungsmittel sollte einen nicht zu hohen Siedepunkt haben, da es sonst auf der Säule in Form von Tröpfchen kondensiert. Die stationäre Phase am Säulenanfang würde sich darin auflösen und ein Stück weitertransportiert werden, was zu Ungleichmäßigkeiten des Filmes führt.

Auch im eigenen Laboratorium ist das Verfahren mit Erfolg eingesetzt worden [512]. Dabei wurde ein etwas anderes Injektionssystem verwendet, bei dem das Trägergas zwischen den Injektionen in umgekehrter Richtung durch den Einspritzblock fließt.

Das Verfahren ist für Lösungen geeignet, die keine größeren Anteile an nichtflüchtigen Rückständen enthalten. Sind solche vorhanden, so muß der Glaseinsatz im Injektor häufig, in manchen Fällen nach jeder Injektion gereinigt werden. Es treten sonst Störungen auf, die sich in einer verstärkten Diskriminierung der schwererflüchtigen Substanzen, Zersetzungen im Einspritzblock oder in „Memoryeffekten" bzw. „Ghostpeaks" äußern. Die nichtflüchtigen Probenanteile im Einspritzblock wirken wie eine stationäre Phase, von der besonders die schwerflüchtigen Komponenten festgehalten werden.

Wegen der reltiv langen Verweildauer der Substanzen im heißen Einspritzblock können sich bei dieser Art von Probenaufgabe empfindliche Stoffe z. T. zersetzen.

Die Methode ist einfach und läßt sich auch automatisieren, wird in der Praxis jedoch relativ wenig eingesetzt im Vergleich zur Injektion mit Strömungsteilung. Sie ist praktisch nur für Spurenanalysen sinnvoll, bei denen die Konzentrationen in der Probelösung keine brauchbaren Detektorsignale geben, falls mit Strömungsteiler gearbeitet wird.

b) unter Ausnutzung des „Lösungsmitteleffektes"

Bei dieser auch von Grob et al. [190] beschriebenen Methode kann die splitlose Injektion „isotherm", d. h. ohne Unterkühlung der Säule erfolgen. Man nutzt dabei den „Lösungsmitteleffekt", der darauf beruht, daß die stationäre Phase am Anfang der Säule das bei der Injektion verwendete Lösungsmittel zunächst aufnimmt und damit ihr Volumen stark vergrößert. Dadurch wird die Wanderungsgeschwindigkeit der zu trennenden Substanzen sehr stark verringert, sie reichern sich zunächst als schmale Bande auf dem ersten Stück der Säule an. Wenn das Lösungsmittel anschließend vom Trägergas weitertransportiert wird, beginnen die Substanzen zu wandern. Entscheidend für das richtige Arbeiten der Methode ist die Wahl des Lösungsmittels und einiger weiterer Parameter wie Lösungsmittelmenge und Injektionsdauer. Einige wichtige Details s. a. [196, 584], einige weitere theoretische Aspekte s. [291].

Diese Probenaufgabemethode besteht aus folgenden Schritten:

Schließen des Strömungsteilers,
Einspritzen der Probe,
nach ca. 10 s Öffnen des Strömungsteilers.

Die Methode bietet sich eventuell für spezielle Spurenanalysen an, wird in der Praxis jedoch relativ wenig eingesetzt.

c) Direktaufgabe auf die Säule

Diese auch „on-column-injection" genannte Methode, bei der die Spritzennadel bis in die Säule reicht, ist bei gepackten Säulen schon lange üblich. Die dabei angewendete Art der Ausführung kann nicht direkt auf die Kapillar-GC übertragen werden. Mit den bisher auch in der Kapillar-GC noch üblichen Spritzen können nur Volumina ab etwa 0,5–2 µl genügend genau injiziert werden. Das daraus resultierende Dampfvolumen von etwa 0,5 ml kann von gepackten Säulen bei plötzlicher Probenverdampfung schnell genug aufgenommen werden, nicht jedoch von Kapillaren. Daher müssen bei der Kapillar-GC die Säulen abgekühlt werden, damit das Lösungsmittel langsamer verdampft und die Substanzen am Anfang der Kapillare aufkonzentriert werden. Diese Aufkonzentrierung erfolgt je nach dem verwendeten Lösungsmittel und der Ofentemperatur nach dem unter a) (Säulenunterkühlung) oder b) (Lösungsmitteleffekt) beschriebenen Prinzip.

Die von Schomburg et al. [507] beschriebene Vorrichtung arbeitet ähnlich wie eine in der Massenspektrometrie verwendete Schubstange. Es werden zwei Varianten beschrieben, die jeweils für unterschiedliche Probenlumina geeignet sind.

Das von Grob et al. [208] beschriebene System hat sich inzwischen in vielen Laboratorien bewährt, es ist im Handel erhältlich. Dabei wird die Probe mit einer Spritze direkt in das vorderste Stück der Kapillare injiziert. Damit die Spritzenkanüle in Kapillaren mit dem meist üblichen Durchmesser von 0,25–0,3 mm eingeführt werden kann, darf der Außendurchmesser der Kanüle nur etwa 0,2 bzw. 0,25 mm sein. Da man mit derartig feinen Kanülen kein übliches Septum durchstechen kann, ist dieses Injektionssystem mit einem Hahn ausgestattet. Die von der Firma Erba vertriebene Version hat die in Abb. 8 gezeigte Form und wird folgendermaßen bedient:

Zunächst wird die Spritzenkanüle bei geschlossenem Hahn durch einen engen Kanal bis dicht an das Hahnküken geschoben. Nach Öffnen des Hahnes kann die Spritzenkanüle bis in die Kapillare vorgeschoben werden, und der Spritzeninhalt wird in die Kapillare injiziert. Danach zieht man die Kanüle wieder bis kurz oberhalb des Hahnkükens heraus und nach Schließen des Hahnes aus dem Probenaufgabesystem.

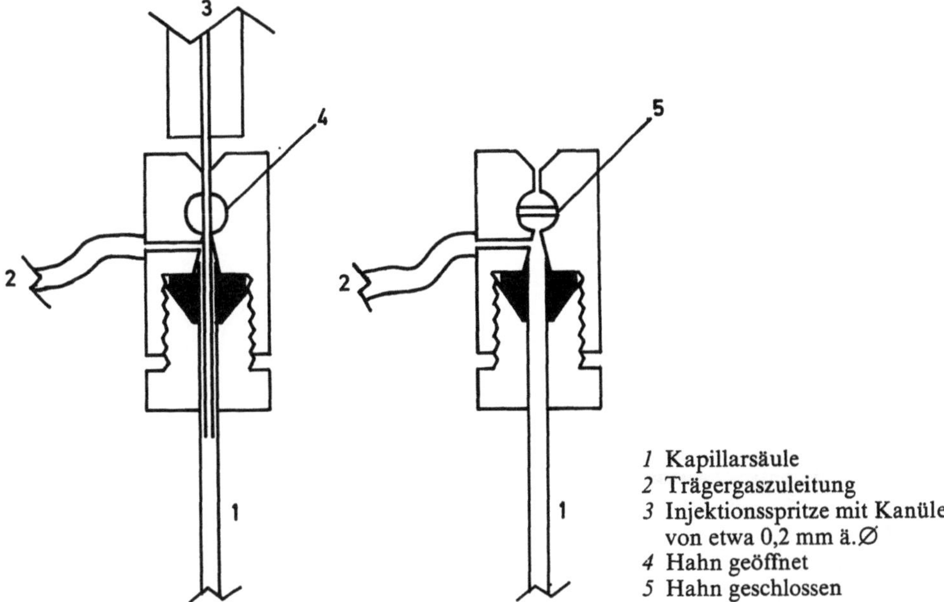

Abb. 8. On-Column-Injektor der Fa. Erba (schematisch)

Bei dieser Art von Probenaufgabe bleibt die Spritzenkanüle kalt, so daß in ihr noch keine Verdampfungsvorgänge ablaufen. Daher tritt kein „Kanülenfehler" durch eine gewisse Fraktionierung der Substanzen entsprechend ihrer Flüchtigkeit auf. Da es sich um eine strömungsteilerlose Probenaufgabe handelt, entfällt außerdem der Splitfehler, der durch ein unterschiedliches Splitverhältnis je nach Flüchtigkeit der Substanzen bedingt ist. Die Proben werden außerdem sehr schonend verdampft; daher ist die Methode für thermolabile Substanzen besonders geeignet. Das verwendete Lösungsmittel sollte leicht flüchtig sein, damit es schon nach einigen cm verdampft ist und nicht die stationäre Phase in den ersten Windungen löst, weitertransportiert und so die Belegung im vorderen Stück der Kapillare ungleichmäßig wird. Weitere Details zur Verbesserung der Ergebnisse in quantitativer Hinsicht s. [204, 219]. Beim Vergleich dieser Probenaufgabe mit anderen Injektionsmethoden ergibt die „on-column-injection" die besten quantitativen Ergebnisse [213]. Gelegentlich werden bei dieser Probenaufgabemethode durch Lösungsmitteleffekte bedingte Peakverbreiterungen und Doppelpeaks beobachtet [228, 286]. Die ursprüngliche Version dieses Injektors ist inzwischen durch Anbringen einer Luftkühlung verbessert worden [150].

Falls das Lumen von Glaskapillaren zu eng ist, um mit der Spritzenkanüle hineinzukommen, müssen die ersten 1–2 cm der Kapillare aufgeweitet werden. Dies kann nach Zuschmelzen des aufzuweitenden Kapillarenendes und Aufgeben von ca. 0,1 bar Überdruck durch vorsichtiges Erwärmen unter Fächeln mit einer Flamme erfolgen, bis sich die Kapillare auf einer Strecke von 1–2 cm entsprechend aufgeweitet hat. Nach Anritzen kann die Kuppe abgebrochen werden, und die

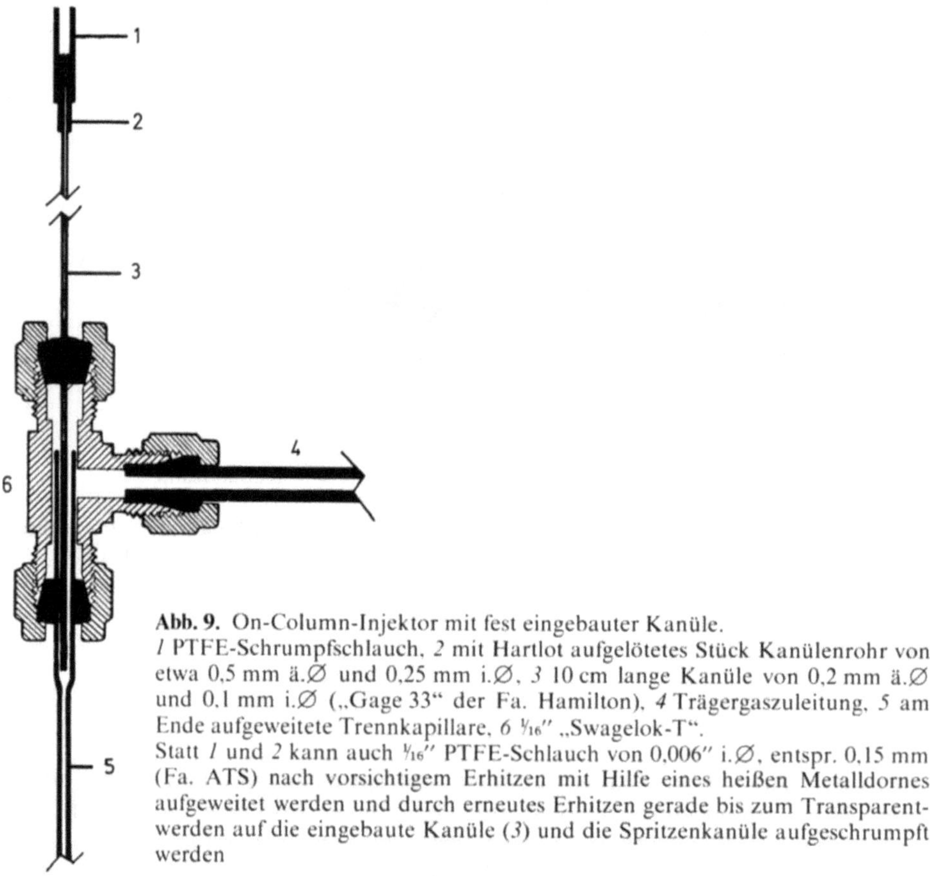

Abb. 9. On-Column-Injektor mit fest eingebauter Kanüle.
1 PTFE-Schrumpfschlauch, *2* mit Hartlot aufgelötetes Stück Kanülenrohr von etwa 0,5 mm ä.∅ und 0,25 mm i.∅, *3* 10 cm lange Kanüle von 0,2 mm ä.∅ und 0,1 mm i.∅ („Gage 33" der Fa. Hamilton), *4* Trägergaszuleitung, *5* am Ende aufgeweitete Trennkapillare, *6* ¹⁄₁₆" „Swagelok-T".
Statt *1* und *2* kann auch ¹⁄₁₆" PTFE-Schlauch von 0,006" i.∅, entspr. 0,15 mm (Fa. ATS) nach vorsichtigem Erhitzen mit Hilfe eines heißen Metalldornes aufgeweitet werden und durch erneutes Erhitzen gerade bis zum Transparentwerden auf die eingebaute Kanüle (*3*) und die Spritzenkanüle aufgeschrumpft werden

scharfe Bruchkante wird rundgeschmolzen, um nicht beim Einbau die Dichtung zu beschädigen.

Ähnliche Injektionssysteme sind inzwischen auch von anderen Firmen erhältlich (Dani, Chrompack, J. a. W., SGE). Man kann sich aber derartige Systeme selbst bauen und installieren [465, 87]. Ein besonders einfacher, ohne größeren Aufwand in jeden Gaschromatographen einbaubarer „on-column-injector" der in Abb. 9 gezeigten Form hat sich im eigenen Laboratorium bewährt. Er läßt sich aus leicht beschaffbaren Einzelteilen zusammenbauen.

Neben den genannten Vorteilen hat die „on-column-injection" auf Kapillaren folgende Nachteile: Der Säulenofen muß vor der Injektion abgekühlt werden, das Verfahren ist wahrscheinlich nicht leicht automatisierbar, das Entfernen nichtflüchtiger Rückstände macht ein Ausbauen der Säule erforderlich.

d) mit Glasnadel-Injektor

Dieser auch „falling needle injector" oder „moving needle injector" genannte Probengeber ist von van den Berg et al. [49] beschrieben worden und ist z. B. bei der Fa. Chrompack (Nr. 9000 bzw. 9001) erhältlich. Er erlaubt eine split-lose Injektion nach dem Verdampfen des Lösungsmittels:

Mit einer Spritze werden nach Durchstechen des Septums bis zu ca. 3 µl Lösung auf die Spitze der Glasnadel gebracht. Das Lösungsmittel wird nun durch das nach oben strömende Gas nach außen gespült. Dann entfernt man den Magneten, so daß die Glasnadel in den beheizten Bereich fällt. Dort verdampft die Probe und gelangt ohne Strömungsteilung in die Kapillare. Das System hat ein geringes Totvolumen, so daß trotz split-loser Injektion ohne Aufkonzentrierung am Anfang der Trennsäule praktisch kein Verlust an Trennleistung zu beobachten ist. Weitere Varianten dieses Probengebers s. [365, 37, 402].

Diese Probenaufgabemethode ist jedoch nur für schwerflüchtige Substanzen wie z. B. Steroide geeignet. Bei leichterflüchtigen Substanzen treten beim Entfernen des Lösungsmittels Verluste auf.

Die lösungsmittelfreie Probenaufgabe ist für die GC-MS-Kopplung und verschiedene Detektoren geeignet, besonders bei Spurenanalysen. Sie ist in der Praxis nicht sehr verbreitet.

In der Literatur sind weitere, meist ohne Strömungsteilung arbeitende Probenaufgabemethoden beschrieben, z. B.:

Injektor für Kapillaren mit inneren Durchmessern von über 0,5 mm [561, 317];
Automatischer Feststoffprobengeber [93];
Probenaufgabe mit „Mikropipette" [299];
Verdampfung aus Probengefäß [134];
Verdampfung aus Metallkapsel [82];
Verdampfung von Adsorbentien [140, 88];
Dampfraum-Analyse („Headspace") [175], mit Split [323, 131, 396];
Pyrolyse-GC [351 a, 136, 231, 441, 551], Bezugsquellen für Pyrolysatoren:
    Fischer, Pye Unicam;
Lösungsmittelfreie Probenaufgabe durch Erhitzen mit Curie-Punkt-Prinzip
    [351 a].

D. Mehrdimensionale Gaschromatographie

Die Bezeichnungen zwei- und mehrdimensional sind wahrscheinlich aus der Papier- und Dünnschichtchromatographie übernommen worden. Man spricht bei diesen Methoden von zweidimensionaler Entwicklung der Chromatogramme, wenn man das Substanzgemisch zweimal auftrennt, und zwar in der Regel mit verschiedenen Fließmitteln, wobei man bei der zweiten Entwicklung das Lösungsmittel im rechten Winkel zu der Richtung bei der ersten Entwicklung (also in der „zweiten Dimension") aufsteigen läßt. Etwas weniger anschaulich sind die Verhältnisse in der GC. Im folgenden soll hier unter mehrdimensionaler GC im weiteren Sinn das gleichzeitige Arbeiten mit mehr als einer Säule verstanden werden.

Folgende Varianten sind möglich:
1. Split auf mehrere parallele Säulen unterschiedlicher Polarität.
2. Zwei Säulen meist unterschiedlicher Polarität hintereinander
    a) ohne Schneiden von Fraktionen,
    b) mit Schneiden („Cut") von Fraktionen: manueller Transfer, Deans-Schaltung, Live-Chromatographie.

1. Split auf mehrere Säulen unterschiedlicher Polarität

Zur Absicherung der Identität und zur Bestätigung quantitativer Ergebnisse ist in
der GC allgemein die Trennung auf zwei oder auch mehr Säulen unterschiedlicher
Polarität möglich. Diese können völlig unabhängig voneinander betrieben werden,
d. h. mit je einem Probengeber und Detektor, häufig auch in zwei oder mehr verschiedenen Gaschromatographen. Die Proben müssen dann also auf jede Säule
separat injiziert werden. Von Kugler et al. [338] wird eine Arbeitsweise beschrieben, bei der drei im gleichen Ofenraum befindliche Säulen unterschiedlicher
Polarität an einen einzigen Injektor angeschlossen sind, so daß die Proben jeweils
nur ein einziges Mal injiziert werden müssen. Dies ist bei Serienanalysen mit
mehreren Säulen eine Arbeitseinsparung. Ein entsprechendes Splitsystem ist von
der Fa. Gerstel erhältlich.

2. Zwei Säulen unterschiedlicher Polarität hintereinander

a) Ohne Schneiden von Fraktionen

Das feste Hintereinanderkoppeln von zwei Säulen unterschiedlicher Polarität ist in
der Praxis wenig üblich. Man kann jedoch mit dieser Betriebsweise in einigen Fällen ganz spezielle Trenneffekte erzielen [307 a]. Die Verwendung von „Vorsäulen“,
meist kurzen gepackten Säulen von etwa 10 cm Länge, ohne Rückspülung („back-
flush“), gehört nicht zur mehrdimensionalen Gaschromatographie, sie dient lediglich einem Schutz der Trennkapillare vor nicht bzw. sehr schwer flüchtigen Substanzen.

b) Schneiden („Cut“) von Fraktionen

Man unterscheidet dabei zwischen „heart-cut“ und „back-flush“. Die erste Methode
stellt mehrdimensionale Gaschromatographie im engeren und eigentlichen Sinn dar.
Dabei dient die vordere Säule einer Fraktionierung komplexer Gemische in
Gruppen. Auf der zweiten Säule, die in der Regel mit einer anderen Phase als die
erste belegt ist, erfolgt dann die weitere Auftrennung jeweils einer Fraktion, die von
der ersten Säule überführt wird. Diese Arbeitsweise ist z. B. für solche Stoffge-
mische angebracht, die sich auf einer einzigen Kapillarsäule nicht trennen lassen,
weil sie so komplex sind, daß sich bei Verwendung von Säulen unterschiedlicher
Polarität jeweils andere Überlagerungen ergeben. Die Methode läßt sich auch zur
weiteren Auftrennung von lediglich angetrennten Peaks einsetzen, und zwar dann,
wenn ein großer Peak einer nicht interessierenden Komponente einen dicht
danebenliegenden quantitativ zu erfassenden Peak auf der ersten Säule so über-
lagert, daß er sich nicht auswerten läßt. Man leitet dann diese Substanz auf die
zweite Säule, wo sie sich meist gut von der Restmenge der nicht interessierenden
Komponente abtrennen läßt. Dabei kann die zweite Säule auch die gleiche Polarität wie die erste haben.

Die interessierende Fraktion kann im einfachsten Fall am Ende der ersten Säule
manuell aufgefangen und auf eine unabhängig von dieser betriebene zweite Säule
aufgegeben werden. Zur Detektion am Ende der ersten Säule kann ein zerstörungs-
freier Detektor, wie WLD oder ECD dienen, man kann aber auch die Strömung

auf einen FID und einen beheizten Auslaß teilen, an dessen Ende sich die entsprechende Fraktion auffangen läßt. Dazu sind Glasröhrchen, mit einem Adsorbens gefüllt oder ohne Füllung, geeignet. Man kann auch ein mit einem Stückchen passenden PTFE-Schlauchs versehenes, an beiden Seiten offenes Röhrchen auf eine brennende FID-Flamme stülpen, wobei sie sofort erlischt, so daß die dann austretende Fraktion aufgefangen werden kann. Nach Elution mit einem Lösungsmittel läßt sich die aufgefangene Fraktion mit einer anderen Trennsäule analysieren. Bei diesen Auffangmethoden treten jedoch Substanzverluste und eine Verdünnung der Probenfraktionen ein. Um diese unerwünschten Effekte zu vermeiden, kann man auch mit kurzen belegten Kapillarenstücken die Fraktionen auffangen, analog dem von Grob [183] beschriebenen Vorgehen, und anschließend diese Kapillaren zwischen Trägergaszufuhr (z. B. Injektor) und eine andere Trennsäule einbauen. Beim Aufheizen werden die Substanzen dann als schmale Bande direkt in die Trennkapillare weitertransportiert.

All diese Arbeitsweisen sind für gelegentlichen Einsatz brauchbar, für Serienanalysen jedoch zu zeitaufwendig. Über einen Vierwegehahn könnte man zwei Säulen so aneinanderkoppeln, daß man nur die weiter aufzutrennende Fraktion auf die zweite Säule leitet. Durch derartige Hähne, die für die GC entsprechend der Säulentemperatur beheizt sein müssen, strömen auch die zu trennenden Substanzen. Zum einen treten dabei Dichtigkeitsprobleme bei höheren Temperaturen auf und zum anderen stören die Adsorptionen an der inneren Oberfläche von Metallhähnen. Neurdings beschreiben jedoch einige Autoren die erfolgreiche Verwendung von Mehrwegehähnen zu Säulenschaltungen [398, 290, 293].

Von Deans [103, 104] ist eine Säulenschaltung entwickelt worden, bei der ohne die Verwendung von substanzdurchströmten Mehrwegehähnen die Gasströme von außen durch entsprechende Änderung der Durckverhältnisse gelenkt werden. Dabei kann im Ganzglassystem gearbeitet werden. Will man die auf der ersten Säule eingetretene Peakverbreiterung rückgängig machen und auf der zweiten Säule mit einer scharfen Bande der weiter aufzutrennenden Fraktion beginnen, so müssen die interessierenden Substanzen auf dem ersten Stück der zweiten Trennsäule durch Abkühlung festgehalten werden („Trap"), bzw. „fokussiert" werden (s. z. B. [504]). Beim Aufheizen beginnen sie dann als scharfe Bande zu wandern. Von den im Handel erhältlichen Systemen zur Säulenschaltung (Packard, Dani, Bodenseewerk Perkin-Elmer, Pye Unicam) hat sich das von Siemens unter der Bezeichnung „Live-Chromatographie" gebaute System [407, 537] bereits in der Praxis bewährt. Das Herz des Systems ist das in Abb. 10 gezeigte Doppel-T-Stück, das die beiden Trennsäulen miteinander verbindet. Wenn der Druck auf der rechten Seite minimal höher ist als auf der linken, dann fließt das Säuleneluat in den 1. Detektor, sind die Druckverhältnisse umgekehrt, so gelangt das Säuleneluat für diese Zeitdauer von der ersten in die zweite Säule, um dort eine weitere Auftrennung zu erfahren. Näheres dazu und weitere Einsatzmöglichkeiten gehen aus Firmenschriften (Siemens) hervor.

Zur „Refokussierung" auf der 2. Säule kann auf eine Kühlfalle verzichtet werden, wenn sich die zweite Säule in einem anderen Säulenofen befindet, der zuvor 30–50 °C unter der zur Trennung erforderlichen Temperatur eingestellt wird, so daß zunächst die weiter aufzutrennende Fraktion auf dem vordersten Stück der Kapillare als schmale Bande aufgefangen werden kann.

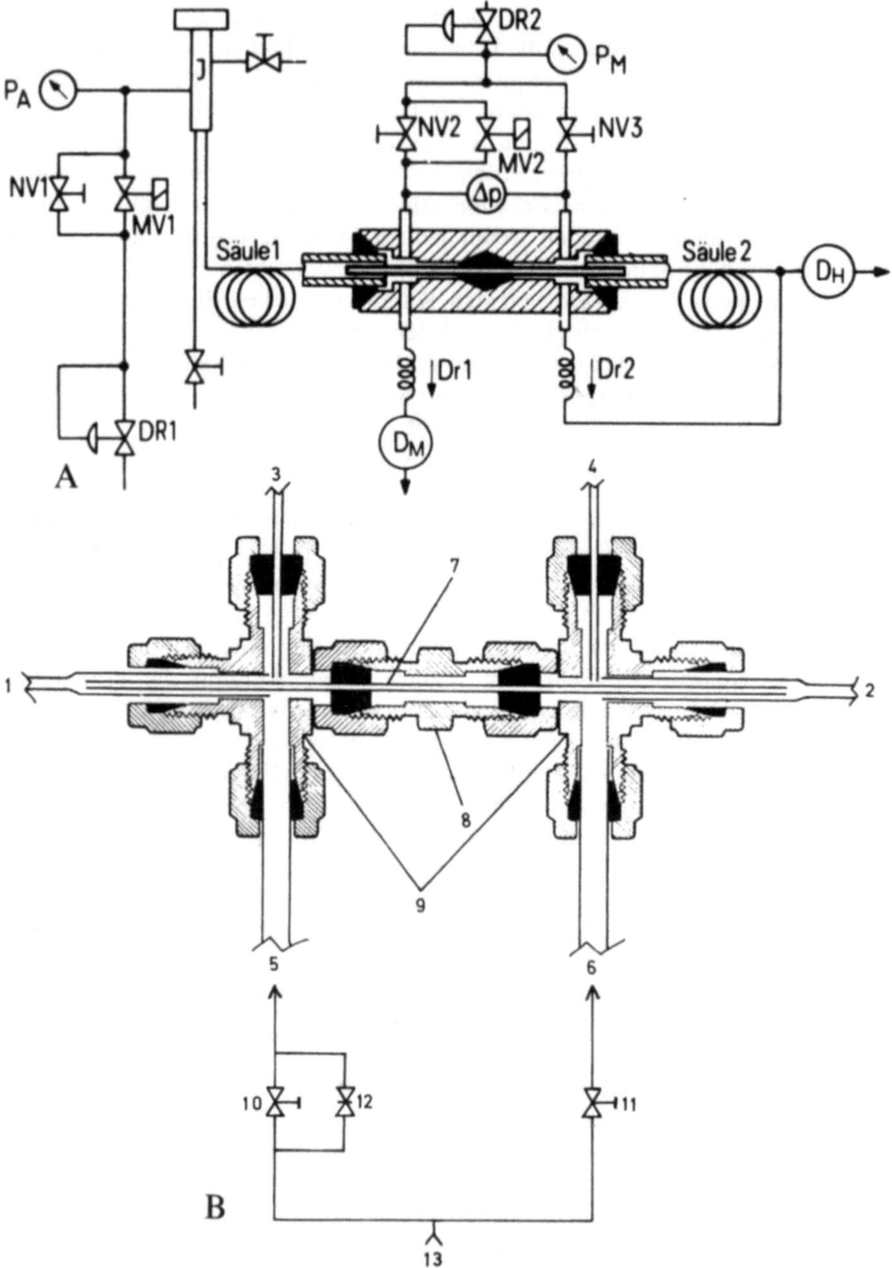

Abb. 10. (A) Aufbau der Strömungsregelung bei der „Live-Chromatographie" (schematisch) [407]. (B) Eigene Konstruktion des Doppel-T-Stücks mit einer einfachen Gasregelung. *1* Ende der ersten Kapillarsäule, *2* Anfang der zweiten Kapillarsäule, *3* Quarzkapillare als Zuleitung zum ersten Detektor, *4* Quarzkapillare als Zuleitung zum zweiten Detektor, *5* und *6* Spülgaszuleitungen, *7* Quarzkapillare als Strömungswiderstand, *8* $^1/_{16}''$ „Swagelok-Union", *9* aufgebohrte $^1/_{16}''$ „Swagelok-T" mit je einer durch Hartlot aufgelöteten $^1/_{16}''$ „Swagelok-Nut", alle Teile aus rostfreiem Stahl, *10* und *11* sehr feine Nadelventile, *12* Auf-Zu-Ventil, *13* Zuleitung für druckgeregeltes Spülgas

Neben der weiteren Auftrennung von Fraktionen („heart-cut"), wie oben beschrieben, lassen sich mit derartigen Säulenschaltungen auch Lösungsmittel und Reagensüberschüsse entfernen, was zur Schonung von Trennsäule oder Detektor sinnvoll sein kann. Daneben lassen sich durch Rückspülung („back-flush") nicht interessierende schwerflüchtige Substanzen aus der ersten Säule eliminieren (s. a. [307]). Dadurch läßt sich die Analysendauer verkürzen, wenn spät eluierte Substanzen nicht erfaßt werden sollen.

Für diese beiden Anwendungen wird meist eine gepackte „Vorsäule" als erste Säule und als zweite Säule am besten eine Kapillarsäule verwendet.

Weitere Arbeiten über dieses Gebiet s. bei [502, 504, 505, 507, 406, 54, 59, 24, 398, 520–522], ein Übersichtsbericht s. bei [55].

E. Anschluß an GC-Detektoren

Längere Verbindungsleitungen aus Edelstahl, wie sie z. T. bei älteren Gaschromatographen verwendet wurden, sind zu vermeiden [524], da an den Metalloberflächen eine Adsorption oder katalytische Zersetzung vieler Substanzen, besonders im Spurenbereich, stattfindet.

Die meisten Detektoren sind für gepackte Säulen konstruiert, d. h. sie arbeiten mit den für gepackte Säulen üblichen Gasströmen optimal. Daher ist es meist sinnvoll, zu dem aus der Kapillare ausströmenden Trägergas (etwa 2–3 ml/min) noch etwa 30–60 ml Spülgas („make-up gas", „auxiliary gas", Gas zur „Nachbeschleunigung") beizumischen (s. a. [585]). So läßt sich die FID-Anzeige bis auf das etwa Fünffache bei manchen FID-Typen steigern.

Das Gas wird zweckmäßigerweise schon kurz vor dem Kapillarenende eingeleitet. Auf diese Weise werden eventuelle Totvolumina durch die erhöhte Gasströmung unwirksam gemacht. Aus diesem Grund ist es auch oft sinnvoll, schon an dieser Stelle z. B. den Wasserstoff für den FID beizumischen.

Das Innenvolumen eines ECD würde bei Strömungsraten von 2–3 ml/min einen starken Verlust an Trennleistung verursachen. Falls keine Spülgaszuleitung im Gerät installiert ist, kann das Spülgas auch über ein in die Wasserstoffleitung gebautes T-Stück oder über einen entsprechenden Adapter (s. Abb. 11B) beigemischt werden. Auch ein Mikro-ECD ist beschrieben worden [75].

Die Kapillaren können auf zwei Arten angeschlossen werden:

1. Das Kapillarenende wird auf einer längeren Strecke begradigt und bis möglichst dicht an die Meßstelle, d. h. z. B. bis an oder in die FID-Düse bzw. bis fast an die Unterkante des β-Strahlers beim ECD in den Detektor gebracht (s. Abb. 12).

2. Der Detektor wird mit einem Glaseinsatz versehen, in dessen vorderstem Teil die Kapillare endet.

Bei der ersten Art des Anschlusses wird ein Kontakt der getrennten Substanzen mit Metalloberflächen noch mehr vermieden als bei der zweiten Art. Die erste Version erfordert jedoch meist das Begradigen der Kapillare auf einem längeren Stück von etwa 10 cm. Die Erhitzung kann aber je nach Kapillarenvorbehandlung und zu trennenden Substanzen zu einer erhöhten Aktivität führen. Außerdem treten bei vielen Kapillaren, die mit niedrigviskosen stationären Phasen belegt sind, gelegentlich feine Tröpfchen der Phase aus und können so besonders bei schwierig zu

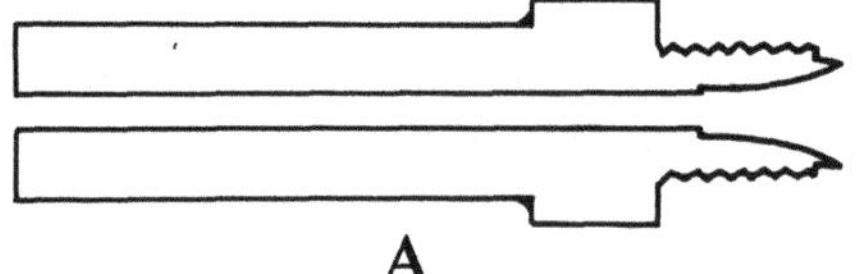

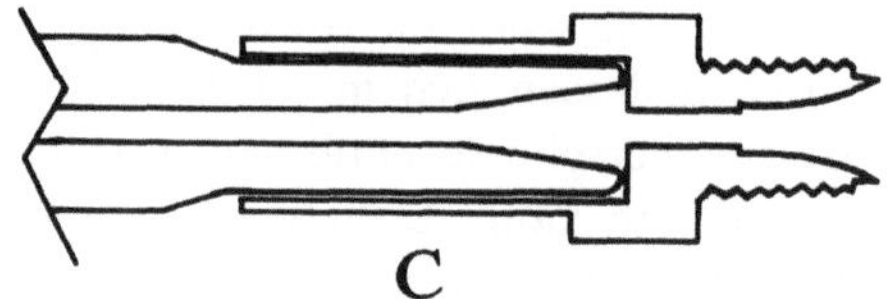

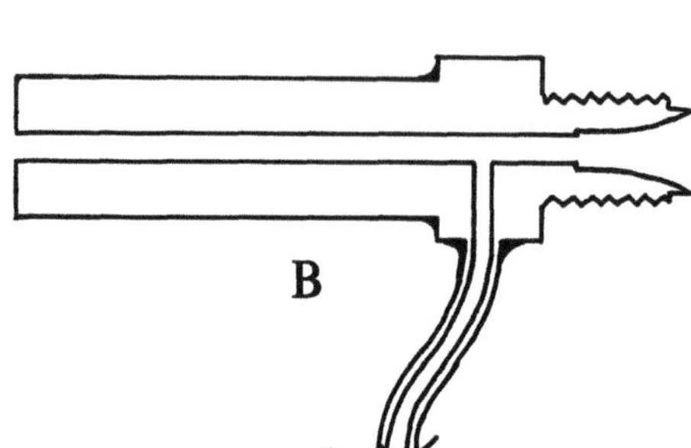

Abb. 11. Adapter zum Anschluß von Kapillaren an Detektoren, (A) aus einem aufgebohrten ¹/₁₆″ „Swagelok-Cap" und einem Metallrohr ¼″ bzw. 6 mm ä.∅ und 1–1,2 mm i.∅, hartgelötet; (B) dgl., jedoch mit zusätzlicher Spülgaszuleitung; (C) aus einem „Swagelok-Reducer" ¹/₁₆″/¼″ mit Glaseinsatz (zur Führung der Kapillare) von etwa 6 mm ä.∅ und 1–1,2 mm i.∅, der durch Aufblasen und Ausziehen mit einer Gebläseflamme nach unten so verjüngt ist, daß er in den „Reducer" paßt, und dessen Lumen unten etwas aufgeweitet ist, so daß sich die Kapillare besser einführen läßt.

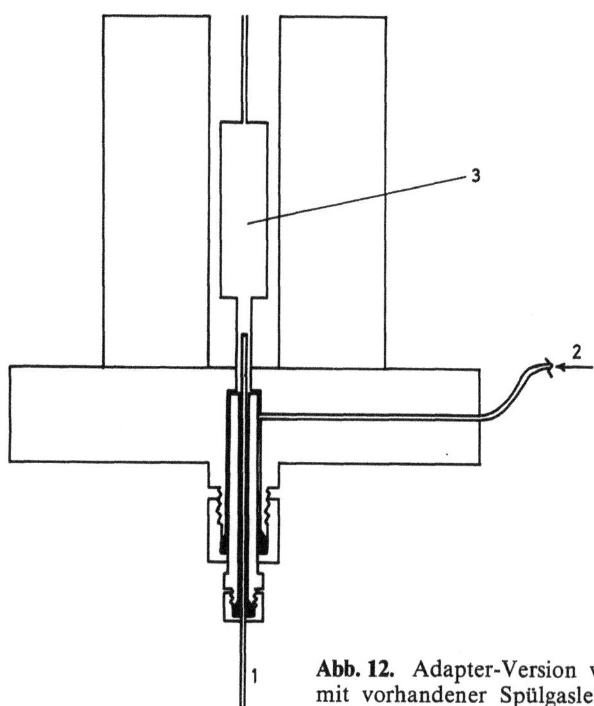

Abb. 12. Adapter-Version wie in Abb. 11A, in einen ECD mit vorhandener Spülgasleitung eingebaut. *1* Kapillarsäule, *2* Spülgaszuleitung, *3* Meßzelle des ECD

reinigenden Detektoren, wie z. B. dem ECD, zu Störungen führen. In solchen Fällen ist die zweite Version des Anschlusses günstiger, da die austretende Phase in dem weiterlumigen Glaseinsatz hängen bleibt, aus dem sie leicht entfernt werden kann. Außerdem brauchen die Kapillaren dabei nur auf etwa 1 cm begradigt werden, was einfacher ist und zu einer geringeren Aktivierung des Kapillarenendes führt. Um jedoch größere Verluste an Trennleistung zu vermeiden, muß eine ausreichende Menge an Spülgas, wie oben beschrieben, durch den Glaseinsatz strömen.

In Abb. 11 sind Anschlußmöglichkeiten gezeigt, wie sie mit einfachen Mitteln in den meisten Gaschromatographen realisierbar sind.

Es ist auch möglich, eine Säule gleichzeitig an zwei verschiedenen Detektoren anzuschließen. Dies ist bei einigen analytischen Problemen sinnvoll, wenn nämlich die unterschiedliche Spezifität von Detektoren genutzt werden soll. Man kann die Detektoren dabei parallel oder in manchen Fällen auch hintereinander betreiben. Beim Parallelbetrieb wird die Strömung am Ende der Trennsäule auf die beiden Detektoren geteilt [132, 411, 485, 363, 101, 344, 442a]. Beim Hintereinanderbetreiben muß der erste Detektor praktisch zerstörungsfrei arbeiten, wie z. B. ein WLD, ECD oder PID (Photoionisationsdetektor). Ein kombinierter ECD/FID-Detektor („Tandemdetektor") ist von Dani erhältlich [452], kann aber auch mit einfachen Mitteln selbst gebaut werden [530].

F. GC-MS-Kopplung

Die Massenspektrometrie ist wegen ihrer Empfindlichkeit und Sicherheit zur Identifizierung organischer Substanzen sehr geeignet. Sie ist besonders in Verbindung mit der Kapillar-GC die Methode der Wahl zur Identifizierung von Substanzen in komplexen Gemischen. Ein Gaschromatograph läßt sich leicht an ein Massenspektrometer ankoppeln, so daß das Säuleneluat kontinuierlich in die Ionenquelle einströmt und massenspektrometrisch analysiert werden kann. Daher wird das Massenspektrometer in vielen Laboratorien als zwar aufwendiges aber sehr nützliches Detektionssystem eingesetzt.

Die Kapillar-GC kann auf folgende Arten in Verbindung mit der Massenspektrometrie betrieben werden:

1. Auffangen von GC-Fraktionen und Eingabe in das Massenspektrometer mit Hilfe eines Einlaßsystems, z. B. mit Schubstange arbeitender Direkteinlaß,

2. Kopplung des Gaschromatographen an ein Massenspektrometer a) über einen Trägergasseparator, b) Vakuumkopplung, c) offene Kopplung.

Das zwischenzeitliche Auffangen gaschromatischer Fraktionen, die anschließend in die Ionenquelle gebracht werden, wird kaum noch durchgeführt.

Die GC-MS-Kopplung mit gepackten analytischen Säulen wird in der Regel mit Trägergasseparatoren (z. B. einem zweistufigen Glasfrittenseparator nach Biemann-Watson oder einem ein- oder zweistufigen Düsenseparator nach Becker-Ryhage, s. [388]) durchgeführt. Dies ist erforderlich, da die üblichen Pumpsysteme das einströmende Trägergas (etwa 20–70 ml/min) nicht schnell genug abzupumpen vermögen, so daß kein Hochvakuum erreicht wird. Diese auch „Heliumtrenner" genannten Separatoren entfernen das als Trägergas zu benutzende Helium zu etwa 90%

und mehr, während die Substanzen je nach Molgewicht und Separatortyp zu etwa 20–50% in die Ionenquelle gelangen. Daneben können Substanzverluste durch Adsorption an der inneren Oberfläche der Separatoren und Trennleistungsverluste durch Totvolumina eintreten. Ein Düsenseparator aus Glas ist von der Fa. SGE erhältlich. Bei Kapillarsäulen, die mit etwa 1–4 ml He/min betrieben werden, kann der Separator entfallen, falls entsprechend leistungsfähige Pumpsysteme vorhanden sind. Man kann dann die Kapillaren direkt in die Ionenquelle münden lassen („Vakuumkopplung"), ohne daß das Vakuum zu schlecht wird. Je nach Länge, Durchmesser und Temperatur der Verbindungskapillare und abhängig von der Trägergasströmung durch die Trennkapillare kann am Säulenende Überdruck oder Unterdruck vorliegen, d. h. man arbeitet meist nicht gegen Normaldruck wie bei den anderen GC-Detektoren. Dadurch treten bei einer solchen GC-MS-Kopplung Verschiebungen der Retentionszeiten gegenüber den mit anderen Detektoren ermittelten Werten auf.

In den letzten Jahren hat sich daher die von Henneberg et al. [252–254] beschriebene „offene Kopplung" durchgesetzt (s. a. [419]). Bei der einfachsten Version wird die Verbindungsleitung zur Ionenquelle in das gegebenenfalls aufzuweitende Lumen der Kapillare geschoben, ohne daß eine Abdichtung erfolgt (daher „offene" Kopplung). Damit keine Luft eingesaugt wird, muß aus der Trennsäule mehr Gas austreten, als von der Ionenquelle angesaugt wird. Bei Massenspektrometern mit weniger leistungsstarken Pumpen kann man auf diese Weise so wenig Trägergas einströmen lassen, daß ein ausreichendes Vakuum in der Ionenquelle erreicht wird. Diese Betriebsweise mit „Schnüffelkapillare" ist schon frühzeitig beim Arbeiten mit gepackten Säulen angewendet worden. Dabei geht jedoch auch ein entsprechender Teil der getrennten Substanzen verloren. Bei Verwendung von Vakuumpumpen genügender Leistung kann man bei schnellerer Sauggeschwindigkeit und unter Bespülen der offenen Stelle mit Helium, um Lufteinbrüche zu verhindern, Substanzverluste ganz vermeiden. Führt man eine weitere Heliumleitung an die Kopplungsstelle, so kann man damit Lösungsmittel, Reagenzien und in großem Überschuß vorliegende, unerwünschte Substanzen „wegblasen", wenn man mit hoher Strömungsgeschwindigkeit Spülgas austreten läßt. In Abb. 13 werden verschiedene Versionen der offenen Kopplung gezeigt.

Weitere Angaben zur GC-MS-Kopplung s. bei [388, 540, 254, 385].

Die Verbindungsleitung kann aus folgendem Material bestehen:

	Nachteile	Vorteile
Edelstahlkapillare [419, 251]	adsorptiv	unzerbrechlich, billig
GLT-Rohr (glass lined tubing) [536]	Risse im Glas nicht erkennbar	Mantel unzerbrechlich
Glaskapillare [516, 497, 273, 121, 122]	zerbrechlich	billig, inaktivierbar
Platin- bzw. Platin-Iridium-Kapillare [410, 411, 133, 254, 188, 192, 464]	teuer, teilweise relativ adsorptiv und katalytisch wirksam	unzerbrechlich
Quarzkapillare [324]	–	leicht inaktivierbar, praktisch unzerbrechlich, relativ billig

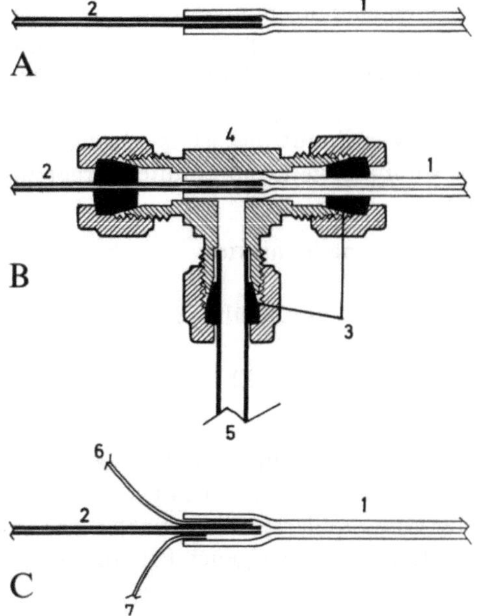

1 Trennsäule
2 Quarzkapillare als Verbindungsleitung
3 Polyimid- oder Graphit-Dichtungen
4 ⅟₁₆″ „Swagelok-T"
5 Leitung zum Vakuum bzw. zur Atmosphäre
6 und *7* Kanülenrohr (Fa. Hamilton Gage 33) für Helium als Spülgas

Abb. 13. Offene Kopplung von Kapillaren an ein Massenspektrometer. (A) Einfachste Version, bei der aus der Trennsäule mehr Trägergas ausströmen muß, als vom Massenspektrometer angesaugt wird. Keine Möglichkeit zum Ausblenden des Lösungsmittels. (B) Version, bei der sich das Lösungsmittel durch Anlegen von Vakuum (Vorvakuumpumpe, Öldrehschieberpumpe) entfernen läßt. Bei (*5*) kann mit einem Auf-Zu-Ventil das Vakuum abgesperrt werden (geschlossene Kopplung) oder mit einem Dreiwegehahn auf Atmosphärendruck umgeschaltet werden (offene Kopplung). (C) Offene Kopplung, bei der sich über (*6*) das Lösungsmittel mit Hilfe von etwa 10–20 ml He/min entfernen läßt und über (*7*) mit etwa 1–2 ml He/min Lufteinbrüche vermeiden lassen, falls mehr Trägergas angesaugt wird, als aus der Trennsäule austritt. Wenn die Leitungen sich nicht richtig fixieren lassen, kann ihre Lage auch durch vorsichtiges Aufschrumpfen von PTFE-Schrumpfschlauch über das aufgeweitete Kapillarenende und die Leitungen stabilisiert werden. Die Kopplungsstelle bleibt dabei „offen"

Neben dem verwendeten Material hat die Beheizung der Verbindungsleitung einen großen Einfluß auf die Qualität der Gaschromatogramme. Sie muß möglichst gleichmäßig vom Ende der Trennsäule bis in die Ionenquelle erfolgen. An „kalten Stellen" verliert man sonst schwer-flüchtige Substanzen, außerdem zeigen die Peaks dann Tailing. Auch bei nicht hoch genug beheizten Ionenquellen selbst können derartige „Diskriminierungen" beobachtet werden.

Die in das Massenspektrometer pro Zeiteinheit eingesaugte Helium-Menge, die abhängig von der Länge, dem inneren Durchmesser und der Temperatur der Verbindungsleitung ist, beträgt bei 50 cm Länge, 0,2 mm i.∅ und 300 °C etwa 4 ml/min. Von der Fa. SGE sind ummantelte Quarzkapillaren mit verschiedenen Innendurchmessern (25, 50, 75, 100, 200 und 350 μm) für unterschiedliche Kopplungsbedingungen erhältlich.

Bei vielen Analysen ist die Anzeigeempfindlichkeit einiger Massenspektrometertypen mit magnetischem Sektorfeld in bezug auf die Registrierung der Gaschromatogramme (TI-Strommessung) zu gering. Durch eine Strömungsteilung am Ende der Säule auf einen FID und auf das Massenspektrometer lassen sich dann mit dem FID meist genügend empfindliche Chromatogramme erhalten [132, 363, 78, 68].

Zum Schutz der Ionenquelle vor frühzeitiger Verschmutzung ist es günstig, das meist in sehr großem Überschuß mit den Proben injizierte Lösungsmittel vorher zu entfernen. Dazu gibt es folgende Möglichkeiten:

1. Lösungsmittelfreie Injektion z. B. mit einem Glasnadelinjektor,
2. Säulenschaltung,
3. Abpumpen des Lösungsmittels am Ende der Trennsäule über einen Abzweig [336, 578],
4. Abblasen des Lösungsmittels bei der offenen Kopplung [252, 253].

Eine vielfältig verwendbare Schaltung s. bei [139].

Im eigenen Laboratorium haben sich Polyimid-ummantelte Quarzkapillaren als Verbindungsleitungen am besten bewährt. Sie werden zusammen mit den beiden Spülgasleitungen in das aufgeweitete Ende der Glaskapillarsäule geschoben, wie in Abb. 13 gezeigt wird. Die Version nach Abb. 13 C ist nach eigener Erfahrung am geeignetsten.

G. Dichtungsmaterial

Zum Anschluß von Verbindungsleitungen und Trennsäulen aus Metall (Messing, Aluminium, rostfreier Stahl) sind Dichtringe (Dichtkonen, Ferrules) aus Metall am geeignetsten. Für Säulen aus Glas sind Dichtungen aus diesen Metallen nicht verwendbar, da Glas an den abgedichteten Stellen meist bricht. Man kann aber Glas-Metall-Übergänge verwenden, indem man Verbindungskapillaren aus einem Metall mit ähnlichem Ausdehnungskoeffizienten wie Glas, z. B. Platin oder Dilver P [151], einschmilzt. Die dann aus Metall bestehenden Säulenenden lassen sich mit Hilfe von Metalldichtungen anschließen. Bei einer solchen Anschlußweise kommen die zu trennenden Substanzen jedoch mit der inneren Oberfläche der Verbindungsleitungen in Berührung, die häufig zu störenden Adsorptionen führt. Man kann dies vermeiden, indem man ein kurzes Stück Metallrohr aus rostfreiem Stahl, dessen innerer Durchmesser etwa 0,2 mm größer ist als der äußere Durchmesser der Trennkapillare, mit einer Metalldichtung verschraubt. Das begradigte Ende der Kapillare wird nun durch das Metallrohr geschoben und in der entsprechenden Höhe mit Hilfe von aushärtbarem Siliconkautschuk, z. B. Fa. Roth 2-5990 Siliconkautschuk Typ 2 +2-5995 Härter oder von PTFE-Schrumpfschlauch abgedichtet. Aus dem Siliconkautschuk „bluten" jedoch bei höherer Temperatur längere Zeit niedermolekulare Anteile aus, PTFE-Schrumpfschlauch dichtet nur bis ca. 200 °C zuverlässig ab und läßt außerdem mit steigender Temperatur auch größer werdende Sauerstoffmengen durch. Für derartige Dichtungszwecke soll AgCl besser geeignet sein [453]. Das direkte Abdichten von Glassäulen, d. h. ohne Glas-Metall-Übergänge, hat sich besser bewährt. Dazu können folgende Materialien verwendet werden:

	Ungefähre Maximaltemperatur (°C)	Vorteile	Nachteile
Siliconkautschuk	250	flexibel, billig	Verkleben, Bluten, Versprödung
PTFE	200	–	Undichtigkeiten
Kalrez	250	–	Verformung, teuer
Vespel (Polyimid)	350	hochvakuumdicht	hart, Verkleben
Graphit	450	anschmiegsam	z. T. nicht hochvakuumdicht

Flachdichtungen aus *Siliconkautschuk* sind aus Septen herstellbar, die gegebenenfalls mit einem Korkbohrer entsprechend verkleinert werden müssen und die mit Hilfe eines „Mikro-Korkbohrers" in der Mitte mit einer Bohrung versehen werden. Ein solcher Mikro-Korkbohrer kann z. B. aus einem Edelstahlrohr (ca. 1,6 mm ä.∅ und 0,8 mm i.∅) durch Abschrägen und Schärfen der Schnittkante hergestellt werden. Geeignete Dichtungen können auch durch Abschneiden von Scheiben von einem Siliconschlauch entsprechenden Durchmessers hergestellt werden. Der Vorteil von Silicondichtungen ist die große Flexibilität und der niedrige Preis. Bei Temperaturen über 250 °C bluten manche Siliconkautschuk-Typen stärker, was jedoch durch vorherige Extraktion mit Aceton (s. Abschn. III.I) behoben werden kann. Manche Typen verspröden auch schnell bei Temperaturen über 250 °C und werden dann rissig und schließlich undicht. Bei längerem Betrieb verklebt das Material mit den Trennsäulen und den Verschraubungen, was durch Bestreichen der Oberfläche mit einer sehr dünnen Schicht von Talkum verhindert werden kann. Der Säulenwechsel kann auch dadurch erleichtert werden, daß der Teil der Trennsäule, der mit der Dichtung in Berührung kommt, mit einem dünnen PTFE-Schrumpfschlauch überzogen wird [186], da PTFE nicht zur Adhäsion neigt.

Polytetrafluorethylen (PTFE) ist in Form von Dichtkonen, die z. B. in Swagelok-Verschraubungen passen, erhältlich. Dies Material ist zum Abdichten von Kapillarsäulen weniger geeignet, besonders nicht für Temperaturen über 200 °C in Verbindung mit einer Temperaturprogrammierung. PTFE dehnt sich nämlich bei Temperatursteigerung stärker aus als die Metallverschraubung. Das überschüssige Volumen drückt sich dann in irgendwelche Hohlräume innerhalb der Verschraubung. Kühlt man anschließend wieder ab, so fließt das Dichtmaterial nicht in entsprechendem Maß zurück, so daß keine ausreichende Abdichtung der Säule mehr erfolgt. Ein Teil des Trägergases strömt aus, oder das Kapillarenende wird sogar aus der Verschraubung herausgedrückt, da der Reibungskoeffizient von PTFE sehr niedrig ist. Man kann durch Aufrauhen der Glasoberfläche mit Hilfe von feinem Schmirgelpapier das Herausrutschen der Säulenenden häufig verhindern, meist aber nicht die Undichtigkeiten.

Kalrez ist wie PTFE ein perfluorierter Kohlenwasserstoff, hat jedoch ganz andere mechanische Eigenschaften, es ist elastisch. Dieses Material ist bei der Flüssigchromatographie zum Dichten sehr brauchbar, da es mit organischen Lösungsmitteln nicht quillt. In der Gaschromatographie ist es weder als Dichtkonus noch als Flachdichtung besonders geeignet, da es sich bei höheren Temperaturen verformt (s. a. [200]) und nur geringe Elastizität hat. Außerdem ist das Material relativ teuer.

Vespel, ein Polyimid, ist zwar hart und zäh, eignet sich aber trotzdem in Form von Dichtkonen sehr gut zum Abdichten von dickwandigen Glassäulen [378], bei denen die Wandstärke etwa so groß ist wie der innere Durchmesser. Dies ist bei den meisten Glaskapillaren der Fall. Die Enden müssen allerdings gut begradigt werden, da sie sonst leicht abbrechen. Nach kurzem Gebrauch bei höheren Temperaturen haften die Dichtungen sehr fest am Glas und den Verschraubungen, so daß beim Säulenwechsel meist die Enden abbrechen. Dies kann man verhindern, indem man die Dichtkonen dünn mit einem Hochtemperaturschmiermittel wie Molykote oder Never Seez (Alltech) bestreicht und vor dem Einbauen bei etwa 350 °C ca. 10 min den darin enthaltenen organischen Binder vertreibt. Die Dichtungen lassen sich dann in der Regel sehr leicht zusammen mit den Kapillarenenden aus den Verschraubungen ziehen, häufig aber nicht von den Kapillarenenden abziehen. Dies ist bei längerem Gebrauch bei höheren Temperaturen zu beobachten, da die Dichtungen nach dem Abkühlen und Lösen der Verschraubung die komprimierte Form beibehalten. Erhitzt man sie jedoch z. B. durch vorsichtiges Befächeln mit einer Gasflamme, ohne daß sie verkohlen, so nehmen sie wieder die alte Form an und lassen sich leicht abziehen. Besonders beim Abdichten der Interface-Kapillare in der GC-MS-Kombination ist die Hochvakuumdichtigkeit des Materials von Vorteil, falls mit Graphit keine absolute Dichtigkeit erzielt wird.

Graphit ist meist das geeignetste Material zum Abdichten von Säulen. Er kann in Form von Flachdichtungen (z. B. Dichtsystem der Fa. Gerstel) oder von Dichtkonen verwendet werden. Da er zunächst noch nicht sehr stark verdichtet ist, schmiegt er sich gut an, so daß auch weniger exakt begradigte Säulen ohne Bruch gut abgedichtet werden. Außerdem neigt er wenig zur Adhäsion, so daß die Säulenwechsel meist ohne Abbrechen der Enden durchgeführt werden können. Seine maximale Temperaturbelastbarkeit liegt weit über 400 °C, einem Temperaturbereich, der praktisch nie in der Kapillar-GC angewendet wird. Etwas störend bei der GC-MS-Kombination ist die Tatsache, daß viele Dichtungen aus Graphit nicht ganz hochvakuumdicht sind.

Beim Säulenwechsel kann man bei dem System der Fa. Gerstel das mit Graphit gefüllte Metalltöpfchen auf der Kapillare belassen. Zieht man aber die Kapillarenenden aus den Dichtungen, so hat die neu zu verschraubende Kapillare oft einen etwas größeren Durchmesser als die vorher betriebene. Man kann mit einem kleinen Spiralbohrer den Graphit etwas aufbohren, damit die nächste Kapillare hineinpaßt. Da man hierbei immer etwas Dichtmaterial verliert und die Graphitpartikel zu Störungen führen können, ist es günstiger, die Bohrung der Graphitpackung mit einer Nadel von 0,8–1 mm $\varnothing$ wieder aufzuweiten. Bei dem Wiederaufweiten sollte man die Überwurfmutter etwas lockern, die Dichtung aber in der Verschraubung belassen. Das gleiche gilt auch für die Graphitkonen. Sie können so viele Male wiederverwendet werden. Wegen der Weichheit der Graphitdichtungen müssen die Kapillarenenden gut rundgeschmolzen werden, da sonst Partikel abgeschabt werden, die in die Kapillaren hineinfallen und zu Störungen durch Adsorptionen führen können. Man kann sich Graphitdichtungen auch selbst herstellen [366, 571].

H. Gasregelung

Bei der Gaschromatographie werden hauptsächlich folgende Gase eingesetzt:

Stickstoff, Helium oder Wasserstoff als Trägergas,
Wasserstoff und Luft als Brenngase für den FID,
Argon/Methan-Gemische als Spülgas für einige ECD,
Stickstoff als Spülgas für FID, ECD,
Helium als Spülgas für die offene GC-MS-Kopplung.

Die Gase werden in der Regel auf 200 bar Überdruck komprimiert in Stahlflaschen verwendet und mit Hilfe eines direkt an die Flaschen angebrachten Druckminderers auf etwa 1–5 bar Überdruck reduziert.

Die in den Geräten erforderlichen Gasströme lassen sich mit folgenden Vorrichtungen einstellen:

Strömungswiderstand (Nadelventil),
Druckregler (Druckminderer),
Strömungsregler (Differentialströmungsregler).

Die Verwendung eines *Strömungswiderstandes* ist die einfachste Möglichkeit zur Einstellung z. B. von Brenn- und Spülgasen. Als festeingestellte Strömungswiderstände können enge Metallkapillaren oder feinporige Metallfritten dienen und als variable Strömungswiderstände Nadelventile.

Druckregler werden in der Regel direkt an den Gasflaschen angebracht, um den Druck aller Gase zunächst auf etwa 1–5 bar Überdruck zu reduzieren. Es sind ein- und zweistufige Ausführungen im Handel. Bei den zweistufigen Typen ist der sekundärseitige Druck etwas weniger abhängig vom Flaschendruck. Das Material der Druckminderer ist unterschiedlich. Der Körper kann z. B. aus Messing, Aluminium oder Edelstahl bestehen und die flexible Membran darin z. B. aus Butylkautschuk, PTFE oder Edelstahl. Da die verwendeten Gase nicht aggressiv sind, können die preiswertesten Ausführungen verwendet werden, sofern sie druckstabil genug arbeiten. Ist dies der Fall, so kann man in der Kapillar-GC zur Einstellung des Trägergases theoretisch auf weitere Regeleinheiten verzichten. Meist wird aber mit Hilfe eines fein einstellbaren weiteren Druckminderers („Zwischendruckminderer") am Gerät von etwa 5 bar auf den gewünschten Überdruck heruntergeregelt. Neben den im technischen Handel erhältlichen Ausführungen werden brauchbare Zwischendruckminderer z. B. von Brooks und Porter hergestellt.
Um die gegenüber Verunreinigungen sehr empfindlichen Ventilsitze zu schützen, sollten die Druckminderer (und Strömungsregler) an der Eingangsseite ein aus einer Metallfritte bestehendes Filter enthalten.
Bei der GC mit gepackten Säulen ist es heute meist üblich, die gewünschten Trägergasmengen mit *Strömungsreglern* (meist „Differentialströmungsreglern") einzustellen. Bei steigendem Strömungswiderstand der Säule während eines Temperaturprogramms, bedingt durch die Zunahme der Trägergasviskosität, steigern sie jeweils den Säulenvordruck so weit, daß ständig die gleiche Trägergasmenge strömt. Diese Gasregelung kann auch in der Kapillar-GC anstelle der üblichen Arbeitsweise mit Druckminderern verwendet werden [511]. Sie hat den Vorteil, daß

beim Undichtwerden der Säulen am Einspritzblock (z. B. Herausrutschen oder Abbrechen des Säulenanfangs) nur die eingestellten ca. 30–50 ml Trägergas/min ausströmen und nicht mehrere l/min, was bei Verwendung von Wasserstoff als Trägergas zu Explosionen führen würde. Die Strömungsregelung gestattet außerdem bei temperaturprogrammierter Arbeitsweise in jedem Bereich die optimale Strömungsgeschwindigkeit zu realisieren (s. [511]). Es gibt mehrere Arten von Strömungsreglern (= Durchflußregler = „flow controller"): Differentialströmungsregler (Brooks, Porter, Fischer u. Porter, Veriflo), mit Mikro-Lochblenden arbeitende Strömungsregler (Siemens) und elektronische Strömungsregler (Brooks, Tylan, Matheson).

Die Verwendung von Wasserstoff als Trägergas hat einige Vorteile, wie kürzere Analysenzeiten, längere Haltbarkeit der Säulen und relativ niedriger Preis. Er bringt im Falle von Undichtigkeiten bei höheren Temperaturen eine gewisse Explosionsgefahr mit sich. Daher wird er nur in einer begrenzten Zahl von Laboratorien als Trägergas verwendet. Die Scheu vor Wasserstoff ist aber aus verschiedenen Gründen und bei Einhaltung einiger Sicherheitsvorkehrungen unbegründet: Kapillaren brechen nach dem richtigen Einbau während des Betriebes äußerst selten ab, praktisch nie. Bei Verwendung von Strömungsreglern oder auch Strömungsbegrenzern, die auf etwa 30–40 ml/min eingestellt sind, können keine größeren Mengen an Wasserstoff in den Ofenraum strömen. Solche Mengen werden auch zum Betreiben des FID verwendet und gelten dabei als ungefährlich. Derartig geringe Strömungsraten können kaum zu explosiven Gemischen im Ofenraum führen, zumal der Wasserstoff schnell durch Isolierungen und Spalten nach außen diffundiert. Weitere Sicherheitsschaltungen zum Abschalten der Ofenheizung und zum Öffnen der Ofentür oder Kühlklappen oder auch zum Absperren der Wasserstoffzufuhr, die über Kontaktmanometer oder Wasserstoff-Sensoren angesteuert werden, können in Laboratorien mit strengeren Sicherheitsvorschriften installiert werden. Von „J. a. W." ist ein Sicherheitssystem erhältlich, das den Gaschromatographen bei Erreichen von 25% der unteren Explosionsgrenze von Wasserstoff abschaltet und Alarm auslöst.

Über druckprogrammiertes Arbeiten, d. h. die kontinuierliche Steigerung des Säulenvordruckes während des Analysendurchlaufs, ist verschiedentlich berichtet worden [390, 173, 429]. Es wird jedoch kaum angewendet.

Im eigenen Laboratorium haben sich neben Druckreglern für nichtbrennbare Trägergase die Strömungsregler für alle Trägergase bewährt. Bei Verwendung von Strömungsreglern und eines Strömungsteilers kann man bei Temperaturprogrammierung praktisch druckkonstant arbeiten, wenn der Strömungswiderstand außerhalb des Ofenraumes angebracht ist. Zum strömungskonstanten Arbeiten muß dabei der Strömungswiderstand (z. B. eine englumige Metallkapillare) im Ofenraum angebracht sein. Bei Verwendung von Wasserstoff sollte das aus der Splitleitung ausströmende Gas nach außen geleitet werden.

Zur Regelung von Brenn- und Spülgasen hat sich im eigenen Laboratorium eine z. B. auch von Erba verwendete Schaltung besser bewährt als die meist üblichen Nadelventile. Diese besteht aus einem Druckminderer und einem Strömungswiderstand in Form einer englumigen Metallkapillare. Durch Einstellen eines bestimmten Vordruckes ergibt sich dann eine entsprechende Flußrate, die man durch Ändern des Vordruckes variieren kann.

I. Reinigung von Septen und Gasen

In der Gaschromatographie, besonders beim Arbeiten bei hohen Empfindlichkeiten und bei Temperaturprogrammierung, sind manchmal störende, nicht von der zu analysierenden Probe stammende Peaks oder eine unruhige und driftende Grundlinie zu beobachten. Diese Erscheinungen können von nicht genügend reinen Lösungsmitteln, Reagenzien, Spritzen und Gefäßen, aber auch aus dem Trägergas, aus den Septen oder ungeeigneten bzw. nicht ausreichend konditionierten Säulen herrühren (s. a. [458]).

Eine häufige Ursache sind die in der Regel aus Siliconkautschuk bestehenden Einspritzgummis (Septen). Aus diesen können bei höheren Temperaturen niedermolekulare Substanzen („Siliconöl") abdampfen [528, 529]. Im Handel sind verschiedene Typen von Septen erhältlich, von denen sich einige besonders für höhere Temperaturen eignen [432, 81]. Diese sind aber meist relativ hart, lassen sich mit den Spritzennadeln schwerer durchstechen und bluten ebenfalls etwas bei höheren Temperaturen. Es gibt auch Silicon-Septen, die einseitig mit einer PTFE-, Aluminium- oder Polyimid-Folie beschichtet sind. Solange diese Schicht nicht durchstochen wird, stellt sie eine wirksame Diffusionsbarriere dar. Durch das bei der ersten Injektion entstehende Loch kann jedoch auch Siliconöl in das Trennsystem diffundieren. Beim Durchstechen des Septums mit der Spritzennadel wird außerdem hin und wieder ein Silicon-Partikelchen in den Glaseinsatz transportiert, wo es dann bei der dort vorliegenden höheren Temperatur besonders stark ausblutet.

Im eigenen Laboratorium hat sich die Reinigung aller Septen durch Extraktion mit einem organischen Lösungsmittel bewährt. Man kann dann auch weiche Silicon-Typen verwenden, die sich leicht durchstechen lassen und durch diesen Reinigungsschritt nicht härter werden oder verspröden, wie z. B. „Microsep Teflon-Faced GC Septa" [Pierce, No. 13251 (½'' ∅) oder No. 13252 (⅜'' ∅)]. Dieser Typ hat sich auch bei hohen Temperaturen wegen seiner langen Haltbarkeit bewährt. Die Spritzennadeln dürfen allerdings an der Spitze keine Widerhaken haben, die gelegentlich mit feinem Schmirgelpapier zu entfernen sind. Folgendes Vorgehen hat sich im eigenen Laboratorium besonders bewährt (s. a. [96]):

Eine größere Menge von Septen wird lose in einem Fest-Flüssig-Extraktor, z. B. in einen Extraktionsaufsatz nach Soxhlet, gegeben und ca. 30 h mit Aceton (in anderen Lösungsmitteln wie Petrolether, Toluol oder Dichlormethan quillt Siliconkautschuk zu stark) extrahiert. Der Aufsatz soll zunächst nur zu etwa ⅔ gefüllt sein, weil die Septen in Aceton etwas quellen. Aus dem o. g. Septumtyp lassen sich auf diese Weise etwa 3–5% ihres Gewichtes extrahieren. Nach dem Extrahieren werden die Septen lose auf Filterpapier ausgebreitet, damit das darin enthaltene Aceton herausdiffundieren und verdunsten kann, was etwa 1 Tag dauert. Eine sofortige Erhitzung z. B. auf 250–300 °C sollte unterbleiben, da das Aceton dann beim Verdampfen wie ein Treibmittel wirkt und die Septen zerstört. Auch nach Verdunsten des Acetons sollten die Septen nicht erhitzt werden, da ihre Verwendbarkeit nicht verbessert wird und sie außerdem härter werden oder sogar verspröden. Sie sollten jedoch in ein geschlossenes Gefäß gelegt werden, damit sie keine Störsubstanzen aus der Laborluft aufnehmen.

Bei Verwendung so gereinigter Septen kann auf eine Septum-Kühlung [529, 79], „Septum-Spülung" („Lecknadel" oder fest installierter Gasauslaß), oder einen

„Septum-Swinger" [458] (Pierce No. 13456) während des Betriebes verzichtet werden. Eine fest installierte Septum-Spülung birgt die Gefahr in sich, daß bei der Injektion größerer Volumina durch sie ein Teil der Substanzen nach außen gespült wird, was zu Fehlern führen kann.

Weitere Störungen gehen von Kohlenwasserstoffen und anderen flüchtigen organischen Substanzen im *Trägergas* aus. Daneben können Wasserdampf und Sauerstoff enthalten sein, die die Lebensdauer von Trennsäulen stark verkürzen und zum Teil Zersetzungen von zu trennenden Substanzen in der Säule verursachen. Wasserdampf führt zu Hydrolysen und eine Beeinflussung der Trennungen [408] und Sauerstoff zu Oxidationen. Oxidationsvorgänge bewirken eine Verharzung („Verlackung") vieler stationärer Phasen. Kohlenwasserstoffe, Sauerstoff und Wasserdampf können schon in der Stahlflasche beigemischt sein oder auch auf dem Weg zur Trennsäule hineingelangt sein.

Man sollte Gase von nicht zu geringem Reinheitsgrad, also keine technischen Qualitäten, verwenden.

Wasserstoff kann mit Hilfe von Elektrolysiergeräten aus Wasser selbst hergestellt werden. Er ist dann von sehr hoher Reinheit, wenn Geräte verwendet werden, bei denen er durch Palladiummembranen diffundiert und er so von Wasser, Sauerstoff und anderen Verunreinigungen befreit wird (Dosapro Milton Roy, Matheson). Daneben ist es von Vorteil, daß nur geringe, ungefährliche Mengen direkt erzeugt werden und nur ein geringes Volumen im Gerät gespeichert wird. Die Funktion der Palladiummembranen wird jedoch bei höheren Mengen an Verunreinigungen in der verwendeten Lauge und dem Wasser beeinträchtigt, außerdem können die Membranen bei zu großer Wasserstoff-Entnahme reißen. Eine Reparatur ist dann fast ebenso teuer wie die Neuanschaffung des Gerätes. Es sind auch ohne Palladium-Membranen arbeitende Wasserstoff-Generatoren im Handel, bei denen der Wasserstoff nur getrocknet wird (Alltech, Supelco, Aadco, J. U. M.). Daneben sind auch Geräte zur Nachreinigung von Wasserstoff aus Druckflaschen im Handel (Betadyne, Aadco, Matheson, MBI).

Für die einwandfreie Funktion der Detektoren ist auch die Reinheit der Brenn- und Spülgase von Bedeutung. Die Verwendung von „synthetischer Luft" für den FID ist allerdings viel zu teuer. Technische Qualitäten sind eventuell mit Molekularsiebpatronen zu reinigen. In etwas größeren Laboratorien lohnt sich wegen des relativ großen Verbrauchs an Preßluft die Anschaffung eines Kompressors zur Eigenversorgung. Ölgeschmierte Kolbenkompressoren sind wegen des Übergehens größerer Mengen an Kohlenwasserstoffen nicht oder nur bei intensiver Reinigung der Preßluft verwendbar. Günstiger sind Membrankompressoren oder mit PTFE gedichtete Kolbenkompressoren. Weiterhin sind Kleingeräte zur Erzeugung von Preßluft für die GC im Handel (Gas Technologies, WGA). Bei Verwendung eines ECD läßt sich dessen Empfindlichkeit durch Entfernung des größten Teils des Sauerstoffs im Spülgas und im Trägergas oft wesentlich steigern.

Die Verunreinigungen können aber auch, wie oben erwähnt, später in die Gase gelangen. Sie können über Undichtigkeiten in den Leitungen und Gasregeleinheiten hineingelangen oder aber von Verunreinigungen im Leitungsmaterial oder den Gasreglern herrühren. Sauerstoff (neben Wasser und Stickstoff) kann z. B. auch aus den Bourdon-Rohren in Manometern, die längere Zeit an der Luft gelegen haben, langsam in den Gasstrom diffundieren. Man sollte dann vorher einige Zeit mit dem verwendeten Gas spülen oder zumindest, um den größten Teil der Luft auszutreiben, den Druck im Manometer einige Male erhöhen und wieder reduzieren. Weiterhin kann Sauerstoff durch PTFE oder andere organische Polymere auch gegen einen darin befindlichen Gasüberdruck hineindiffundieren [158]. Das gleiche gilt für die Gummimembranen in Gasreglern. Daher sollten für das Trägergas unbedingt Metallzuleitungen (z. B. aus Kupfer oder Edelstahl) verwendet werden. Der Einsatz von Gasreglern mit Metallmembranen [202] oder Faltenbälgen aus Metall anstelle von organischen Polymeren ist zu empfehlen aber nicht unbedingt erforderlich.

Zur Reinigung der Gase gibt es folgende Möglichkeiten:

Organische Verunreinigungen: Molekularsieb, Aktivkohle;

Wasser: Molekularsieb, Phosphorpentoxid;

Sauerstoff: Oxisorb oder Oxiclear, Kupferkatalysatoren.

Mit Hilfe von *Molekularsieben* mit etwa 5 Å = 0,5 nm Porenweite lassen sich Wasser und organische Verunreinigungen aus Gasen entfernen. Molekularsiebe müssen nach einiger Zeit, je nach Verunreinigung der Gase, erneuert oder regeneriert werden. Die Regenerierung kann bei etwa 300 °C etwa 15 h im Vakuum erfolgen oder besser im Stickstoffstrom, indem man die mit Molekularsieb gefüllten Metallrohre wie gepackte GC-Säulen ausheizt. Daneben sind auch durchsichtige, mit Molekularsieb gefüllte Patronen aus Kunststoff im Handel (Applied Science, Alltech, Analabs, Chrompack), die sich nicht so leicht regenerieren lassen. Organische Verunreinigungen lassen sich auch mit *Aktivkohle* und Wasser mit *Phosphorpentoxid*, am besten auf einen anorganischen Träger aufgezogenes P_2O_5 mit Feuchtigkeitsindikator wie z. B. Sicapent Merck Nr. 543, entfernen.

Die Entfernung von O_2 aus Gasen auf Gehalte unter 0,1 ppm kann mit *Oxisorb*-Patronen (Messer-Griesheim, WGA) oder *Oxiclear* (Supelco, Analabs, J. a. W.) erfolgen. Daneben werden von Oxisorb auch Wasser und organische Verunreinigungen festgehalten. Beide Absorber sind einfach in der Anwendung, allerdings nicht regenerierbar und ihr Zustand ist von außen nicht erkennbar. Daher ist ein erforderlicher Wechsel schlecht voraussehbar. Der Hersteller empfiehlt daher, die Oxisorb-Patronen bei jedem „Flaschenwechsel" zu erneuern. Mit Hilfe von bestimmten regenerierbaren Kontaktkatalysatoren läßt sich das O_2 ebenfalls entfernen. Davon sind zwei Typen im Handel (Alltech, Chrompack) und zwar einer mit hoher Kapazität (Oxy-Trap) und einer mit niedriger Kapazität (Indicating Oxy-Trap), bei dem man jedoch durch seinen Farbumschlag von hellgrün nach graubraun erkennen kann, wann er erschöpft ist. Beide Typen lassen sich im Wasserstoffstrom regenerieren und zwar das erste bei 130 °C etwa 3 h (er besteht offensichtlich aus zerkleinertem BTS- bzw. R 3-11-Katalysator von Fluka bzw. der BASF) und der zweite bei 400–450 °C, bis er hellgrün gefärbt ist.

Es ist meist sinnvoll, zunächst einen O_2-Entferner mit hoher Kapazität (Oxisorb, Oxiclear, Oxy-Trap) zu verwenden und dann ein „Indicating Oxy-Trap", an dem zu erkennen ist, ob der vorgeschaltete Absorber erschöpft ist. Man kann sich auch aus Metall- bzw. Glasrohren und entsprechenden Verschraubungen oder Glas-Metalleinschmelzungen und dem von Chrompack und Alltech lose erhältlichen Füllmaterial selbst entsprechende Absorptionsrohre herstellen.

Das gute Funktionieren von O_2-Absorbern setzt allgemein ein sorgfältiges Abdichten der Gasleitungen und Armaturen voraus. Bei längerem Stillstand muß durch gegebenenfalls einzubauende Auf-Zu-Ventile das Eindringen von Luft vom GC her verhindert werden. Zur kontinuierlichen Reinigung von Edelgasen kann ein „Edelgasreiniger" (BOC), ein „Go-Getter" (Alltech) oder ein „Gettering Furnace" (Centorr) und einer größeren Zahl von Gasen (He, Ar, N_2, CH_4) ein „Carrier Gas Purifier" (Supelco) oder „Hydrox Purifier" (Matheson) verwendet werden. Zum Einfluß von Wasserspuren bei der Gaschromatographie von Aminen s. [408].

J. Prüfung und Charakterisierung von Kapillarsäulen

Die Frage, ob eine bestimmte Säule zur Lösung eines ganz speziellen Trennproblems geeignet ist, kann mit Sicherheit nur beantwortet werden, indem man das zu analysierende Gemisch injiziert. Neben diesem empirischen Vorgehen kann man häufig aber auch mit großer Wahrscheinlichkeit an Hand folgender Angaben voraussehen, ob eine GC-Säule für ein bestimmtes Gemisch brauchbar ist. Dies setzt jedoch daneben meist auch noch einiges an Erfahrung voraus.
1. Trennleistung: Trennvermögen, Bodenzahl, Trennzahl;
2. Adsorptionsverhalten: Tailingfaktor, Testgemische;
3. Belegungsstärke: Filmdicke, Phasenverhältnis;
4. Abmessungen: Länge, Durchmesser;
5. Trenncharakteristik: stationäre Phase, Retentionsindices von Testsubstanzen.

1. Trennleistung

Bei einer isothermen Trennung nimmt die Breite der Peaks linear mit der Retentionszeit (t_{dr}) zu. Je geringer die Trennleistung einer Säule ist, umso schneller verbreitern sich die Peaks. Die Zunahme der gut meßbaren Peakbreiten in halber Höhe ($b_{0,5}$) läßt sich ausdrücken durch $b_{0,5}/t_{dr}$, beides jeweils gemessen in s, min, mm oder cm. Je höher dieser Wert ist, umso geringer ist die Trennleistung der Säule. Den reziproken Wert dieses Ausdrucks nennt man auch Trennvermögen (TV). $TV = t_{dr}/b_{0,5}$.

Weitere Angaben zu diesem Begriff s. [302, S. 32–34]. Obwohl diese Definition klar ist, wird von ihr kaum Gebrauch gemacht. Stattdessen hat sich in der GC allgemein ein aus der Destillationstechnik übernommener, etwas abstrakter Begriff durchgesetzt, nämlich die Zahl der theoretischen Böden, kurz Bodenzahl genannt, bzw. der HETP-Wert (height equivalent of a theoretical plate):

$$n = \left(\frac{t_{dr}}{b_{0,5}}\right)^2 \cdot 5,54 \, ,$$

HETP = l/n, l = Länge der Trennsäule in mm.

Unter t_{dr} ist die Gesamtretentionszeit zu verstehen, die sich aus der Totzeit oder Durchbruchzeit (t_d), in der Regel die Zeit von der Injektion bis zum Erscheinen des Lösungsmittels, und der Verweilzeit der Substanz in der stationären Phase t_r zusammensetzt: $t_{dr} = t_d + t_r$. Statt t_{dr} sollte in den obigen Formeln nach [302] besser das geometrische Mittel $\sqrt{t_{dr} \cdot t_r}$ verwendet werden, während andere Autoren die Verwendung von t_r empfehlen. Die Werte müssen zur Berechnung der Trennleistung isotherm ermittelt werden. Als Testsubstanz kann ein beliebiger Stoff verwendet werden, der sich einwandfrei chromatographieren läßt.

Wesentlich anschaulicher und praxisnäher ist die von Kaiser [301, 302 S. 44 ff.] beschriebene Trennzahl (TZ) auch „separation number" (SN) genannt. Diese wird mit Hilfe zweier Substanzen aus einer homologen Reihe, meist zwei benachbarten gesättigten n-Kohlenwasserstoffen, ermittelt. Man rechnet aus, wieviele hypothetische Kohlenwasserstoffe mittlerer Peakbreite bei fast völliger Trennung bis zur Basislinie zwischen diese beiden Peaks passen:

$$TZ = \frac{t_{dr2} - t_{dr1}}{b_{0,5/1} + b_{0,5/2}} - 1 \, .$$

Die TZ kann auch mit Temperaturprogrammierung ermittelt werden.

Alle ermittelten Werte (TV, n, HETP und TZ) sind keine Konstanten der Säulen, sondern in gewissem Umfang abhängig von den Betriebsbedingungen (Art des Trägergases und dessen Strömungsgeschwindigkeit, Säulentemperatur) und von den verwendeten Testsubstanzen. Daher sollten diese Parameter unbedingt mit angegeben werden, da die Werte sonst kaum vergleichbar sind.

Die Angabe der Trennleistung einer Kapillare in Form der „coating-efficiency" ist weniger üblich (dazu s. [95]). Weitere Angaben zur Charakterisierung der Trennleistung von GC-Säulen sind zu finden bei [209, 225, 304–306, 129, 130].

In der Praxis müssen die Trennungen „optimiert" werden, d. h. die für ein Trennproblem günstigsten Bedingungen ermittelt werden. Dabei können die Kapillaren (i.Ø, Länge, Art und Dicke der Phase) und die Trennbedingungen (Art und Strömungsgeschwindigkeit des Trägergases, Temperatur) variiert werden. Die beste „Trennleistung" (Leistung = Arbeit/Zeit) ist dabei eigentlich eine möglichst gute Auftrennung von Substanzen in möglichst kurzer Zeit. Die Trenndauer stellt in der Praxis den größten Unkostenfaktor dar und erst danach die Länge der Trennsäulen. Man versuche daher, eine noch ausreichende Trennung in möglichst kurzer Zeit und daneben mit einer möglichst kurzen Säule zu erzielen.

Arbeiten über die Optimierung der Trennbedingungen in der GC, bei denen die Trenndauer einbezogen wird, s. [582, 241, 234].

Durch eine Säulenverlängerung lassen sich die Trennergebnisse nur um einen Faktor verbessern, der etwa der Wurzel aus dem Verhältnis der Längen entspricht (s. a. [180]).

Das genaue Messen der Peakbreiten in halber Höhe bereitet bei steilen Peaks gewisse Schwierigkeiten. Man kann jedoch durch Erhöhen der Schreibergeschwindigkeit mit dem Lineal meßbare Peaks erhalten. Schmale Peaks lassen sich mit einer Meßlupe, die eine in 0,1 mm geteilte Skala hat, vermessen. Dabei wird jeweils von der Außenkante der einen bis zur Innenkante der anderen Flanke des Peaks gemessen (s. a. [209, S. 17]).

2. Adsorptionsverhalten

„Tailing", d. h. die Bildung einer flacheren Rückflanke der Peaks, beobachtet man bei Kapillaren, wenn diese zu adsorptionsaktiv sind, eine zu dicke Zwischenschicht

von der Desaktivierung enthalten, oder wenn die Phase verharzt („verlackt") oder
grob ungleichmäßig ist. Diese Erscheinung läßt sich quantitativ beschreiben mit
Hilfe des Asymmetriefaktors A_s [316, 310] oder Tailing-Faktors T_f ([391], s. a.
Abb. 14).

$$A_s = b/a, \qquad T_f = (a/b) \cdot 100$$

Bei den Messungen ist es wichtig, daß die Peaks nicht „überladen" sind, d. h.
keine flachere Vorderflanke („Leading") haben. Ist dies der Fall, so können durch
Zusammentreffen von Leading und Tailing symmetrische Peaks vorgetäuscht
werden. Unsymmetrische Peaks können auch durch ungünstigen Einbau oder feh-
lerhafte Probenaufgabe bedingt sein.

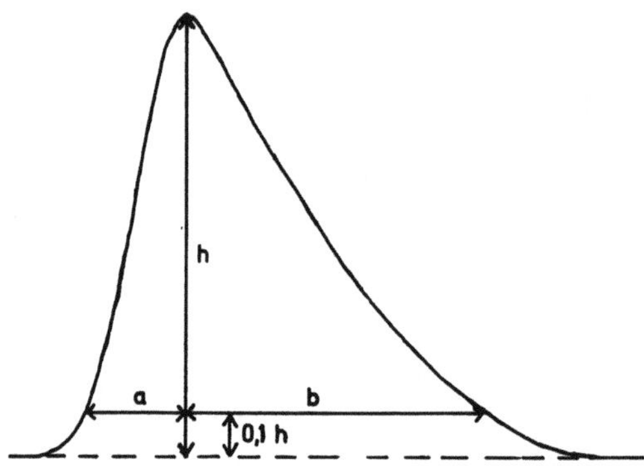

Abb. 14. Charakterisierung von Peak-
Asymmetrien

Säulen, die Tailing zeigen, müssen nicht unbedingt zu größeren Substanzverlusten bei der Trennung führen, so daß bei einer Auswertung über die Flächen und
nicht über die Höhen der Peaks keine bedeutenden Fehler entstehen. Häufig ist
aber das Tailing mit teilweisen Substanzverlusten auf der Säule verbunden, so daß
exakte quantitative Analysen nur unter Verwendung geeigneter innerer Standards
möglich sind. Umgekehrt sind aber Substanzverluste nicht immer am Tailing erkennbar, auch symmetrische Peaks können durch irreversible Adsorptionen auf der
Säule zu klein sein, was beim quantitativen Arbeiten zu Fehlern führen kann.
Durch Adsorptionen können sich aber auch symmetrische, jedoch zu breite Peaks
ergeben.

Um während des Trennvorganges eintretende Substanzverluste oder unnormale
Peakformen festzustellen, gibt man daher neben den zu messenden Substanzen
auch stabile Verbindungen wie z. B. n-Kohlenwasserstoffe auf, die wenig zu
Adsorptionen neigen und in der Regel keine Verluste bei den Trennungen erleiden.

Zur Überprüfung, ob Säulen Adsorptionen oder auch katalytische Zersetzungen
zeigen, ist eine Reihe von Testgemischen beschrieben worden:

Grob 1968 [179]:	C_{12}-/C_{13}-n-Alkan/Dibutylketon/2-Propylcyclo- hexanol/Naphthalin
Grob et al. 1971 [183 a]:	5-Nonanon/1-Octanol/Naphthalin/C_{12}-/C_{15}- n-Alkane/2,6-Dimethylanilin/2,6-Dimethylphenol

Grob et al. 1978 [209]:	C_{10}-/C_{11}-n-Alkan/C_{10}-/C_{11}-/C_{12}-Carbonsäure-methylester/1-Octanol/Nonanal/2,3-Butandiol/2,6-Dimethylanilin/2,6-Dimethylphenol/Dicyclo-hexylamin/2-Ethylhexansäure
Schomburg et al. 1974 [502]:	n-Pentan/n-Octen-(1)/Benzol/Buttersäure-methylester/Dibutylether/Toluol/n-Butanol/Cyclopentanon
Donike 1973 [115]:	C_{10}-/C_{14}-/C_{18}-/C_{22}-TMS-Carbonsäuren und C_{12}-/C_{16}-/C_{20}-/C_{24}-/C_{28}-n-Alkane für unpolare Phasen, für polare Phasen die gleichen TMS-Carbonsäuren und C_{14}-/C_{18}-/C_{22}-/C_{32}-n-Alkane

Das von Schomburg et al. beschriebene Gemisch ist nur für leichtflüchtige Substanzen repräsentativ. Das Gemisch nach Donike ist nur für TMS-Verbindungen charakteristisch, unter denen die TMS-Ester von Carbonsäuren besonders zersetzlich sind. Das von Grob et al. (1978) beschriebene Gemisch ist umfassender, enthält aber jeweils weniger adsorbierbare Vertreter aus verschiedenen Substanzgruppen. Eine Säule, auf der z. B. die beiden im Gemisch enthaltenen Amine gut chromatographierbar sind, muß nicht unbedingt für alle Amine geeignet sein. Der „Grob-Test" gibt aber eine sehr brauchbare Vorinformation über die weitgehende Inertheit einer Säule. Viele weitere spezielle Testsubstanzen zur Beurteilung von Säulen und Ermittlung von Zersetzungs- und Umlagerungsreaktionen während der Trennung sind in der Literatur beschrieben, wie z. B.: Dinitrophenylhydrazone [553], Perfluoracylamine [13], Endrin [170, 448, 387], Carbamate [137], Citral = Neral und Geranial [74, Testgemisch Roth Nr. 2-7256], Benzaldehyd oder Salicylaldehyd. Eine DDT-Zersetzung ist schon auf sehr leicht basischen Säulen zu beobachten.

Eine Methode zur Unterscheidung der Adsorptionsaktivität und der katalytischen Aktivität, s. bei [217]. Methoden zum Testen von noch nicht belegten, jedoch desaktivierten Kapillaren zur Überprüfung der Wirksamkeit der Desaktivierung s. [507, 205]. Auf manchen stationären Phasen zersetzen sich unabhängig von der Säulendesaktivierung bestimmte Substanzen. So sind mit PEG oder PPG mit freien OH-Gruppen an den Kettenenden belegte oder desaktivierte Kapillaren für TMS-Derivate, besonders TMS-Ester, ungeeignet.

Alle Tests dienen nur einer groben Vorinformation. Ob die Säulen für bestimmte Substanzen verwendbar sind, kann nur mit diesen selbst getestet werden. Auch die aufgegebenen Substanzmengen sind sehr entscheidend für die Form der Peaks und oft auch den erhaltenen „response" (Peakfläche/aufgegebene absolute Menge). Säulen, die z. B. mit einem FID sehr gute Chromatogramme ergeben, können beim Betreiben mit einem ECD bei Aufgabe von nur etwa 1 pg Substanz unbrauchbare Trennungen geben. Auch sind die Trennbedingungen von großem Einfluß.

Auch aus diesem Grund sollten beim Kauf von Kapillaren vom Lieferanten Testchromatogramme von den tatsächlich zu analysierenden Gemischen im entsprechenden Konzentrationsbereich unter realistischen Trennbedingungen verlangt werden.

3. Belegungsstärke

Die in einer Kapillare befindliche Menge an stationärer Phase, meist angegeben als Filmdicke in μm, ist von großem Einfluß auf die Retentionszeiten. Für leichtflüchtige Substanzen, wie z. B. niedere Kohlenwasserstoffe und Lösungsmittel sind „dick" belegte Säulen günstig, da man dann auf eine Kühlung des Ofenraumes verzichten kann und die Trennungen bei bzw. etwas oberhalb der Raumtemperatur erfolgen können. Derartige Belegungen können aber für andere Mischungen, wie z. B. die polycyclischen aromatischen Kohlenwasserstoffe oder die Triglyceride zu stark sein, da für praktikable Retentionszeiten zu hohe Säulentemperaturen nötig wären. Die erforderliche Belegungsstärke richtet sich auch nach den aufzugebenden Substanzmengen. Sind diese zu hoch, so zeigen die Peaks eine flache Vorderflanke aufgrund von Säulenüberladung. Dies kann durch Verdünnen der Probe unter gleichzeitiger Verringerung der Detektorabschwächung vermieden werden. Ist das Rauschen dann zu stark, so arbeitet man besser mit einer dicker belegten Säule. Die Belegungsstärke kann man als Filmdicke oder auch als Phasenverhältnis angeben.

Die *Filmdicke* (in μm) kann bei der statischen Belegung aus der Konzentration der stationären Phase in der Beleglösung, dem inneren Durchmesser der Kapillare und der Dichte der stationären Phase leicht berechnet werden [287]:

$$d_f = \frac{5 \cdot c \cdot r}{\varrho},$$

c = Konzentration in mg/ml, r = innerer Radius in cm, ϱ = Dichte der stationären Phase.

Man kann auch folgende analoge Formel verwenden [474, 294 S. 43]:

$$d_f = \frac{d \cdot c}{400},$$

d = innerer Durchmesser in μm, c = Konzentration in „Volumen-%".

Diese Filmdicke liegt streng genommen nur in Kapillaren mit glatter Innenoberfläche vor. In aufgerauhten Kapillaren ist der Film dünner, die Retentionszeiten werden dadurch jedoch kaum beeinflußt, da das Phasenverhältnis gleich ist.

Die sich bei der dynamischen Belegung ergebende Filmdicke ist nicht einfach und zuverlässig zu berechnen, da sie von mehreren Faktoren abhängt, wie der Geschwindigkeit, mit der die Lösung durch die Kapillare gedrückt wird, der Oberflächenspannung und Viskosität der Lösung, der Vorbehandlung der Kapillare (Aufrauhung und Desaktivierung) und anderen Faktoren, wie z. B. verwendete Lösungsmittel, Belegung mit oder ohne Quecksilberpfropf und Temperatur bei der Belegung. In der Literatur sind Berechnungsformeln angegeben mit Hilfe derer man die Filmdicke berechnen kann (s. z. B. [233, 542, 423, 428, 61]. Sie dürften in der Praxis wohl kaum angewendet werden, da die Werte für die Oberflächenspannung und Viskosität nicht bekannt sind und auch in der Regel nicht ermittelt werden. Man geht daher meist empirisch vor.

Bei der *Eigenherstellung* von Kapillaren kann besser eines der folgenden Verfahren benutzt werden (s. a. [61]):

a) Messen des Volumens der in die Kapillare gegebenen Lösung und der austretenden Lösung, z.B. durch Messen der Pfropflängen in den Kapillaren, was einen gleichen i.$\varnothing$ der Kapillare am Anfang und am Ende voraussetzt, und Ausrechnen der Filmdicke d_f in µm:

$$d_f = \frac{V_{diff}}{1 \cdot d \cdot \pi} \cdot \frac{c}{100} \, ,$$

$V_{diff} = (L_a - L_b) \cdot (d/2)^2 \cdot \pi$, L_a, L_b = Pfropflänge am Anfang bzw. am Ende der Kapillare in mm, 1 = Länge der Kapillare in m, d = i.$\varnothing$ der Kapillare in mm, c = Konzentration der stationären Phase in der Beleglösung in ml/100 ml.

b) Dynamisches Belegen der Kapillare, Testen der Retentionszeiten, Auswaschen der Phase und Wiegen, erneutes Belegen unter gleichen Bedingungen und nochmaliges Testen der Retentionszeiten. Stimmen diese überein, so kann man die Filmdicke in einfacher Weise aus der gewogenen Menge an stationärer Phase berechnen:

$$d_f = \frac{w}{1 \cdot d \cdot \pi \cdot \varrho} \, ,$$

w = Gewicht der stationären Phase in mg, 1 = Länge der Kapillare in m, d = i.$\varnothing$ der Kapillare in mm, ϱ = Dichte der stationären Phase.

Von manchen Autoren oder Lieferfirmen wird die Belegungsstärke auch als Phasenverhältnis (β) angegeben:

$$\beta = V_{gas} / V_{fl} ,$$

V_{gas} = inneres Volumen der Kapillare, V_{fl} = Volumen der stationären Phase.
Die Filmdicke kann daraus mit folgender Gleichung errechnet werden:

$$d_f = \frac{r}{2\beta} \, ,$$

d_f = Filmdicke in µm, r = innerer Radius der Kapillare in µm.

So ist z.B. bei einer statisch mit 0,1%iger Lösung belegten Säule $\beta = 1000$.

Die ungefähre Filmdicke kann auch durch Vergleich der Retentionszeiten auf dynamisch belegten Kapillaren mit den auf statisch belegten ermittelt werden.

Die experimentelle Bestimmung der Filmdicke, z.B. nicht im eigenen Laboratorium hergestellter Kapillaren, ohne Kenntnis der Belegungsmethode und der dabei angewendeten Bedingungen ist nicht einfach und in der Praxis nicht besonders zuverlässig (s. a. [61]). Von Grob et al. [209] wird eine vielleicht praktikable Methode vorgeschlagen, bei der unter standardisierten Bedingungen die „Elutionstemperatur" des C_{12}-Carbonsäure-methylesters ermittelt wird. Sie geben an, daß eine Erhöhung der Filmdicke auf das Doppelte diese Elutionstemperatur um etwa 14 °C erhöht. Dazu s. a. [294 S. 175]. In der Praxis werden Filmdicken zwischen 0,05–0,1 µm, z.B. für Triglyceride oder polycyclische aromatische Kohlenwasserstoffe, und 1–2 µm, z.B. für Gase oder leichtflüchtige Substanzen wie Lösungsmittel, eingesetzt. Neben der Polarität der Phase beeinflußt die Filmdicke die Belastbarkeit einer Kapillarsäule (s. a. [302, 583]) sehr stark. Säulenüberladungen sind erkennbar an flachen Vorderflanken von Peaks, verbunden mit einer Verschiebung des Peakmaximums nach hinten, d. h. zu höheren Retentionszeiten. Schwerflüchtige Lösungsmittel oder andere in sehr großem Überschuß vorliegende Substanzen können kurz vorher oder nachher eluierte Substanzen in ihrer Peakform und der Retentionszeit beeinflussen [399].

4. Abmessungen

Die Länge von Kapillaren läßt sich durch Zählen der Windungen ermitteln, der äußere Durchmesser, der beim Einbau von Bedeutung ist, läßt sich mit einer Schieblehre oder genauer mit einem Mikrometer ermitteln. Zum Abmessen des ungefähren inneren Durchmessers kann eine Düsenlehre (Arnold, Alltech Nr. 3302) verwendet werden. Genauer kann dieser jedoch mikroskopisch gemessen werden, z. B. mit Hilfe eines in das Mikroskop eingebauten Okularmikrometers oder spezieller Meßmikroskope. Dazu wird vom Ende der Kapillare ein etwa 5 mm langes Stück gerade abgebrochen, nachdem es mit einem Diamantstift, Widia-Messer oder dgl. angeritzt wurde. Es kann zum Mikroskopieren in senkrechter Position gehalten werden, indem man es in ein wenig Apiezon-Fett, Vaselin o. dgl. steckt, das sich auf einem Objektträger befindet. Man kann mikroskopisch auch feststellen, ob die Kapillaren eine leicht unrunde (ovale, elliptische) Form haben.

Daneben können auch Ungleichmäßigkeiten der Belegung, falls sie mit bloßem Auge nicht erkennbar sind, mikroskopisch festgestellt werden. Die Partikeldurchmesser und die Verteilung der stationären Phasen darauf kann elektronenmikroskopisch, meist mit dem Rasterelektronenmikroskop (REM) = Scanning Electron Microscope (SEM) ermittelt werden.

5. Trenncharakteristik

Die Trenncharakteristik einer Kapillare, d. h. in welcher Reihenfolge verschiedene Substanzen eluiert werden, wird in erster Linie von der stationären Phase selbst bestimmt. So werden auf „unpolaren" Phasen die „polaren" Substanzen und auf „polaren" Phasen die „unpolaren" Substanzen früher eluiert. Ungesättigte Verbindungen sind beispielsweise polarer als die entsprechenden gesättigten, und entsprechend werden auf unpolaren Phasen ungesättigte Fettsäuremethylester vor den gesättigten gleicher Kettenlänge eluiert, auf polaren Phasen ist dies umgekehrt. Viele Sauerstoff und Stickstoff enthaltende funktionelle Gruppen erhöhen die Polarität von Substanzen noch stärker.

Die Fülle der möglichen bzw. erhältlichen stationären Phasen läßt sich mit Hilfe von „Retentionsindices" einiger ausgewählter Testsubstanzen genauer charakterisieren. Diese Methodik wurde zuerst von Rohrschneider beschrieben und von McReynolds modifiziert und erweitert. Dabei wird das von Kovats und Wehrli [329, 574] entwickelte System zur Angabe des Retentionsverhaltens von Substanzen im Vergleich zur homologen Reihe der n-Kohlenwasserstoffe verwendet. Die n-Kohlenwasserstoffe haben definitionsgemäß jeweils einen Index (I) von $100 \cdot n$, wobei n die Anzahl der C-Atome bedeutet. Der Retentionsindex für eine Substanz wird über die benachbarten n-Kohlenwasserstoffe durch logarithmisches Interpolieren errechnet, und zwar unter isothermen Bedingungen, wobei die Retentionszeiten der Kohlenwasserstoffe mit steigender Kettenlänge logarithmisch zunehmen:

$$I_A = 100 \cdot n + 100 \cdot \frac{\log(t_{rA}/t_{rn})}{\log(t_{rn+1}/t_{rn})} = 100 \cdot n + 100 \cdot \frac{\log t_{rA} - \log t_{rn}}{\log t_{rn+1} - \log t_{rn}}.$$

Dabei sind:

t_r Retentionszeiten,
A   zu charakterisierende Substanz,
n   Zahl der C-Atome des vor dieser Substanz eluierten Kohlenwasserstoffs,
n + 1 die des danach eluierten, um eine CH_2-Einheit längeren Kohlenwasserstoffs.

Weitere Angaben zur Ermittlung der Retentionsindices sind zu finden bei [302, 250, 125–127].

Zur Charakterisierung einer stationären Phase dienen nun die auf dieser erhaltenen Retentionsindices einer Reihe von Testsubstanzen abzüglich der auf Squalan als stationärer Phase erhaltenen. Von Rohrschneider [468, 469] wurde dazu Benzol, Ethanol, Methylethylketon (= 2-Butanon), Nitromethan und Pyridin und von McReynolds [392] Benzol, Butanol, Methylpropylketon (= 2-Pentanon), Nitropropan, Pyridin, 2-Methyl-2-pentanol, 1-Jodbutan, 2-Octin, 1,4-Dioxan und cis-Hydrindan verwendet. Zur Beschreibung der Phasen sind heute die ersten fünf der von McReynolds verwendeten Substanzen üblich: Benzol (653), Butanol (590), 2-Pentanon (627), Nitropropan (652), Pyridin (699), in (Klammern) die Retentionsindices auf Squalan. Da Squalan zu den unpolarsten Phasen gehört, sind die Retentionsindices auf den anderen, in der Regel polareren Phasen auch größer, da die Testsubstanzen polarer als die Kohlenwasserstoffe sind. Die Differenzen der Retentionsindices, die „ΔI-Werte", der Testsubstanzen auf der zu charakterisierenden Phase und auf Squalan sind ein Maß für die Polarität der Phase, sie lassen außerdem besondere Trennspezifitäten erkennen. Ein pauschales Maß für die Polarität einer Phase erhält man durch Addition der ΔI-Werte o. g. fünf Substanzen („$\Sigma_1^5\, \Delta I$"). Man kann die stationären Phasen nach steigenden $\Sigma_1^5\, \Delta I$-Werten entsprechend ihrer Polarität anordnen (s. Tabelle 2, S. 42 f.).

Stationäre Phasen mit unterschiedlicher Handelsbezeichnung aber praktisch gleicher chemischer Zusammensetzung haben auch eine sehr ähnliche bzw. identische Trenncharakteristik, sie können sich aber bei der Kapillarenbelegung in ihren Benetzungs- und Haftungseigenschaften unterscheiden.

Die Art der Desaktivierung oder die Filmdicke der stationären Phase sollten keinen bzw. einen möglichst geringen Einfluß auf die Trenncharakteristik einer Säule haben. Bei der Desaktivierung mit PEG und anschließender Belegung mit einer unpolaren Phase haben die Säulen je nach Dicke des PEG-Restfilmes mehr oder minder in den mittelpolaren Bereich verschobene Trenneigenschaften. Man kann diese Säulen dann auch charakterisieren, indem man ihre Rohrschneiderbzw. McReynoldskonstanten ermittelt. In der Regel ist es aber am sinnvollsten, die Säulen mit den zu analysierenden Gemischen zu testen, ob die gewünschten Trennungen auch erreicht werden. Die Retentionsindices bzw. relativen Retentionszeiten sollten sich bei einer Säule während ihres Einsatzes nicht wesentlich verändern. Außerdem sollte bei einer Herstellungsmethode die Trenncharakteristik der erhaltenen Säulen reproduzierbar sein.

K. Haltbarkeit und Lebensdauer von Kapillarsäulen

Das „Bluten" von Säulen, durch Verdampfen oder Zersetzen der stationären Phase bedingt, kann die Einsetzbarkeit für viele Trennungen, z. B. mit ECD-Detektion, erschweren oder unmöglich machen. Die Säulen sind so lange verwendbar, wie die Trennungen qualitativ und quantitativ ausreichend sind und keine Detektorstörungen auftreten. Das Unbrauchbarwerden von Kapillaren kann sich folgendermaßen äußern:

1. Starkes Nachlassen der Trennleistung,
2. vermehrte Adsorptions- und Zersetzungserscheinungen,
3. Austreten größerer Mengen von stationärer Phase in den Detektor.

Das *Nachlassen der Trennleistung* kann folgende Ursachen haben:

Ungleichmäßigwerden des Filmes der stationären Phase,
Verharzen der stationären Phase,
Verunreinigung des Säulenanfangs.

Die stationäre Phase kann, selbst wenn sie in der Kälte einen gleichmäßigen Film bildet, bei höheren Temperaturen vom Untergrund abperlen. Die Art der injizierten Proben kann auch zum Abperlen von Phasen auf glattem Untergrund führen, indem offenbar Probenanteile zwischen Untergrund und Phase adsorbiert werden können und die Benetzbarkeit der Kapillarenwand vermindern. Manchmal hilft ein Auswaschen und Neubelegen der Säule (s. a. [531]).

Ein Verharzen („Verlacken") von Phasen kann besonders bei höheren Betriebstemperaturen durch zu hohe Sauerstoffgehalte im Trägergas eintreten. Die Lebensdauer von Säulen läßt sich durch Entfernen von Sauerstoff und Wasser aus dem Trägergas meist stark erhöhen. Manchmal ergibt sich auch nach Abbrechen der ersten Windungen der Kapillare praktisch die alte Trennleistung (s. a. [50, 206]). Bei der Injektion von Lösungen mit einem höheren Anteil an nichtflüchtigen Stoffen kann neben dem Injektor auch das vorderste Stück der Säule damit verunreinigt werden. Am einfachsten ist es dann, die erste Windung abzubrechen, man kann sie aber auch mit Lösungsmitteln waschen, oder im Luftstrom ausglühen. Auch bei *Zunahme von Adsorptions- und Zersetzungserscheinungen* gegenüber aufgegebenen Substanzen kann eine Säule unbrauchbar werden. Dafür gibt es viele Ursachen: Zu hohe Betriebstemperaturen, die die Desaktivierung vermindern, Wasser und Sauerstoff im Trägergas, verschiedene Reagenzienüberschüsse von Probenderivatisierungen, Geradeschmelzen nach Abbrechen der Enden. Besonders bei dickeren Filmen niedrigviskoser stationärer Phasen auf glattem Untergrund wird manchmal stationäre Phase durch das Trägergas aus der Säule in den Detektor getragen, ohne daß dabei der Film in der Kapillare ungleichmäßig wird. Dies führt zu starken Störungen der Detektoranzeige. Häufig staut sich aber die Phase auch am Ende der Kapillare zu kleinen Tröpfchen, die zu einer Verminderung der Trennleistung führen. Nach Auswaschen mit etwas Lösungsmittel oder Ausglühen im Luftstrom läßt sich diese Störung beseitigen. Beide Störungen lassen sich dauerhafter vermeiden, indem man die Trägergasgeschwindigkeit reduziert oder andere Kapillaren mit dünnerer Belegung oder aufgerauhtem Untergrund verwendet.

Die Voraussage, wie lange eine Kapillare „hält", ist sehr schwierig, da zu viele Parameter eine Rolle spielen, wie z. B. besonders die Art der eingespritzten Proben. Die Lebensdauer ist aber durchaus vergleichbar mit der gepackter Säulen. Die vom Hersteller angegebene obere Arbeitstemperatur (maximum allowable operating temperature = „MAOT") sollte möglichst nicht überschritten werden.

Kapitel IV

Anwendungen von Kapillarsäulen

Die in der Praxis auftretenden analytischen Fragestellungen lassen sich meist mit mehreren Methoden lösen; so können z. B. die DC, die HPLC oder die GC zur Auswahl stehen. Von diesen Verfahren sollte nun das für einen speziellen Fall geeignetste und wirtschaftlichste angewendet werden. Diese Wahl fällt oft schwer, sogar selbst die Entscheidung, ob bei der GC eine gepackte Säule oder Kapillarsäule eingesetzt werden soll.

Meist entschließt man sich im Falle der GC zu einer gepackten Säule, weil deren Herstellung oder Handhabung beherrscht wird und deren Einbau in jedem Gaschromatographen ohne Zusatzteile oder Umbauten möglich ist. In der Regel sind jedoch Kapillarsäulen wirtschaftlicher, da besonders bei kurzen Kapillaren eine wesentlich bessere Trennleistung pro Längeneinheit bei meist kürzerer Analysendauer erreicht wird. Belegte Kapillaren kosten etwa 20–30 DM pro m, fertige gepackte Säulen jedoch etwa 100–150 DM (Preise 1982). Der Aufwand zum Betreiben der Säulen (Probenaufgabe, Gasverbrauch, Lebensdauer) ist bei beiden Typen vergleichbar, und die Adapter zum Betreiben von Kapillaren sind wenig aufwendig. Daher sind Kapillaren für die meisten Trennprobleme wirtschaftlicher oder stellen oft auch die einzige Möglichkeit für schwierige Trennungen dar.

Hat man sich zur Verwendung von Kapillaren entschlossen, so steht man vor der Entscheidung, ob fertige Säulen aus dem Handel bezogen werden sollen oder die Eigenherstellung versucht werden soll. Außerdem muß man sich zwischen Glas- und Quarzkapillaren entscheiden. Allgemein gültige Hinweise oder eine universelle Herstellungsmethode für Kapillaren können nicht angegeben werden. Bei den einzelnen Stoffgruppen sind im folgenden jedoch meist möglichst einfache Herstellungsmethoden für Glaskapillarsäulen beschrieben, die sich zur Trennung dieser Substanzen im eigenen Laboratorium bewährt haben.

Der Kauf von Fertigsäulen und die Selbstherstellung von Glas- oder Quarzkapillaren haben folgende Vor- und Nachteile:

Beim Bezug von Fertigsäulen entfällt das Einarbeiten in die Vorbehandlungs- und Belegungsmethodik. Voraussetzung ist jedoch, daß die Säulen vom Hersteller getestet werden, und zwar mit einer für die später durchzuführenden Trennungen möglichst repräsentativen Substanzmischung. Der relativ hohe Preis von Fertigkapillaren fällt wegen deren in der Regel langer Lebensdauer nicht sehr ins Gewicht, wenn sie routinemäßig eingesetzt werden. Quarzkapillaren haben dabei den Vorteil, wesentlich weniger zerbrechlich und meist inaktiver als Glaskapillaren zu sein, außerdem entfällt das Begradigen der Enden mit einer Flamme.

Bei der Selbstbelegung von Kapillaren ist einiges an Zubehör, einige Einarbeitung und Erfahrung und die Zeit für die Durchführung nötig. Leersäulen aus Glas sind meist relativ teuer. Die Anschaffung einer Glaskapillarziehmaschine lohnt sich aber trotzdem nur für solche Laboratorien, in denen sehr viele Kapillaren oder solche mit spezieller Vorbehandlung (maßgeschneiderte Säulen) benötigt werden. Quarzkapillaren sollen reproduzierbarer und besser desaktivierbar sein, können aber nicht im eigenen Laboratorium mit käuflichen Geräten gezogen werden und sind unbelegt teurer als Leersäulen aus Glas.

In Laboratorien ohne Erfahrung mit der Kapillar-GC sollte man das Trennproblem zunächst mit Hilfe kurzer fertiger Quarzkapillaren von ca. 5–15 m zu lösen versuchen. Erst bei Mißerfolgen damit oder bei sehr häufigem Bedarf an Kapillarsäulen lohnt sich die Eigenherstellung.

Im Prinzip können fast alle bisher mit gepackten Säulen durchgeführten Trennungen in Verbindung mit den dabei gegebenenfalls angewendeten Derivatisierungen auch mit Kapillaren erreicht werden, zumal in den letzten Jahren in zunehmendem Maß gut desaktivierte Kapillarsäulen in den Handel kommen und noch bessere Herstellungsmethoden publiziert werden.

A. Trennung von Lipiden

1. Fettsäuren

Zur Ermittlung von Fettsäure-Mustern ist die Gaschromatographie besonders geeignet. Die langkettigen Monocarbonsäuren werden in der Regel in Form ihrer Methylester getrennt, die weniger zur Adsorption und Zersetzung auf der Säule neigen und sich außerdem bei niedrigeren Säulentemperaturen trennen lassen als die freien Säuren. Meist sind die Fettsäuren in dem zu untersuchenden Material zunächst mit Glycerin verestert in Form von Mono-, Di- oder Triglyceriden oder z. B. auch von Phosphatiden. Zur Überführung in die Methylester gibt es folgende Methoden:

Verseifung, Ausschütteln der freien Fettsäuren und Veresterung z. B. mit Diazomethan,
Verseifung und Veresterung mit Methanol/BF_3,
Umesterung mit Methanol und sauren Katalysatoren (HCl, H_2SO_4, BF_3),
Umesterung mit Methanol und alkalischen Katalysatoren (Natriummethylat).

Die Veresterung mit höheren Alkoholen, z. B. Propanol-1, kann z. B. beim Vorhandensein von Buttersäure sinnvoll sein.

Der Reagenzüberschuß muß bei den o. g. Methoden beseitigt werden, da sonst Zersetzungen im Einspritzblock oder Schädigungen der Säulen eintreten können. Auch eine Silylierung z. B. mit BSA zu den Trimethylsilylestern ist möglich. Es gibt einige weitere Veresterungsverfahren, die in der Praxis weniger eingesetzt werden.

Zur Trennung der häufiger vorkommenden Fettsäuren (z. B. Palmitin-, Stearin-, Öl-, Linol- und Linolensäure) als Methylester nebeneinander sind noch gepackte Säulen von etwa 2 m Länge und 2 mm i.Ø in der Praxis üblich (s.a. [110]), z.B. gefüllt mit 5–10% DEGS auf Chromosorb W-HP oder Gaschrom Q 100–120 mesh. Auch EGS und Cyanopropyl-phenylsilicone wie Silar 5CP, 7CP, 9CP und das

Cyanopropylsilicon Silar 10 C haben sich bewährt ([439, 440, 386, 165, 570, 114], s. a. Firmenschriften von Applied Science, Supelco, Alltech und Hewlett-Packard).

In den meisten Fetten sind die weniger verbreiteten Fettsäuren lediglich in Konzentrationen von weit unter 1% enthalten, so daß sie in der Routine nicht bestimmt werden. Die Verwendung gepackter Säulen führt zu keiner wesentlichen Verfälschung der ermittelten Gehalte der hauptsächlich enthaltenen Fettsäuren. Beim Einsatz kurzer Kapillaren ist jedoch die geringere Analysendauer vorteilhaft. Sollen auch ungeradzahlige, verzweigte und weitere ungesättigte Fettsäuren mit anderer Zahl, Position und Konfiguration der Doppelbindungen oder solche mit Hydroxy-, Keto- und Epoxy-Gruppen erfaßt werden, so kommt es auf gepackten Säulen meist zu Überlagerungen. Schon Linolensäure und Arachinsäure lassen sich mit manchen gepackten Säulen schwer trennen.

Mit Hilfe der Kapillar-GC können komplexere Fettsäuregemische wesentlich besser aufgetrennt und in geringer Konzentration vorhandene Säuren noch bestimmt werden. Als polare stationäre Phasen haben sich für die Fettsäuremethylester Polyester wie DEGS oder BDS s. z. B. [4, 7], Polyethylenglykole wie Carbowax 20 M oder PEG 20 000 [503, 456, 21] oder FFAP [278, 198, 586] und Cyanosilicone wie Silar 10 C, SP 2340 oder OV-275 bewährt [248, 114, 198, 330, 526, 527, 343, 319]. Als unpolare Phasen sind auch Kohlenwasserstoffe wie Apiezon L [357, 235, 179, 271, 7] oder der C_{87}-Kohlenwasserstoff geeignet. Mit diesen können die z. B. in hydrierten Fetten vorkommenden Transfettsäuren empfindlicher und zuverlässiger als z. B. mit gepackten GC-Säulen oder gar durch IR-Spektrometrie bestimmt werden.

Bei sehr komplex zusammengesetzten Gemischen kann eine Vorfraktionierung, z. B. durch DC auf $AgNO_3$ enthaltendem Kieselgel, HPLC, oder auch eine zweidimensionale GC sinnvoll sein (s. a. [198].

Weitere Trennungen von Fettsäuren durch Kapillar-GC s. bei [4, 6–8, 28, 457, 333, 138, 245, 327, 490]. Zur Trennung von Chlorfettsäuren s. [325]. Zum Retentionsverhalten von Fettsäuremethylestern auf verschiedenen stationären Phasen s. [167] und zu Verlusten auf der Säule s. [519]. In der Literatur wird eine gegenseitige Beeinflussung von Fettsäuremethylestern in bezug auf ihre Retentionszeiten beschrieben [4]. Zum Retentionsverhalten einer großen Zahl von cis-trans- und positions-isomeren C_{18}-Fettsäuremethylestern mit 1–3 Doppelbindungen auf einer Silar 10 C-Kapillare s. [500]. Allgemeine Übersichten zur gaschromatographischen Trennung von Fettsäuren s. [5, 9].

Auf unpolaren stationären Phasen mit Apiezon L, Methylsiliconen und Methylsiliconen mit niedrigem Phenylgehalt (wie SE-52 oder SE-54) haben die ungesättigten Fettsäuremethylester eine kürzere Retentionszeit als die gesättigten Fettsäuremethylester gleicher Kettenlänge. Auf polaren Phasen ist die Reihenfolge umgekehrt. „Mittelpolare" Phasen sind für Fettsäuremethylester in der Regel wenig geeignet.

Zur Trennung der Fettsäuremethylester ist meist eine Desaktivierung z. B. mit einem PEG, mit UCON 50-HB-5100 oder Triton X-305 vor der Belegung geeignet.

Im eigenen Laboratorium haben sich die polaren stationären Phasen Superox 4, FFAP und Silar 5CP bewährt, die eine ähnliche Trenncharakteristik haben und auf glatten Oberflächen meist haltbare Filme ergeben. Wenn es aber beim Konditionieren oder nach kürzerem Betrieb zur Tröpfchenbildung in der Säule kommt, so sollte der Film durch eine Aufrauhung der Oberfläche stabilisiert werden. Dazu hat sich eine Schicht von Aerosil 200 oder Silanox 101 besonders bewährt. Von den käuflichen Säulen sind zur Trennung der Fettsäuren beispielsweise die mit Carbowax (PEG) belegten Quarzkapillaren gut geeignet.

Die Silicone mit einem höheren Gehalt an Cyano-Gruppen (z. B. Silar 10 C, OV-275 oder SP-2340) ergaben in eigenen Versuchen bisher keine überzeugenden Trennqualitäten und Trennspezifitäten.

Die Trennung von cis- und trans-isomeren Fettsäuren ist in der Lebensmittelanalytik zum Nachweis einer Fetthärtung durch Hydrieren von Bedeutung. In hydrierten Fetten sind zwischen etwa 10 und 50% Transfettsäuren enthalten, die zum allergrößten Teil aus einfach ungesättigten Fettsäuren mit 18 C-Atomen bestehen. Von diesen liegt die Elaidinsäure in der höchsten Konzentration vor, daneben aber auch positionsisomere analoge Fettsäuren, in denen die ursprünglich zwischen dem 9. und 10. C-Atom befindliche Doppelbindung zu beiden Seiten hin verschoben ist.

Auf polaren Phasen wie FFAP läßt sich diese Gruppe der trans-Fettsäuren von den entsprechenden cis-Fettsäuren teilweise abtrennen. Verschiedene Cyanosilicone ergaben in eigenen Versuchen keine brauchbaren Ergebnisse (s. a. [198]). Auch mit den unpolaren Methylsiliconen lassen sich cis- und trans-Fettsäuren trennen. Am besten dazu geeignet sind jedoch Kohlenwasserstoffphasen, wie Apiezon L oder der C_{87}-Kohlenwasserstoff (Apolane, Kovats-Phase). Schon mit 5 m langen, gut belegten Kapillaren gelingt die Trennung der beiden Gruppen. Mit Säulen von etwa 50 m Länge lassen sich auch die Positionsisomeren teilweise trennen (s. Abb. 15).

Butterfett enthält einen Anteil von etwa 3% trans-Fettsäuren, von denen die trans-Vaccensäure vorherrscht (s. Abb. 15).

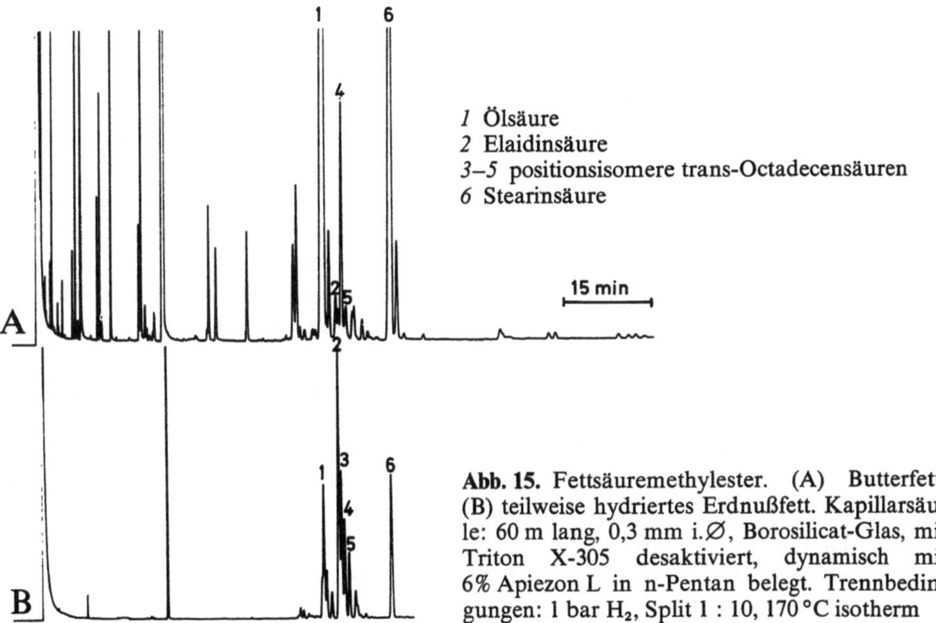

Abb. 15. Fettsäuremethylester. (A) Butterfett, (B) teilweise hydriertes Erdnußfett. Kapillarsäule: 60 m lang, 0,3 mm i.∅, Borosilicat-Glas, mit Triton X-305 desaktiviert, dynamisch mit 6% Apiezon L in n-Pentan belegt. Trennbedingungen: 1 bar H_2, Split 1 : 10, 170 °C isotherm

Liegen die zu analysierenden Fettsäuren in freier Form vor, so kann auch eine Silylierung z. B. mit BSA wegen der Einfachheit der Umsetzung sinnvoll sein. Der Reagenzüberschuß braucht nicht entfernt zu werden. Die TMS-Ester von Carbonsäuren erfordern jedoch durch Silylierung intensiv desaktivierte Säulen, da sie sich an unbehandelten silicatischen Oberflächen, aber auch an PEG-desaktivierten Oberflächen zersetzen. Am besten geeignet sind silylierte Kapillaren mit einem Methylsilicon als stationärer Phase.

Die niederen und höheren Fettsäuren lassen sich auch in freier Form z. B. auf FFAP trennen. Um quantitativ verläßliche Ergebnisse zu erhalten, sind die Anforderungen an die Inaktivität der Säulen hoch. Meist werden nur die flüchtigeren kurzkettigen Säuren in freier Form getrennt, besonders wenn deren Derivate sich nicht ausreichend vom Lösungsmittel abtrennen lassen (s. Abschn. IV.B.1).

Zur Charakterisierung des Retentionsverhaltens von Fettsäuremethylestern auf den verschiedenen stationären Phasen haben sich die ECL-Werte (equivalent chain lengths) bewährt [400, 580]. Sie stellen die Retentionsindices bezogen auf die homologe Reihe der geradkettigen gesättigten Fettsäuremethylester dar, wobei nicht mit dem Faktor 100 multipliziert wird wie bei den Retentionsindices nach Kovats. Mit Hilfe der ECL-Werte lassen sich auch unbekannte Fettsäuren identifizieren, besonders innerhalb von homologen Reihen, wenn daraus nur eine oder wenige Vergleichssubstanzen vorhanden sind.

Zur quantitativen Berechnung der Fettsäuren s. [110].

2. Triglyceride

In der Fettanalytik ist es oft sinnvoller, die Triglyceride selbst und nicht die in ihnen gebundenen Fettsäuren z. B. in Form ihrer Methylester zu trennen. Neben der Dünnschichtchromatographie, Hochdruckflüssigchromatographie und Massenspektrometrie ist die Trennung von Triglyceriden durch die Gaschromatographie möglich.

Trennungen mit Hilfe kurzer, dünn belegter gepackter Säulen sind schon vor langer Zeit beschrieben worden [149 a, 443 a, 339–341, 359, 243]. Mit den dabei verwendeten Säulen (ca. 1–3% eines Methylsilicons auf silyliertem Trägermaterial in Glassäulen von etwa 50 cm Länge) lassen sich Triglyceride allerdings nur nach Kettenlänge, also entsprechend der Zahl der C-Atome der gebundenen Fettsäuren, trennen. Dabei sind in der Regel nur die geradzahligen Triglyceride auftrennbar. In kürzerer Zeit und mit besseren Trennergebnissen, wobei sich auch die meist in geringerer Konzentration vorhandenen ungeradzahligen Triglyceride noch gut erfassen lassen, kann dies mit kurzen Kapillaren von etwa 5 m Länge erreicht werden ([402], s. a. Abb. 16).

Mit Kapillaren von etwa 10–30 m Länge lassen sich die Triglyceride darüberhinaus auch nach Ungesättigtheit trennen. Auf den in der Regel verwendeten mit einem Methylsilicon belegten Kapillarsäulen ist dabei weniger die Anzahl der Doppelbindungen, sondern vielmehr die Anzahl der im Molekül vorhandenen ungesättigten Fettsäuren von Bedeutung.

Man kann z. B. im Bereich der „C_{54}-Triglyceride" (Summe der C-Atome der enthaltenen Fettsäuren=54) maximal vier Peaks erhalten, die mit steigender Retentionszeit jeweils eine ungesättigte Fettsäure weniger enthalten. So lassen sich

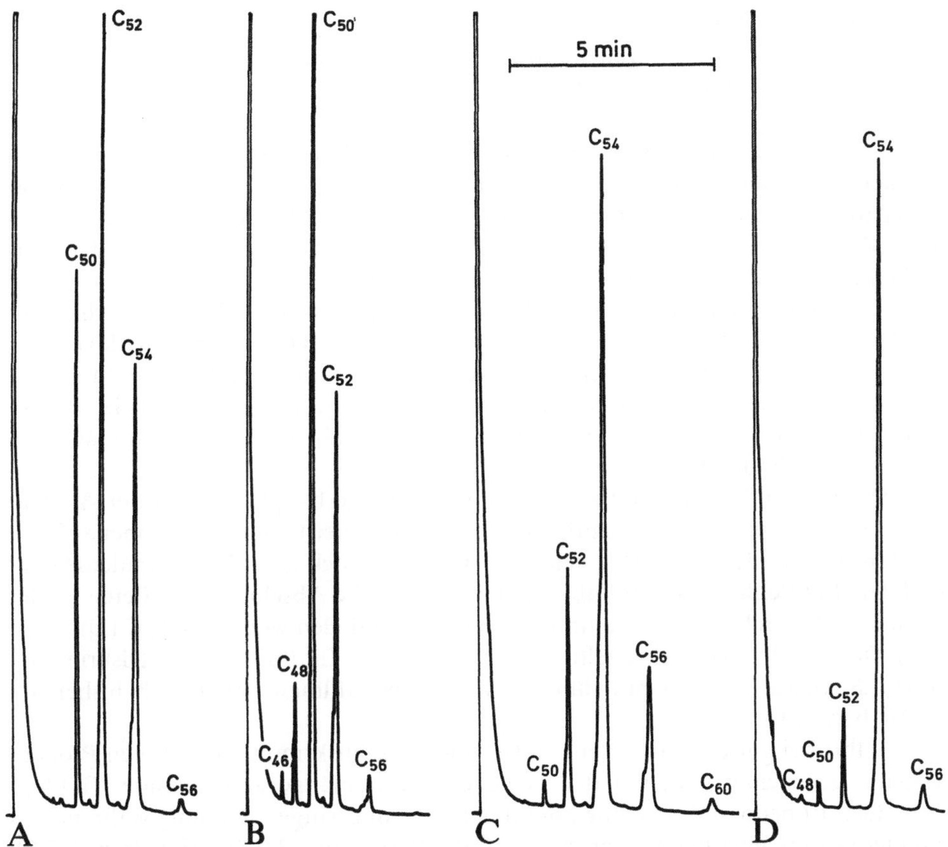

Abb. 16. Triglyceride. (A) Kakaobutter, (B)–(D) Kakaobutterersatzfette (Calvetta, Salfett, Illexao). Die Zahlen geben die Anzahl der C-Atome der enthaltenen Fettsäuren an („C-Zahl"). Kapillarsäule: 8 m lang, 0,3 mm i.∅, Borosilicat-Glas desaktiviert mit BTPPC, dynamisch mit 3% OV-101 in n-Pentan belegt. Trennbedingungen: 0,5 bar H_2, Split 1:10, 330°C isotherm

OOO, StOO, StStO und StStSt (O = Ölsäure, St = Stearinsäure) trennen (s. a. [547]). Linolsäure statt Ölsäure enthaltende Triglyceride ergeben die gleichen Retentionszeiten. Ist jedoch Linolensäure eingebaut, so ergeben sich untypisch verlängerte Retentionszeiten und verbreiterte Peaks, wahrscheinlich durch einen speziellen Zersetzungsvorgang bedingt. Daneben wurde eine Trennung von gesättigten Triglyceriden mit gleicher C-Zahl, aber unterschiedlichen Fettsäuren (C_4–C_{14}–C_{18} und C_{12}–C_{12}–C_{12}) beobachtet [222].

In der Praxis ist aber neben der rein qualitativen Trennung die quantitative Berechnung von größerer Bedeutung. Die z. B. mit Hilfe von Integratoren erhaltenen „Flächen-%" müssen noch mit Hilfe von „Korrekturfaktoren" in Gewichts-% umgerechnet werden. Der gemessene „Response" (Detektoranzeige/injizierte Substanzmenge) eines Triglycerids ist von folgenden Parametern abhängig:

a) Kettenlänge,

b) Ungesättigtheit der enthaltenen Fettsäuren,

c) Probenaufgabemethode,

d) Art der Säulenherstellung,

e) Verweildauer auf der Säule und Trennbedingungen,

f) aufgegebene Substanzmenge.

a) Die FID-Signale pro Gewichtseinheit sollten bei den Triglyceriden theoretisch mit der Kettenlänge zunehmen, da die längerkettigen Triglyceride relativ weniger Sauerstoff im Molekül enthalten (s. z. B. [3, 360 S. 122, 26]. In der Regel beobachtet man aber eine mehr oder weniger starke Abnahme des Response mit der Kettenlänge, was auch „Diskriminierung" genannt wird.

b) Die FID-Signale sollten weitgehend unabhängig von der Ungesättigtheit der Triglyceride sein. Dies gilt jedoch für Triglyceride, die Ölsäure und analoge Fettsäuren mit einer Doppelbindung enthalten. Sind Linolsäure, Linolensäure oder analoge Fettsäuren mit mehreren Doppelbindungen enthalten, so sind die erhaltenen Signale kleiner als theoretisch zu erwarten ist, bedingt durch eine stärkere Zersetzung während der Trennung [56, 80].

c) Die Diskriminierung mit steigender Kettenlänge hängt u. a. von der Art und den Bedingungen der Probenaufgabe ab. Bei der meist üblichen Probenaufgabe mit Strömungsteilung in einen beheizten Einspritzblock sind der „Kanülenfehler" und der „Splitfehler" von Einfluß (s. a. Probenaufgabe Abschn. III.C). Beide Fehler können z. B. durch eine „on-column-injection" vermieden werden (s. a. [213]).

d) Die Art der Säulenherstellung ist von großem Einfluß auf die Diskriminierung. „Silylierte" Säulen mit dünnen Methylsiliconfilmen haben sich bisher am besten bewährt.

e) Selbst bei gut desaktivierten Säulen und einer diskriminierungsfreien Probenaufgabe beobachtet man mit der steigenden Kettenlänge abnehmende FID-Signale. Dies ist bedingt durch eine kontinuierliche, in geringem Umfang während des Trennvorgangs ablaufende Zersetzung („Pyrolyse") der Triglyceride (s. a. [224]). Daher sind die gemessenen Signale auch abhängig von der Verweildauer auf der Säule. Dabei sind außerdem die Trennbedingungen wie z. B. isotherme oder programmierte Arbeitsweise von Bedeutung.

f) Bei Säulen, die gegenüber Triglyceriden nicht ganz inaktiv sind, beobachtet man außerdem eine von der eingespritzten Menge abhängige Diskriminierung, besonders der in geringerer Konzentration vorhandenen Komponenten [56] und z. T. sogar deren quantitativen Verlust. Die erhaltenen Signale können außerdem noch von der Zusammensetzung des injizierten Triglycerid-Gemisches abhängen [377].

Unter diesen Umständen scheint zunächst eine quantitative Triglycerid-Analytik durch Kapillar-GC bzw. GC allgemein sehr schwierig oder sogar unmöglich zu sein, zumal zur Eichung reine mehrsäurige Triglyceride, wie sie in natürlichen Fetten vorkommen, nicht oder z. T. nur zu sehr hohen Preisen im Handel erhältlich sind. Die Eichung kann jedoch auch mit einsäurigen, gesättigten Triglyceriden erfolgen, die in sehr reiner Form und zu vertretbaren Preisen im Handel sind. Standardgemische davon sind außerdem sehr haltbar, da sie nicht zu Autoxidationen neigen. Mit Hilfe dieser Gemische lassen sich Fette berechnen, die gesättigte Fettsäuren und Ölsäure enthalten. Ist Linolsäure enthalten, so muß man schon gewisse Fehler in Kauf nehmen, die sich nicht auf einfache Weise korrigieren lassen, aber in Grenzen bleiben, falls der Linolsäuregehalt nicht sehr hoch ist. Praktisch unmöglich ist die quantitative gaschromatographische Erfassung von Triglyceriden, die Linolensäure oder analoge hoch ungesättigte Fettsäuren enthalten. So ist die Methode nur auf eine begrenzte, aber noch recht große Zahl von Fetten anwendbar, falls genauere quantitative Ergebnisse erforderlich sind.

Fette mit hoch ungesättigten Triglyceriden können jedoch nach einer Hydrierung z. B. mit Pt/H_2 entsprechend deren Kettenlänge aufgetrennt werden (s. Abb. 17).

Für quantitative Analysen muß in der Regel eine Eichung mit Standardgemischen erfolgen. Dazu können entweder Fette genau bekannter Zusammensetzung verwendet werden oder ein Gemisch von homologen gesättigten Triglyceriden, die in der erforderlichen Reinheit von Sigma, Fluka, Nu Chek Prep, Larodan, Roth, Supelco, Serva und Applied Science erhältlich sind.

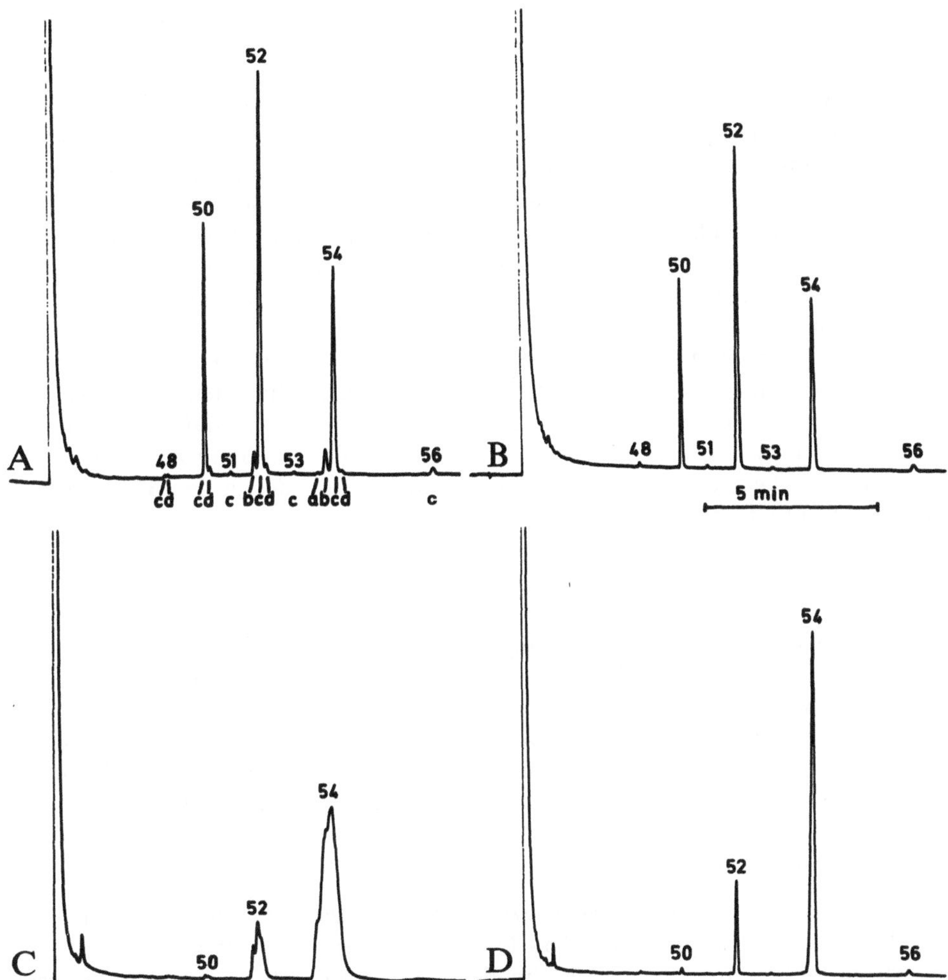

Abb. 17. Triglyceride. (A) Kakaobutter, (B) Kakaobutter nach der Hydrierung mit Pt/H_2, (C) Leinöl, (D) Leinöl nach der Hydrierung mit Pt/H_2. *a* keine, *b* eine, *c* zwei, *d* drei gesättigte Fettsäuren enthaltendes Triglycerid. Bezifferung s. Abb. 16. Kapillarsäule: 20 m lang, 0,3 mm i.∅, Borosilicat-Glas, mit OV-101 desaktiviert. Trennbedingungen: 1 bar H_2, Split 1 : 10, 350 °C isotherm

Die Eichung mit Hilfe von Gemischen gesättigter Triglyceride kann auf folgende beiden Arten durchgeführt werden:

a) Ermittlung eines Korrekturfaktors für die Triglyceride der zu erfassenden Kettenlänge zur Umrechnung von Flächen- in Gewichts-% der in der Probe vorhandenen Komponenten [359], auch „Internal Normalization" genannt [312], wobei z. B. Trilaurin (C_{36}-Triglycerid) willkürlich einen Faktor von 1,00 erhält.

Die Faktoren variieren bei verschiedenen Säulen und unterschiedlichen Trennbedingungen (besonders bei isothermer und temperaturprogrammierter Trennung) und müssen häufiger überprüft werden, da sie nicht konstant bleiben. Sie können keinesfalls von anderen Laboratorien übernommen werden.

Die Berechnung kann analog wie bei [110] angegeben, durchgeführt werden.

b) Ermittlung einer Eichkurve oder Eichfunktion mit Hilfe der Korrekturfaktoren des Gemisches der gesättigten Triglyceride und Ablesen bzw. Errechnen von Zwischenwerten.

Diese Methode ist praxisnäher. Die Verluste von Triglyceriden auf der Säule und damit der Korrekturfaktor nehmen bei isothermer Arbeitsweise mit steigender Retentionszeit häufig linear zu. So kann man meist aus den Signalen weniger (mindestens zweier) Triglyceride eine Eichgerade bzw. eine einfache Gleichung aufstellen. Der Vorteil dieser Methode ist es, daß auch die bei der Kapillar-GC weiter aufgetrennten Triglyceride relativ genau berechnet werden können, ohne daß alle Triglyceride mit entsprechender Kettenlänge bzw. Retentionszeit als Reinsubstanzen vorhanden sein müssen.

Bei Temperaturprogrammierung, die z. B. für Butter- und Cocosfett angebracht ist (Abb. 18), müssen die Korrekturfaktoren einer zu zeichnenden Eichkurve entnommen werden. Als ziemlich universeller Standard eignet sich dabei z. B. ein Gemisch aus folgenden gesättigten, einsäurigen Triglyceriden, die in reiner Form im Handel sind (die Zahlen geben die Summe der C-Zahl der in den Triglyceriden vorhandenen Fettsäuren an):

C_{12}, C_{15}, C_{18}, C_{21}, C_{24}, C_{27}, C_{30}, C_{33}, C_{36}, C_{39}, C_{42}, C_{45}, C_{48}, C_{51}, C_{54}, C_{57}, C_{60}, C_{66}.

Auf die C_{12}–C_{21}- und C_{60}–C_{66}-Triglyceride kann meist verzichtet werden. Die Eichung mit Triglyceriden, die höher ungesättigte Fettsäuren enthalten, ist bisher noch nicht befriedigend gelöst.

In der Literatur ist die Trennung von Triglyceriden durch Kapillar-GC verschiedentlich beschrieben worden, jedoch fehlen detaillierte Angaben zur Säulenherstellung. Nach eigenen Erfahrungen ergibt folgende einfache Methode für die Trennung von Triglyceriden geeignete und reproduzierbare Säulen, die wenig bluten und sehr haltbar sind:

Borosilicat-Glas, mit 36%iger („konzentrierter") Salzsäure spülen, dann mit Wasser, Methanol, Dichlormethan und 5% OV-101 in n-Pentan, ca. 30 min bei 150 °C im N_2-Strom ausheizen, unter N_2 abschmelzen, 3–4 h auf 350 °C aufheizen, danach mit n-Pentan spülen, mit 0,05–0,1% SE-30 in n-Pentan statisch belegen.

Daneben hat sich das dynamische Spülen mit 18–20%iger Salzsäure für ca. 50 h bei 100 °C, das anschließende Silylieren mit HMDS bei 400 °C für ca. 15 h und statische Belegen mit SE-30 bewährt. Gewisse Probleme ergeben sich jedoch beim

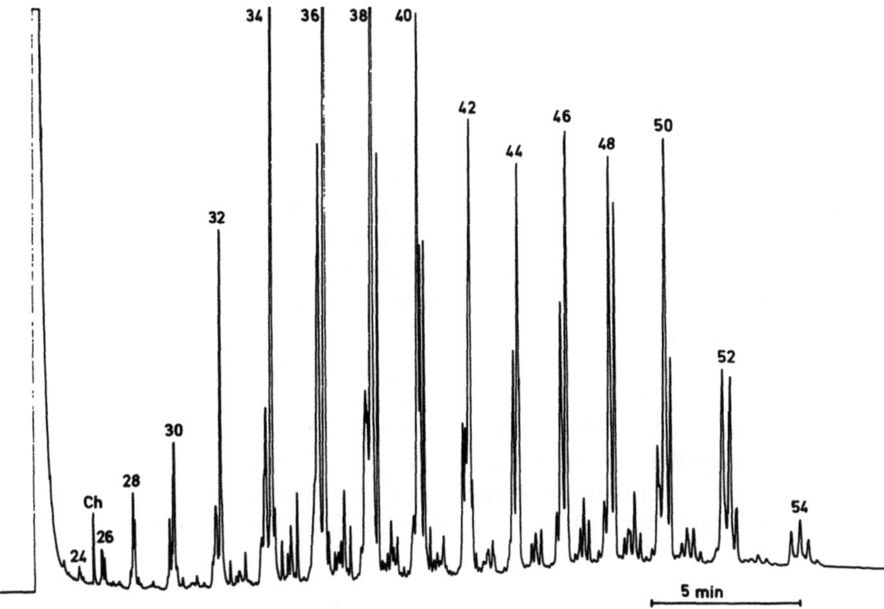

Abb. 18. Butterfett-Triglyceride. Bezifferung s. Abb. 16. *Ch* Cholesterin. Kapillarsäule und Trennbedingungen wie bei Abb. 17, jedoch temperaturprogrammiert von 250 bis 350 °C mit 5 °C/min

Begradigen dieser Säulen in der Flamme, wodurch das beim „Leachen" mit Salzsäure entstandene Kieselsäuregel reaktiviert wird und danach zu Adsorptionen führt.

Eine Quarzkapillare mit SE-30-Belegung war zunächst sehr brauchbar, ließ aber bei 350 °C Betriebstemperatur in ihrer Trennleistung schon nach einigen Tagen stark nach.

Folgende Betriebsbedingungen haben sich bei der routinemäßigen Trennung von Triglyceriden als brauchbar erwiesen:

Die Probenaufgabe mit Strömungsteilung ist ausreichend, auf die „on-column-injection" kann verzichtet werden. Der Injektor muß auf eine Temperatur von mindestens 370 °C (am besten etwa 380–390 °C) eingestellt werden, da sich sonst bei isothermer Arbeitsweise die Peaks durch eine verzögerte Verdampfung verbreitern können. Als Trägergase sind N_2, He und H_2 geeignet, von denen H_2 in der Regel etwas bessere Trennungen ergibt, aber aus Sicherheitsgründen für viele Laboratorien ausscheidet. Die Trägergasströmung richtet sich u. a. nach der Belegungsstärke der Säule mit stationärer Phase und den gewünschten Trennergebnissen. Bei Verwendung von Wasserstoff sollte der Überdruck bei einem i.∅ von 0,3 mm, einer Säulenlänge von 20 m und einer Filmdicke von 0,05 µm etwa 0,8 bar betragen. Eine Temperaturprogrammierung der Säule ist nur ausnahmsweise erforderlich, da die Molgewichte der meisten Fette in einem engeren Bereich liegen. Für Butter- und Kokosfett ist ein Temperaturprogramm von etwa 250–350 °C mit 5 °C/min sinnvoll, für die meisten anderen natürlichen Fette eine isotherme Trenntemperatur von etwa 330–370 °C.

Die Lebensdauer der Säulen ist sehr unterschiedlich je nach Behandlung des Untergrundes und dem O_2-Gehalt im Trägergas. Bei größeren Pausen, z. B. über Nacht, sollte die Säule abgekühlt bleiben, da sie im allgemeinen wenig blutet, somit schnell wieder betriebsbereit ist und eine entsprechend längere Lebensdauer hat. Störungen können schon durch einen gelegentlich zu beobachtenden sehr feinen Rußbelag an den Säulenenden auftreten, wahrscheinlich bedingt durch Pyrolyseerscheinungen. Durch Ausglühen im Luftstrom oder Abbrechen der Enden und erneutes Begradigen läßt sich diese Störung vermeiden. Auch der Glaseinsatz im Einspritzblock muß gegebenenfalls in kürzeren Abständen gereinigt werden.

Weitere Veröffentlichungen über die Trennung von Triglyceriden mit Kapillarsäulen s. [426, 505, 498, 222].

Neben den Triglyceriden lassen sich nach Silylierung auch Mono- und Diglyceride und daneben auch freie Fettsäuren als TMS-Ester trennen [153, 362, 466, 21]. Auch Wachse (Ester höherer Fettsäuren mit langkettigen einwertigen Alkoholen) lassen sich durch Kapillar-GC gut trennen. Eine gute Übersicht über die Gaschromatographie von Triglyceriden mit gepackten Säulen stammt von Litchfield [360], jedoch sind viele Details darin auch auf die Kapillar-GC- übertragbar.

3. Steroide

Zur Gruppe der Steroide gehört eine Vielzahl von meist tetracyclischen Substanzen mit 19–30 C-Atomen, die sich vom Cyclopentano-perhydro-phenanthren ableiten und eine bis mehrere Sauerstoffunktionen enthalten. Ihr Vorkommen und ihre biologische Bedeutung sind sehr mannigfaltig. Man kann die Steroide in mehrere Gruppen einteilen wie z. B. die Sterine, Steroidhormone und Gallensäuren. Zur Trennung der Steroide ist die Gaschromatographie, insbesondere die Kapillar-GC, sehr geeignet, da die Substanzen sich oft nur wenig in ihrer Struktur unterscheiden (s. a. [265, 425]). Eine Vorfraktionierung z. B. durch DC kann meist entfallen, da bei der Kapillar-GC die Begleitsubstanzen von den zu erfassenden Substanzen besser getrennt werden. Als stationäre Phasen haben sich besonders Methyl- und Phenylsilicone bewährt, die bei den erforderlichen hohen Trenntemperaturen genügend stabil sind.

Die *Sterine* (Sterole) stellen eine Gruppe von Steroiden mit 27–30 C-Atomen und einer Hydroxylgruppe dar. Sie liegen in biologischem Material in freier Form, verestert mit höheren Fettsäuren und z. T. auch glykosidisch gebunden nebeneinander vor. Tierische Fette enthalten an Sterinen fast ausschließlich Cholesterin, während pflanzliche Fette nur Spuren an Cholesterin, jedoch ein jeweils charakteristisches Muster an Phytosterinen (z. B. Sitosterin, Stigmasterin, Campesterin, Brassicasterin) enthalten. Man kann also über das Sterinmuster tierische von pflanzlichen Fetten unterscheiden und auch pflanzliche Fette über das Phytosterin-Muster identifizieren (s. z. B. [262, 263, 111]). Von den in großem Überschuß vorliegenden Triglyceriden werden sie durch Verseifen des Fettes und Ausschütteln des „Unverseifbaren" abgetrennt. Dabei werden die Sterinester ebenfalls verseift und dann zusammen mit den freien Sterinen erfaßt. Sollen die in den Steringlykosiden vorhandenen Sterine miterfaßt werden, so ist daneben eine saure Hydrolyse erforderlich (s. a. [118]).

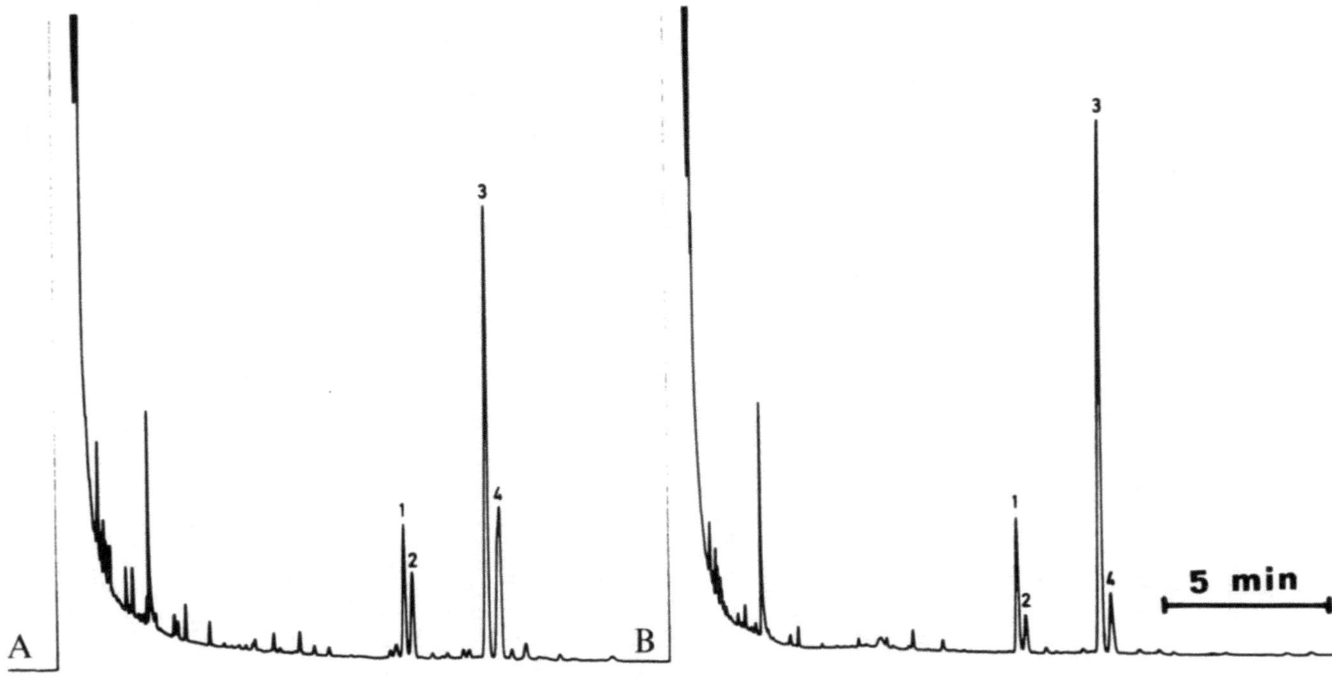

Abb. 19. Sterine aus zwei verschiedenen Weizensorten. (A) Durum (Agathe), (B) Aestivum (Benno). *1* Campesterin, *2* Campestanol, *3 β*-Sitosterin, *4* Stigmastanol. Kapillarsäule: 50 m lang, 0,3 mm i.Ø, Borosilicat-Glas, desaktiviert mit OV-101, statisch belegt mit 0,1% SE-30. Trennbedingungen: 1,2 bar H_2, Split 1 : 10, 280 °C isotherm

Die Sterine lassen sich gaschromatographisch in Form ihrer TMS-Ether sehr gut trennen und quantitativ erfassen (Abb. 19). Auch in freier Form können Sterine auf ausreichend desaktivierten Säulen chromatographiert werden. Jedoch sind dabei häufiger Tailing und Verluste zu beobachten. Bei Temperaturen um 300–320 °C sind auch die natürlichen Sterinester trennbar [466]; in der klinisch-chemischen Analytik ist die Trennung von Cholesterinestern von Bedeutung [376].

Die Analytik von *Steroidhormonen* in der klinischen Chemie, meist aus Harn nach Hydrolyse der gebundenen Steroide isoliert, ist ebenfalls besonders gut mit Hilfe der Kapillar-GC durchführbar. Die Trennung in nicht derivatisierter Form ist zwar möglich [384], jedoch stellen die TMS-Ether keine so hohen Anforderungen an die Inaktivität der Säulen und bringen häufig bessere quantitative Ergebnisse. Ketosteroide können zur Verringerung von Adsorptionen daneben noch in die unpolaren TMS-Oxime oder Methoxime überführt werden [424, 266, 478, 353, 364, 446, 372]. Auch als TMS-enol-TMS-ether lassen sie sich trennen [447].

Gallensäuren können in durchsilylierter Form getrennt werden, was jedoch wegen der Labilität der TMS-Ester-Gruppen gut desaktivierte („persilylierte") Säulen erfordert. Daher werden sie häufig auch als silylierte Methylester getrennt (s. a. [85, 311]).

Auch eine Acylierung der OH-Gruppen von Steroiden, z. B. mit Trifluoressigsäureanhydrid, Pentafluorpropionsäureanhydrid oder Heptafluorbuttersäureanhydrid erlaubt in Verbindung mit einem ECD eine sehr empfindliche Detektion [313].

Als stationäre Phasen haben sich zur Trennung von TMS-Steroiden durch Kapillar-GC besonders Methylsilicone und daneben auch Phenylsilicone bewährt. Die Säulen sollten nicht mit PEG (z. B. Carbowax 20 M) desaktiviert sein, da es sonst zu Substanzverlusten auf der Säule kommen kann, sondern silyliert werden. Daneben sind noch folgende Phasen verwendet worden: C_{87}-Kohlenwasserstoff= Kovats-Phase [40], Polyimid [380].

Zur Charakterisierung des Retentionsverhaltens von Steroiden auf verschiedenen stationären Phasen sind die „steroid number" [554] und die „methylene units" (MU-Werte) [555] vorgeschlagen worden, wobei den auf homologe n-Kohlenwasserstoffe bezogenen MU-Werten der Vorzug zu geben ist. Sie sind mit den durch 100 dividierten Retentionsindices nach Kovats identisch, da sie auch auf n-Kohlenwasserstoffe bezogen werden, während bei der „steroid number" Androstan und Cholestan als Bezugssubstanzen dienen.

B. Trennung von Carbonsäuren

Die Carbonsäuren neigen bei der GC wegen der ausgeprägten Polarität und der Ionisierbarkeit der Carboxyl-Gruppe zu Adsorptionen und bei höheren Temperaturen auch zur Zersetzung auf der Säule.

Daher werden sie meist in Form von Methylestern oder auch Trimethylsilylestern chromatographiert, die sich außerdem bei niedrigeren Temperaturen trennen lassen. Aminosäuren und die meisten Hydroxi-, Di- und Tricarbonsäuren können wegen ihrer geringen Flüchtigkeit nur nach einer Derivatisierung gaschromatographisch analysiert werden.

1. Flüchtige Säuren

Flüchtige Säuren sind mit Wasserdampf destillierbare Monocarbonsäuren wie Ameisensäure, Essigsäure, Propionsäure und höhere, auch verzweigtkettige Säuren bis zu etwa 10 C-Atomen. Dabei werden z. B. auch die als Konservierungsstoffe verwendete Sorbinsäure und Benzoesäure erfaßt (Abb. 20). Da die Methylester dieser Säuren relativ flüchtig sind, ist bei der Derivatisierung und Aufbewahrung der Lösungen mit Substanzverlusten zu rechnen, außerdem kommt es in den Chromatogrammen häufig zu einer Überlagerung der Lösungsmittel in einigen besonders flüchtigen Estern. Daher ist es manchmal sinnvoll, diese Säuren in freier Form zu trennen, jedoch sind beim quantitativen Arbeiten hohe Anforderungen an die Inaktivität der Säulen zu stellen. Bei ungeeigneten Säulen beobachtet man stärkeres Tailing, Verluste, „Memory"-Effekte und „Ghost"-Peaks. Durch Zumischen von Ameisensäure-Dämpfen zum Trägergas (Ameisensäure wird vom FID nicht angezeigt) kann man dann zwar die Ergebnisse etwas verbessern (s. z. B. [448 a]), die Verwendung einer geeigneteren Säule ergibt jedoch meist verläßlichere Trennungen.

Als stationäre Phasen zur Trennung freier Carbonsäuren haben sich z. B. Trimer Acid, PEG und FFAP (WG 11, SP-1000, OV-351) bewährt. Vor der Belegung müssen Glaskapillaren durch eine intensive Behandlung mit Salzsäure („Leachen") von Kationen befreit werden und dann mit PEG desaktiviert werden (s. a. [272]).

Herstellung einer für freie Carbonsäuren geeigneten Glaskapillarsäule:

Kapillaren aus Borosilicat-Glas werden mit 20%iger Salzsäure gefüllt und ohne abzuschmelzen für ca. 15 h auf 100 °C erhitzt oder dynamisch bei 100 °C ca. 50 h lang „geleacht". Danach werden sie mit destilliertem Wasser, dann mit etwas Methanol gewaschen und bei ca. 125 °C im Stickstoffstrom ca. 1 h getrocknet. Nach dynamischem Belegen mit 2% Carbowax 20 M wird bei 280 °C im N_2-Strom 20 min erhitzt. Nach dem Auswaschen des Carbowax-Überschusses wird die Carbowax-Desaktivierung wiederholt. Danach wird mit einer 10%igen Lösung von FFAP in Methanol/Dichlormethan (3 + 7) dynamisch oder mit 0,2% FFAP in Ameisensäuremethylester statisch belegt.

Falls die Phase auf dem Untergrund schlecht haftet, sollte nach der Behandlung mit Salzsäure zusätzlich mit 0,1% Aerosil 200 in Ameisensäuremethylester oder 0,1% Silanox 101 in Ether statisch beschichtet werden.

Flüchtige Säuren kommen z. B. in mikrobiologisch hergestellten Lebensmitteln wie Käse, Sauerkraut, Wein, verschiedenen Brotsorten oder in mikrobiell verdorbenen Lebensmitteln vor. Daraus lassen sie sich durch Wasserdampfdestillation isolieren:

Nach dem Ansäuern des Untersuchungsmaterials mit Weinsäure werden durch Wasserdampfdestillation die Säuren übergetrieben. Das Destillat wird durch Zugabe von Natronlauge bis zur Rosafärbung von Phenolphthalein bzw. bis pH 8, gemessen mit einer pH-Elektrode, neutralisiert und am Rotationsverdampfer bis zur Trockene eingeengt. Durch Zugabe von 10% Ameisensäure in Dichlormethan werden die Säuren wieder in Freiheit gesetzt. Diese Lösung kann direkt zur GC verwendet werden.

Ameisensäure wird vom FID nicht angezeigt. Sie läßt sich jedoch nach Veresterung mit einem höheren Alkohol trennen und detektieren. Mit Phenyldiazomethan

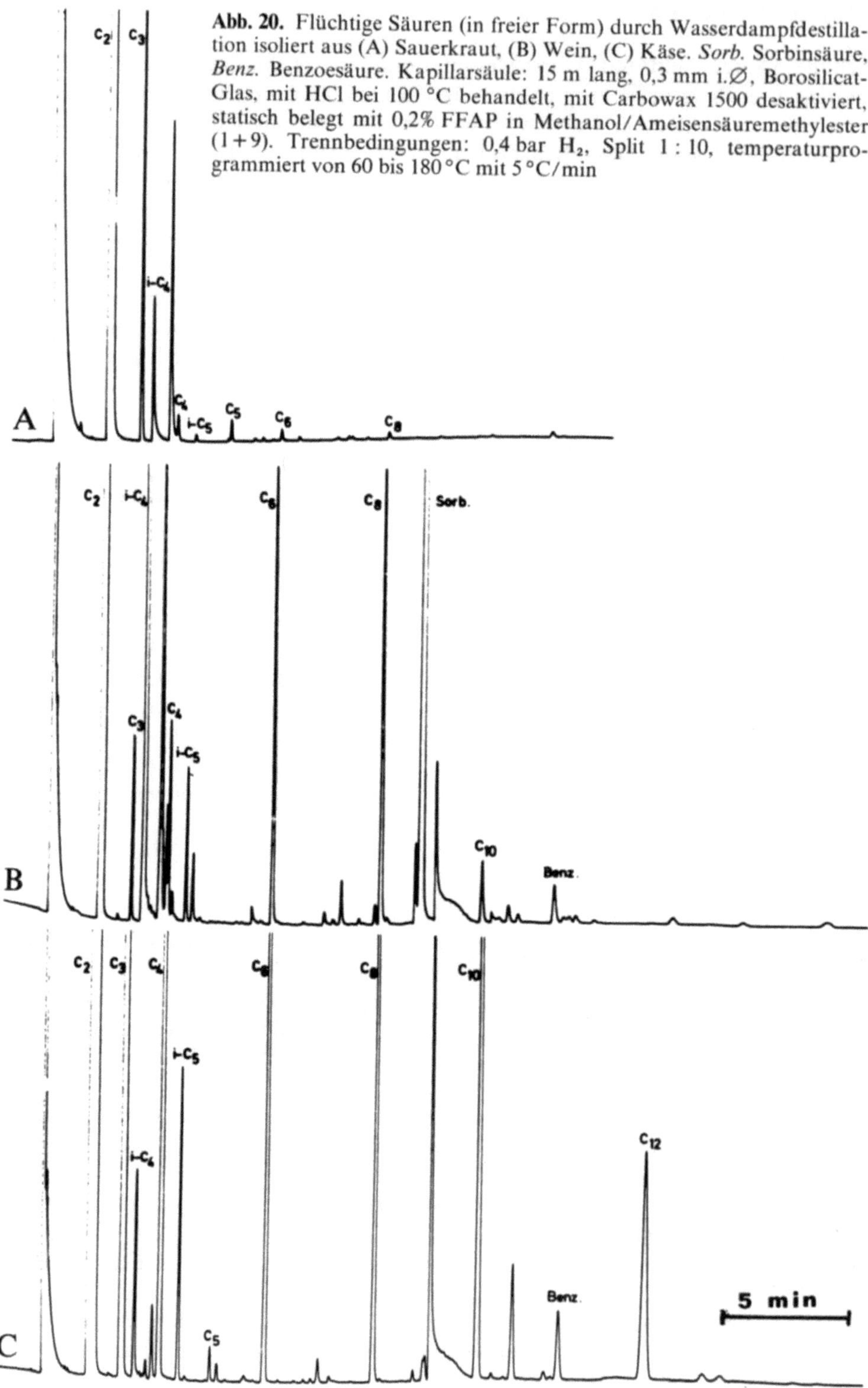

Abb. 20. Flüchtige Säuren (in freier Form) durch Wasserdampfdestillation isoliert aus (A) Sauerkraut, (B) Wein, (C) Käse. *Sorb.* Sorbinsäure, *Benz.* Benzoesäure. Kapillarsäule: 15 m lang, 0,3 mm i.∅, Borosilicat-Glas, mit HCl bei 100 °C behandelt, mit Carbowax 1500 desaktiviert, statisch belegt mit 0,2% FFAP in Methanol/Ameisensäuremethylester (1 + 9). Trennbedingungen: 0,4 bar H_2, Split 1 : 10, temperaturprogrammiert von 60 bis 180 °C mit 5 °C/min

[355] oder als Tetrabutylammoniumsalz mit Benzylbromid [403] kann sie zusammen mit den anderen Säuren zum Benzylester umgesetzt werden.

Carbonsäuren lassen sich auch nach Überführung in die Silbersalze mit Ethyljodid verestern und durch Kapillar-GC trennen [162]. Ein mehr qualitativer Nachweis der flüchtigen Säuren kann auch mit Hilfe der Methylester erfolgen [117].

2. Nichtflüchtige Säuren

Unter nichtflüchtigen Säuren versteht man alle Carbonsäuren, die bei der Wasserdampfdestillation nicht übergehen, also Di-, Tri-, Hydroxicarbonsäuren, Phenolcarbonsäuren, höhere Fettsäuren und andere mehr. Die Carbonsäuren müssen vor der Derivatisierung und GC von löslichen Begleitsubstanzen, falls diese im Überschuß vorliegen, abgetrennt werden, um Störungen bei der GC zu vermeiden. Dazu werden meist Ionenaustauscher verwendet. Daneben können die Säuren aber auch als Bleisalze ausgefällt und dann derivatisiert werden. Phenolcarbonsäuren lassen sich mit Polyamid-Säulen abtrennen.

Die meisten der „nichtflüchtigen" Säuren können in freier Form gaschromatographisch nicht analysiert werden, da sie zu schwerflüchtig sind und schon durch Pyrolyse im Einspritzblock oder durch Adsorption auf der Säule verlorengehen. Sie lassen sich beispielsweise in Form folgender Derivate trennen:

Carboxyl-Gruppe	Hydroxyl-Gruppe
a) Methyl	frei
b) Methyl	Acyl (z. B. Acetyl oder Trifluoracetyl)
c) TMS	TMS
d) Methyl	TMS

Carbonsäuremethylester lassen sich auch auf weniger intensiv desaktivierten Säulen trennen, Hydroxicarbonsäuren erfordern jedoch eine gute Desaktivierung, falls die Hydroxyl-Gruppen frei vorliegen. Bei der Methylierung der Carboxyl-Gruppen werden jedoch die Hydroxyl-Gruppen einiger Säuren, wie z. B. Milchsäure ebenfalls methyliert, s. a. [361]. Falls die freien Hydroxyl-Gruppen bei der Trennung zu Adsorptionen führen, besonders wenn mehrere OH-Gruppen im Molekül vorhanden sind, können sie auch acyliert oder silyliert werden. Am einfachsten ist es, die Säuren an den Carboxyl-Gruppen und den evtl. vorhandenen OH-Gruppen zu silylieren [354, 515, 124].

Dies setzt aber gut desaktivierte (persilylierte) Säulen voraus, da die TMS-Ester-Gruppen labiler sind. Die leichtflüchtigen TMS-Derivate, z. B. der Milchsäure, werden jedoch manchmal von den Lösungsmittelpeaks überdeckt. Auch eine Perethylierung von Phenolcarbonsäuren ist beschrieben worden [477]. Zur Stabilisierung von Ketocarbonsäuren können deren C=O-Gruppen auch in Methoxim- bzw. TMS-Oxim-Gruppen überführt werden (s. z. B. [279]).

Als stationäre Phasen sind für die TMS-Derivate meist Methyl- oder Phenylsilicone und für die Methylester polarere Phasen wie PEG geeignet. Diasteromere

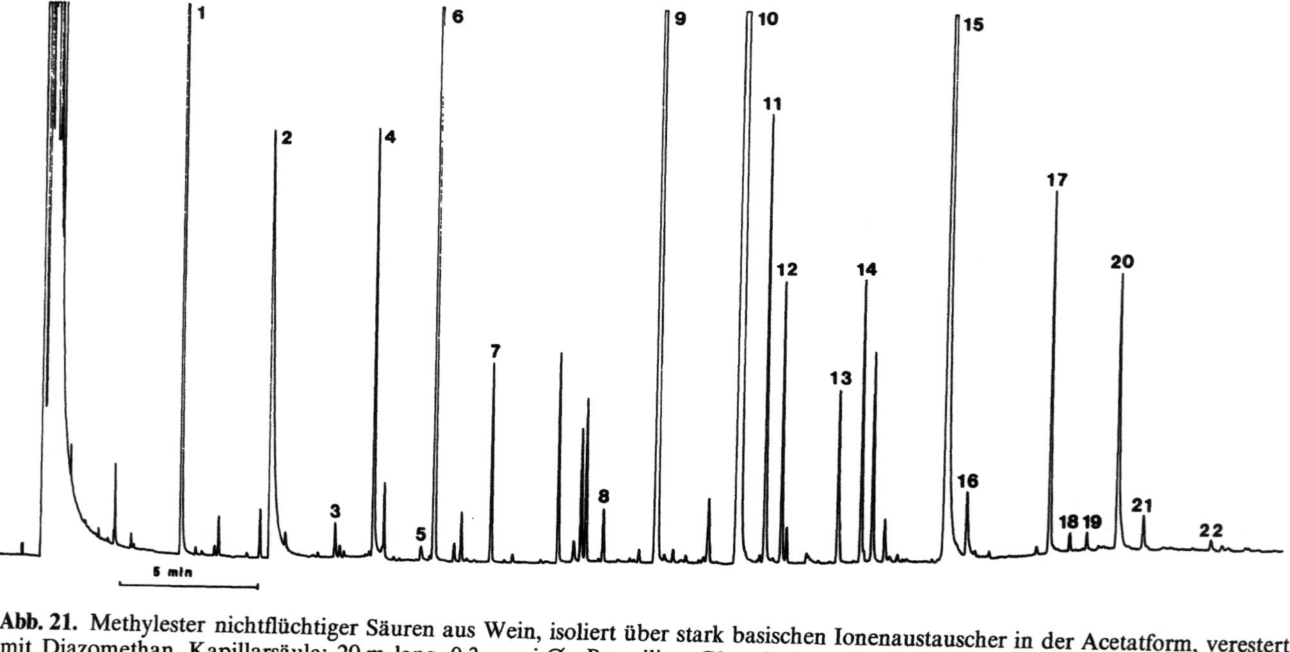

Abb. 21. Methylester nichtflüchtiger Säuren aus Wein, isoliert über stark basischen Ionenaustauscher in der Acetatform, verestert mit Diazomethan. Kapillarsäule: 20 m lang, 0,3 mm i.Ø, Borosilicat-Glas, desaktiviert mit Carbowax 1500, dynamisch belegt mit 12% UCON 50-HB-5100 in Ether. Trennbedingungen: 0,5 bar H$_2$, Split 1 : 10, temperaturprogrammiert von 50 bis 190 °C mit 3 °C/min

1 Milchsäure
2 Essigsäure (zugesetzt zur Bindung des überschüssigen Diazomethan)
3 Sorbinsäure
4 Phosphorsäure
5 Phosphorsäureethylester
6 Bernsteinsäure
7 Bernsteinsäureethylester
8 Citramalsäure
9 Adipinsäure (innerer Standard)
10 Äpfelsäure
11 und *12* isomere Äpfelsäureethylester
13 α-Hydroxyglutarsäure,
14 α-Hydroxyglutarsäurelacton
15 Weinsäure
16 Weinsäureethylester
17 Citronensäure
18 und *19* isomere Citronensäureethylester
20 Pyrrolidoncarbonsäure
21 Isocitronensäure
22 Isocitronensäurelacton

Ester von chiralen Hydroxicarbonsäuren wurden auf Kapillarsäulen mit SE-30 [322] und mit SP 1000 [309] getrennt. Enantiomere α-Hydroxicarbonsäuren lassen sich auch auf chiralen stationären Phasen trennen [430, 431].

Die Erfassung des Carbonsäure-Musters ist z. B. in der Wein- und Fruchtsaft-analytik von großer Bedeutung. Dazu sind bisher Analysenverfahren üblich, die jeweils nur eine Säure erfassen, jedoch hat die Kapillar-GC den großen Vorteil, eine Vielzahl der vorhandenen Säuren, auch die in geringen Konzentrationen vor-kommenden, in einem Analysengang zu erfassen. Zum Nachweis verdorbener Eier über das Muster von nichtflüchtigen Carbonsäuren s. [361].

Als Trennbeispiel zeigt Abb. 21 Chromatogramme der nichtflüchtigen Säuren aus Wein, die mit Hilfe eines stark basischen Ionenaustauschers in der Acetat-Form isoliert wurden.

3. Aminosäuren

Die Ermittlung des Aminosäure-Musters von Proteinen ist zur Beurteilung ihres biologischen Wertes von Bedeutung. In freier Form kommen Aminosäuren z. B. in Fruchtsäften vor; Verfälschungen dieser Säfte können oft an einer Veränderung des Aminosäure-Spektrums erkannt werden (Abb. 22). Daneben gibt es noch viele weitere Gebiete, auf denen die Analyse der Aminosäuren von Bedeutung ist.

Es steht eine ganze Reihe von Methoden zur Verfügung, mit Hilfe derer man entweder einzelne oder auch eine große Anzahl von Aminosäuren nebeneinander bestimmen kann. Eine sehr verbreitete und umfassende Methode ist die flüssig-chromatographische Trennung der Aminosäuren nach Stein und Moore an Ionen-austauschern.

Über die gaschromatographische Trennung von Aminosäuren ist sehr viel publi-ziert worden. In einem umfangreichen Übersichtsartikel [274], in dem die Literatur von 1956 bis Mitte 1974 berücksichtigt ist, sind schon 415 Arbeiten referiert. In den folgenden Jahren sind viele weitere Publikationen hinzugekommen. Im Rahmen dieses Buches können nur prinzipielle Dinge und einige Arbeiten als Beispiele auf-geführt werden.

Trotz der zahlreichen Publikationen wird die GC der Aminosäuren in der Praxis nicht sehr häufig und mehr für speziellere Probleme eingesetzt. Die erforderlichen Aufarbeitungsschritte und Probleme bei der Trennung dürften wohl die Gründe dafür sein.

1. Die Aminosäuren müssen meist mit Hilfe von Ionenaustauschern von Begleit-stoffen befreit werden, wobei bereits Verluste an einigen Aminosäuren auftreten können.

2. Sie müssen in leichterflüchtige Derivate überführt werden, was bei manchen Methoden auch zu Verlusten an bestimmten Aminosäuren führen kann.

3. Die gaschromatographische Trennung mit gepackten Säulen erfordert meist sehr gute, ausgewählte Säulen, um alle etwa 20 häufigeren Aminosäuren trennen zu können. Kapillarsäulen müssen je nach Derivatisierungsmethode relativ gut desakti-viert sein. Teilweise Verluste auf den Säulen machen bei quantitativen Bestimmun-gen neben den bei der Isolierung und Derivatisierung eintretenden eine Eichung erforderlich.

Daneben erfordern die Aufarbeitungsverfahren einige Zeit, die bei der Ionenaustauscher-Chromatographie entfällt. Jedoch sind bei der GC die kürzeren Trennzeiten und der geringere Preis der Geräte und ihres Betriebes vorteilhaft. Die Probenaufbereitung und Derivatisierung ist meist auch nicht sehr zeitaufwendig und eine Eichung bei quantitativen Bestimmungen nicht schwierig.

Bei der Totalhydrolyse von Proteinen werden die Aminosäuren häufig in genügend reiner Form erhalten, um sofort derivatisiert zu werden. Die freien Aminosäuren in biologischem Material müssen jedoch in der Regel vorher mit Hilfe eines Ionenaustauschers gereinigt werden, indem sie zunächst z. B. an einen stark sauren Austauscher gebunden und dann mit Ammoniak eluiert werden.

Von der Vielzahl der veröffentlichten Derivatisierungsmethoden (s. [274]) sind einige wegen ihrer Einfachheit für die Routine geeignet. Es haben sich praktisch nur die Verfahren bewährt, bei denen sowohl die Carboxyl-Gruppen als auch die Amino-Gruppen und mit diesen meist auch die OH- und SH-Gruppen derivatisiert werden, da diese Verbindungen weniger zu Adsorptionen und Zersetzungen bei der GC neigen.

Derivatisierung		Literatur
der COOH-Gruppen	der NH_2-Gruppen	
1. TMS	TMS	[155]
2. Alkyl	Acyl	[92, 11, 12]
3. TMS	Acyl	[397, 116]

Die Silylierung von Aminosäuren ist einfach in der Durchführung und besteht meist aus nur einem Schritt. Da die Derivate der kurzkettigen Aminosäuren leichtflüchtig sind, kann der Überschuß an Silylierungsmittel nicht entfernt werden und es kann zu Überlagerungen der Reagenspeaks mit den früh erscheinenden Aminosäure-Peaks kommen. In solchen Fällen ist z. B. die Verwendung von BSTFA anstelle von BSA sinnvoll. Bei der Silylierung können die NH_2-Gruppen z. T. einen oder zwei TMS-Reste aufnehmen, so daß die Aminosäuren dann zwei Peaks ergeben, was jedoch bei der Auswertung der Chromatogramme stört. Zur Trennung der TMS-Aminosäuren müssen wegen der Labilität der TMS-Ester-Gruppen gut durch Silylierung desaktivierte Säulen verwendet werden.

Die Alkylierung der Carboxyl-Gruppen mit einem niederen Alkohol (C_1–C_4) in Gegenwart von Chlorwasserstoff zu den Aminosäurealkylester-hydrochloriden und die anschließende Acylierung der Amino-Gruppen und daneben auch der OH- und SH-Gruppen mit einem Carbonsäureanhydrid (Essigsäure-, Trifluoressigsäure-, Pentafluorpropionsäure- oder Heptafluorbuttersäureanhydrid) wird häufiger beschrieben (s. z. B. [135, 368, 106, 404, 352]). Diese Derivatisierung verläuft zwar in zwei Schritten, die bei manchen Varianten aber in einem einzigen Reaktionsgefäß durchgeführt werden können. Der bei der Acylierung zugesetzte Reagensüberschuß sollte entfernt werden, da die Lösungen der Derivate dann haltbarer sind und die Trennsäulen meist eine längere Lebensdauer zeigen. Das Abdampfen des Reagensüberschusses erfordert jedoch etwas Vorsicht, da sonst Verluste an leichterflüchtigen Aminosäure-Derivaten auftreten können.

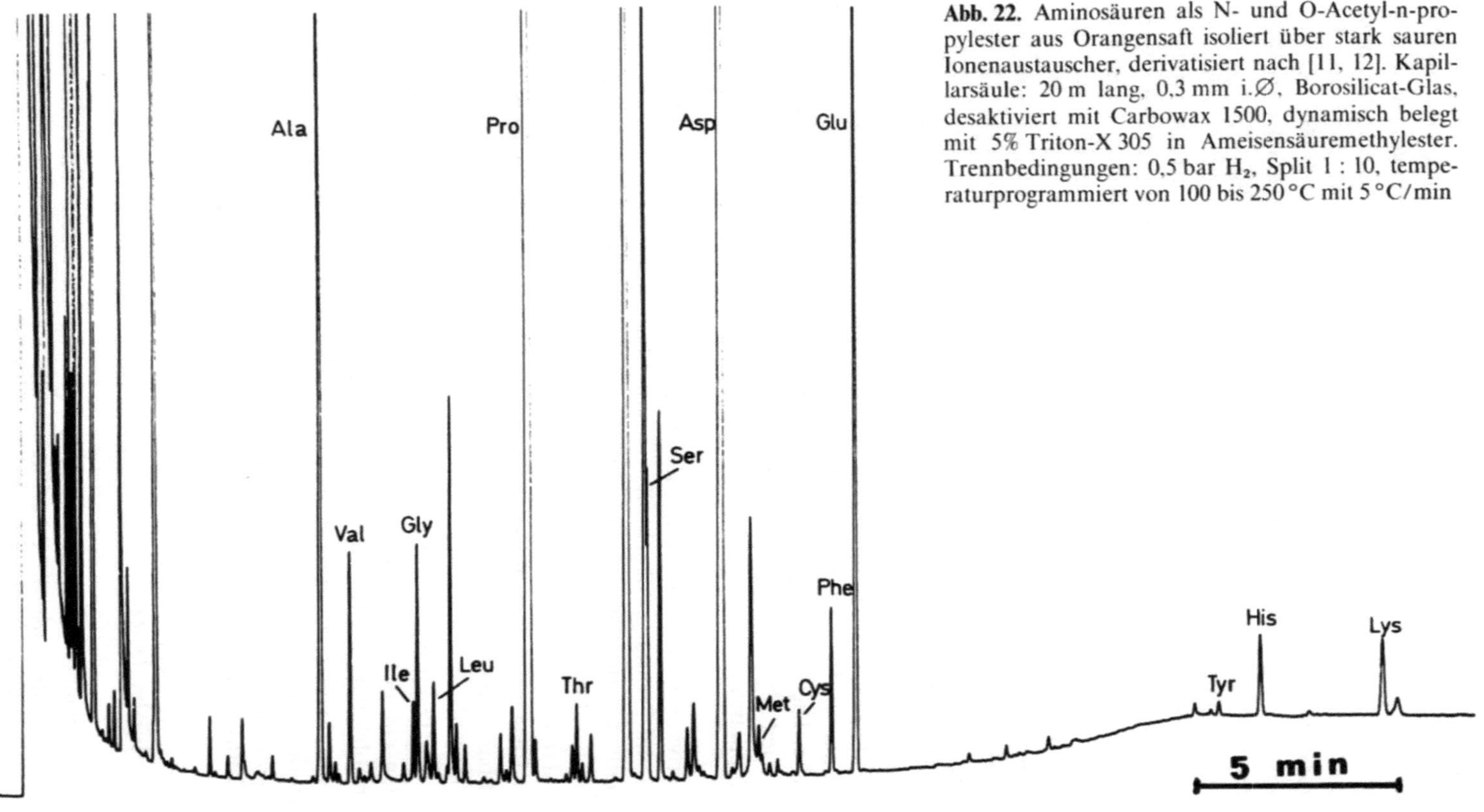

Abb. 22. Aminosäuren als N- und O-Acetyl-n-propylester aus Orangensaft isoliert über stark sauren Ionenaustauscher, derivatisiert nach [11, 12]. Kapillarsäule: 20 m lang, 0,3 mm i.∅, Borosilicat-Glas, desaktiviert mit Carbowax 1500, dynamisch belegt mit 5% Triton-X 305 in Ameisensäuremethylester. Trennbedingungen: 0,5 bar H_2, Split 1 : 10, temperaturprogrammiert von 100 bis 250°C mit 5°C/min

Daneben wird auch eine Trimethylsilylierung der Carboxyl-Gruppen in Verbindung mit einer Acylierung der NH_2-Gruppen beschrieben. Die OH- und SH-Gruppen können dabei genauso wie die NH_2-Gruppen acyliert werden. Die Perfluoracyloxy-Gruppen sind jedoch instabiler als die Perfluoracylamino-Gruppen. Daher können die OH-Gruppen auch in TMS-Ether überführt werden unter Erhalt der Perfluoracylamino-Gruppen. Ein solches Vorgehen dürfte aber wohl nur für spezialisierte Laboratorien von Interesse sein. Darüberhinaus ist eine Reihe weiterer z. T. cyclischer Derivate beschrieben worden (s. [274]).

Als gaschromatographische Trennsäulen sind meist gepackte Säulen beschrieben worden. Diese müssen jedoch eine gute Trennleistung und Inaktivität haben, um alle zwanzig häufigeren Aminosäuren nebeneinander ohne größere Verluste auf der Säule aufzutrennen. Besser gelingt dies mit Kapillarsäulen, deren Einsatz zur Trennung von Aminosäure-Derivaten in den letzten Jahren häufiger beschrieben wird (s. z. B. [298, 443, 451, 405]).

Als Detektor wird meist der FID verwendet, jedoch sind zu einer Steigerung der Empfindlichkeit und Spezifität auch der TID (N-FID, A-FID) [83, 12] und in Verbindung mit einer Perfluoracylierung der Aminogruppen der ECD eingesetzt worden [589]. Auch viele Dipeptide lassen sich nach Derivatisierung durch Kapillar-GC trennen (s. z. B. [321]).

Zur Analytik von Aminosäure-Enantiomeren, die mit anderen Methoden meist schwieriger ist, ist die GC sehr geeignet, besonders für komplexere Aminosäure-Gemische. Die Trennungen lassen sich zwar z. T. schon mit gepackten Säulen erreichen, jedoch läßt sich die Leistungsfähigkeit der Methode durch Verwendung von Kapillarsäulen erheblich steigern. Dabei gibt es zwei prinzipielle Möglichkeiten:

1. Derivatisierung von Aminosäuren mit chiralen Reagenzien (also zu Diastereomeren) und Trennung auf achiralen stationären Phasen.

2. Derivatisierung von Aminosäuren mit achiralen Reagenzien und Trennung auf chiralen stationären Phasen.

Die Trennung von Aminosäuren als Diastereomere erfordert chirale (optisch aktive) Reagenzien von hoher optischer Reinheit die meist teuer bzw. schwieriger herstellbar sind. Eine Reihe von Derivaten ist beschrieben worden (ref. bei [274, 320, 450, 264]).

Bei der Trennung von Aminosäure-Derivaten auf chiralen stationären Phasen entfallen chirale Reagenzien. Dabei werden zwei Typen von Phasen verwendet: niedermolekulare Peptid-Derivate (ref. bei [270, 274, 1, 2]) oder höhermolekulare Silicone mit einem Aminosäure-Derivat in den Seitenketten [141, 144, 414, 77]. Der Vorteil der Silicone ist ihr breiterer Temperaturarbeitsbereich und ihr gutes Trennvermögen für eine breite Zahl von Enantiomeren. Geeignete Glaskapillarsäulen mit „Chirasil-Val" als stationärer Phase sind bei Applied Science erhältlich.

C. Kohlenhydrate

Zur Bestimmung von Kohlenhydraten gibt es viele sehr unterschiedliche „klassische" Methoden, wie die Polarimetrie, die Reduktometrie oder die enzymatisch-photometrische Analytik. Die GC hat neben der HPLC den Vorteil, mehrere

Zucker nebeneinander ohne gegenseitige Störungen quantitativ zu erfassen. Die in Lebensmitteln hauptsächlich vorkommenden und routinemäßig bestimmten Zucker (Glucose, Fructose, Saccharose, Lactose, Maltose und der Zuckeralkohol Sorbit) lassen sich auch mit gepackten Säulen oder sehr kurzen Kapillarsäulen trennen. Nur für ganz spezielle Trennprobleme können längere Kapillarsäulen hoher Trennleistung sinnvoll sein, z. B. Erfassung von sehr niedrigen Konzentrationen in Gegenwart eines großen Überschusses an anderen Kohlenhydraten wie z. B. in Honig oder technischen Zuckern (Abb. 23). Auch die Trennung der Hydrolysate von Hydrokolloiden (Verdickungsmitteln) auf Kohlenhydrat-Basis läßt sich durch die Kapillar-GC stark verbessern ([455 a] und Abb. 24). Auch die Radiolyseprodukte von Zuckern und methylierte Zucker bei der Strukturauflösung von polymeren Kohlenhydraten [523] lassen sich durch Kapillar-GC besser trennen.

Liegen die Zucker in dem zu untersuchenden Material in geringer Konzentration in Gegenwart eines großen Überschusses an löslichen Begleitsubstanzen vor, so müssen diese z. B. durch Ausfällen mit Äthanol (Proteine, Hydrokolloide und andere lösliche polymere Kohlenhydrate) oder mit Hilfe saurer und gepufferter basischer Ionenaustauscher (Aminosäuren und Carbonsäuren) entfernt werden.

Die Zucker müssen vor der GC in jedem Fall derivatisiert werden, da sie eine viel zu geringe Flüchtigkeit besitzen und sonst pyrolysieren würden. Dazu sind folgende Methoden geeignet:

1. Direkte Trimethylsilylierung,
2. Trimethylsilylierung der Oxime oder Methoxime,
3. Acetylierung oder Trifluoracetylierung der Zuckeralkohole.

Die entwässerten Zucker können z. B. mit HMDS/TMCS (2 + 1) oder BSA/TMCS in Pyridin direkt silyliert werden. Dabei entstehen jedoch aus den „reduzierenden" Zuckern, die meist in verschiedenen Formen (Anomeren) nebeneinander vorliegen, jeweils bis zu fünf verschiedene Derivate, nämlich die TMS-Ether der α- und der β-Form und zwar jeweils von der furanoiden und der pyranoiden Form (Cyclohalbacetal-Formen), daneben noch der TMS-Ether der offenen Form, die alle je nach verwendeter Säule mehr oder weniger aufgetrennt werden. Dies stört die quantitative Auswertung, da es dann meist zu mehr oder weniger starken Überlagerungen kommt. Daher ist es oft sinnvoll, die Zucker vor der Silylierung in die Oxime zu überführen, wobei dann nur ein Derivat von jedem Zucker entsteht. Dabei entstehen aber auch zwei Formen und zwar die cis-trans-Isomeren (syn- und anti-Form) der Oxime in etwa gleicher Menge, die jedoch auf vielen Säulen die gleiche Retentionszeit haben, auf Kapillaren aber häufig in zwei dicht nebeneinanderliegende Peaks aufgetrennt werden.

Daneben hat die häufiger in der Literatur beschriebene Reduktion der „reduzierenden" Zucker zu den entsprechenden Zuckeralkoholen und anschließende Acylierung in der Praxis keine große Bedeutung mehr. Diese Derivatisierung ergibt zwar für einen Zucker jeweils nur eine Verbindung, die Methode besteht jedoch aus zwei Schritten und erzeugt aus einigen unterschiedlichen Zuckern den gleichen Zuckeralkohol. Außerdem müssen die verwendeten Trennsäulen relativ intensiv desaktiviert sein.

Die TMS-Zucker und die TMS-Zucker-Oxime lassen sich gut auf einer Silicon-Phase (Methylsilicon oder Methylphenylsilicon) trennen, die Säulen bedürfen keiner besonders wirksamen Desaktivierung. Sollen jedoch die TMS-Derivate z. B.

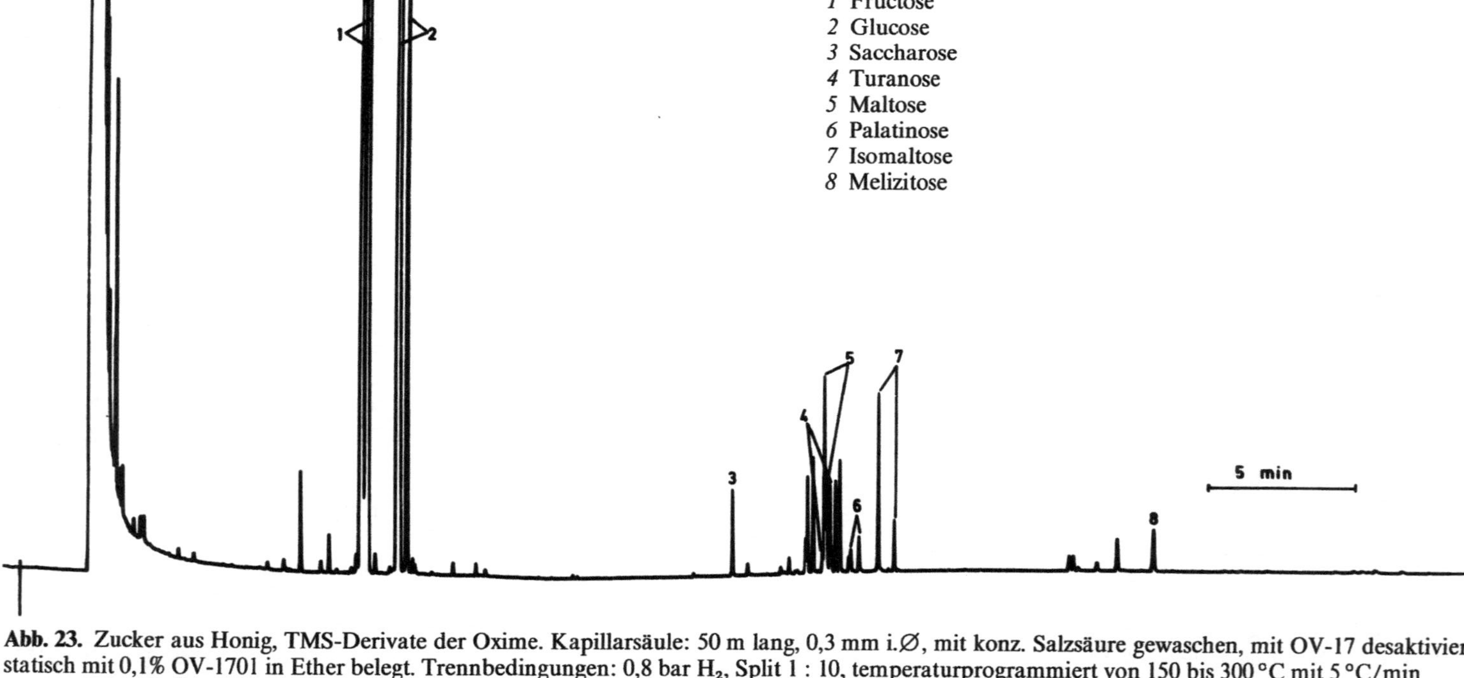

Abb. 23. Zucker aus Honig, TMS-Derivate der Oxime. Kapillarsäule: 50 m lang, 0,3 mm i.Ø, mit konz. Salzsäure gewaschen, mit OV-17 desaktiviert, statisch mit 0,1% OV-1701 in Ether belegt. Trennbedingungen: 0,8 bar H_2, Split 1 : 10, temperaturprogrammiert von 150 bis 300 °C mit 5 °C/min

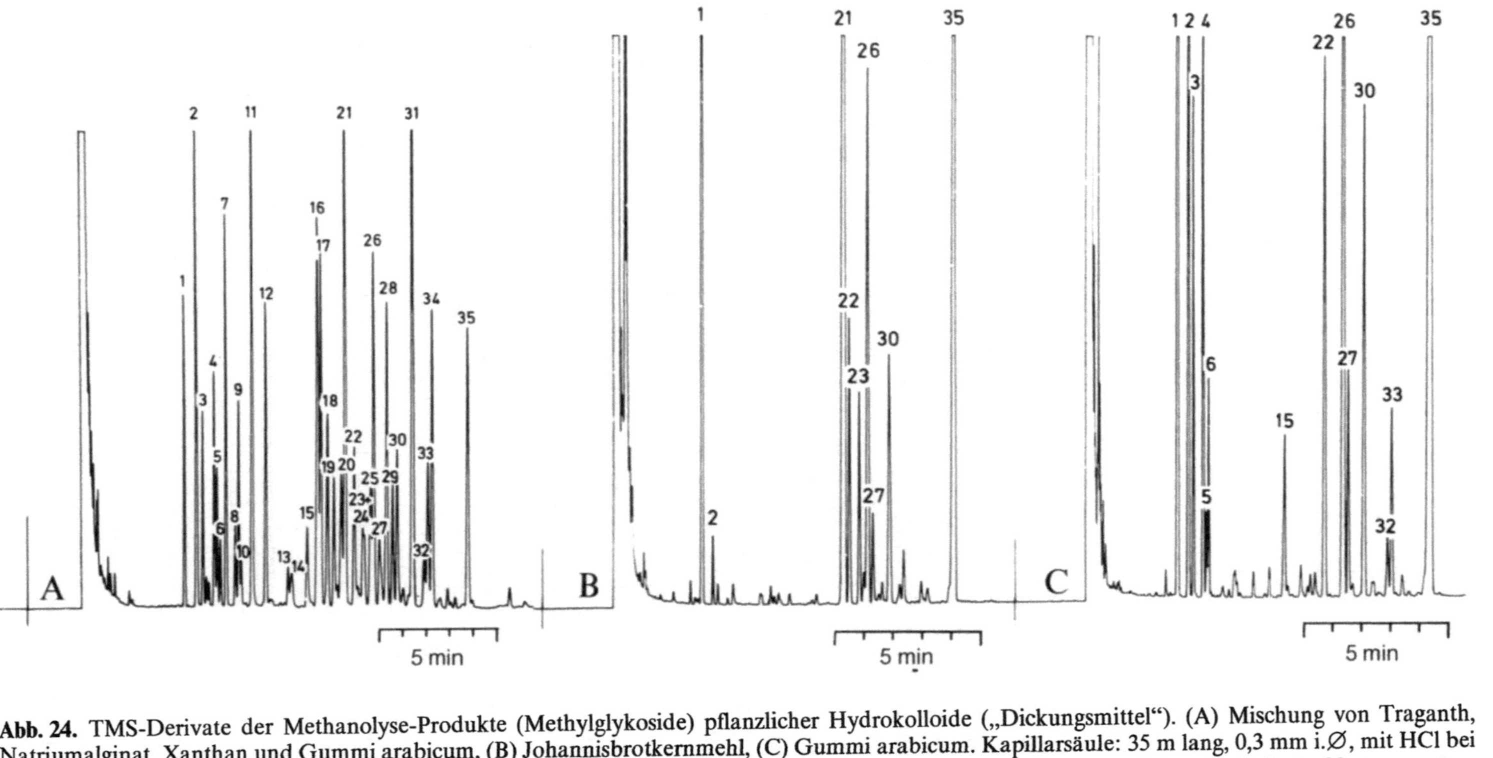

Abb. 24. TMS-Derivate der Methanolyse-Produkte (Methylglykoside) pflanzlicher Hydrokolloide („Dickungsmittel"). (A) Mischung von Traganth, Natriumalginat, Xanthan und Gummi arabicum, (B) Johannisbrotkernmehl, (C) Gummi arabicum. Kapillarsäule: 35 m lang, 0,3 mm i.Ø, mit HCl bei 100 °C behandelt, mit HMDS desaktiviert, statisch mit 0,05% SE-30 in n-Pentan belegt. Trennbedingungen: 1,5 ml N_2/min, Split 1 : 20, temperaturprogrammiert von 120 bis 190 °C mit 4 °C/min
(Chromatogramme von A. Preuß, näheres s. [455a].)

1 i-Erythrit (innerer Standard)	6 Arabinose	12 Xylose	18 Guluronsäure	24 Mannuronsäure	30 Galaktose
2 Arabinose	7 Fucose	13 Guluronsäure	19 Guluronsäure	25 Mannuronsäure	31 Glucose
3 Arabinose	8 Guluronsäure	14 Mannuronsäure	20 Galakturonsäure	26 Galaktose	32 Glucuronsäure
4 Rhamnose	9 Fucose	15 Glucuronsäure	21 Mannose	27 Galaktose	33 Glucuronsäure
5 Rhamnose, Fucose	10 Fucose	16 Galakturonsäure	22 Galaktose	28 Galakturonsäure	34 Glucose
	11 Xylose	17 Mannuronsäure	23 Mannose	29 Galakturonsäure	35 Sorbit (innerer Standard)

von Uronsäuren getrennt werden, so erfordert die Labilität der TMS-Ester-Gruppen eine gute Silylierung der Säulenoberflächen.

In einigen weiteren Publikationen wird die Trennung von Zuckern durch Kapillar-GC beschrieben [10, 261, 145, 318, 489, 174, 437, 73, 300]. Die Derivatisierungsreaktionen sind z. T. weniger für die Routine geeignet, und die verwendeten Säulen z. T. schwer beschaffbar oder schwieriger herzustellen. In einem Review [342] wird über die Derivatisierung und gaschromatographische Trennung praktisch ausschließlich mit gepackten Säulen von Zuckern und Zuckeralkoholen berichtet.

D. Aromastoffe

In Lebensmitteln kommt in der Regel eine Fülle von flüchtigen organischen Substanzen nebeneinander vor. Viele gehören zur Gruppe der Terpene (Terpenkohlenwasserstoffe, sauerstoffhaltige Terpene, Sesquiterpene). Es gibt daneben noch andere, auch auf biochemischem Wege enstandene Substanzen mit Molgewichten bis zu etwa 150, wie n-Aldehyde, n-Alkohole und aromatische Verbindungen wie Salicylaldehyd, Anisaldehyd oder Vanillin. Daneben spielen auch die sekundär z. B. bei der Maillard-Reaktion (zwichen Aminosäuren und reduzierenden Zuckern ablaufend), der Autoxidation höher ungesättigter Fettsäuren und beim Räuchern oder Rösten entstehenden flüchtigen Verbindungen eine Rolle. Die einzelnen Verbindungen tragen zum Geruch und Geschmack mehr oder weniger stark bei. Ihre Konzentrationen liegen im Bereich von wenigen mg/kg und meist darunter. In sehr niedrigen Konzentrationen vorhandene Komponenten können oft viel stärker zum Aroma beitragen als die in höheren Konzentrationen vorliegenden. Die Zahl an flüchtigen Substanzen in einem Lebensmittel geht oft in die hunderte und tausende und bei einer Erhöhung der Nachweisempfindlichkeit können noch sehr viele weitere neue gefunden werden. So ist die Kapillar-GC mit Säulen sehr hoher Trennleistung die einzige zur Auftrennung der Einzelkomponenten geeignete Methode.

Quantitative Analysen sind schwierig wegen der niedrigen Konzentrationen dieser Substanzen und der erforderlichen Isolierungs- und Anreicherungsmethoden. Daher werden meist nur grob quantitative Ergebnisse erhalten, falls nicht eine sinnvolle Eichung des Verfahrens erfolgt.

Zur Abtrennung der flüchtigen Substanzen und deren Aufkonzentrierung sind viele Methoden entwickelt worden, die größtenteils nach einem der auf S. 111 oben dargestellten Prinzipien arbeiten.

Eine andere Kombination der angegebenen einzelnen Methoden kann je nach analytischem Problem sinnvoll sein. Zur Isolierung von ätherischen Ölen durch Wasserdampfdestillation sind die in der Praxis zur Bestimmung des Gehältes an ätherischem Öl üblichen Glasapparaturen, bei denen das kondensierte Wasser in den Destillationskolben zurückfließt (z. B. „Neo-Clevenger-Apparatur"), verwendbar. Bei Gegenwart geringer Mengen kann z. B. etwas Cyclohexan vorgelegt werden und diese Lösung zur GC verwendet werden. Auch eine Mikroapparatur ist beschrieben worden [164]. Schonendere Methoden zur Isolierung flüchtiger Substanzen s. bei [459, 292].

Art des Materials	Abtrennung der flüchtigen Substanzen	Aufkonzentrierung
Flüssiges Material (Fruchtsäfte, Wein)	Dampfraum-(Headspace-) Analyse	
	Austreiben mit Inertgas	Auffangen auf Aktivkohle, Tenax, GC oder vernetztem Polystyrol und Extraktion mit Lösungsmittel oder Austreiben bei höherer Temperatur im Probengeber des Gaschromatographen
	Extraktion mit leichtflüchtigem Lösungsmittel (z. B. Trichlorfluormethan)	Eindampfen
„Festes" oder inhomogenes Material wie z. B. Früchte (Obst) oder Gewürz	Wasserdampfdestillation	Ausschütteln oder bei cyclischer Arbeitsweise Aufnehmen in kleinem Lösungsmittelvolumen

Von Grob (1970) ist eine interessante Methode angedeutet worden, bei der die Substanzen auf einem kurzen Stück belegter Kapillarsäule kondensiert werden, das dann zwischen Einspritzblock und Trennkapillare eingebaut wird. Weitere Methoden werden bei [292] referiert.

Eine allgemein anwendbare Universalmethode zur Isolierung der Unzahl von flüchtigen Substanzen aus einer Vielzahl von möglichen Materialien in einem breiten Konzentrationsbereich kann nicht angegeben werden.

Die Verfahren sind natürlich nicht nur zur Isolierung von Aromastoffen sondern von flüchtigen Substanzen allgemein geeignet, z. B. auch bei niederen Kohlenwasserstoffen und flüchtigen Halogenkohlenwasserstoffen aus Trinkwasser sowie anderen Lebensmitteln.

Einige Verbindungen können sich bei dem einen oder anderen Verfahren unter Bildung von Artefakten zersetzen.

Zur Trennung von flüchtigen Verbindungen sind viele Arten von Kapillaren geeignet. Für sehr leichtflüchtige Substanzen, z. B. niedere Alkohole oder andere Substanzen bis zu einem Molgewicht von etwa 50–100, sind dick belegte Kapillaren mit Filmdicken um 1 µm angebracht, wenn man nicht unter Raumtemperatur arbeiten möchte.

Als Detektoren sind für die Routine der FID oder auch verschiedene spezifische Detektoren und zur Identifizierung unbekannter Substanzen besonders das Massenspektrometer geeignet. Einige neuere Arbeiten über die Anwendung der Kapillar-GC zur Analytik flüchtiger Aromastoffe s. [25, 566–569, 199, 42, 43].

Abb. 25. Italienisches Citronenöl, getrennt auf fünf stationären Phasen unterschiedlicher Polarität. Kapillarsäulen: 40 m lang, 0,3 mm i.Ø, Borosilicat-Glas, (C) und (D) statisch belegt mit 0,1% Silanox 101 in Ether, (A)–(E) mit HCl gewaschen, desaktiviert mit Carbowax 1500, statisch belegt (A) mit 0,2% SE-30 in n-Pentan, (B) mit 0,2% OV-1701 in Ether, (C) mit 0,2% Polypropylenglykol 4000 (Fluka) in n-Pentan, (D) mit 0,2% OV-330 in Ether, (E) mit 0,2% Superox 4 in Ameisensäuremethylester. Trennbedingungen:(A)–(D) 0,5 bar H_2, (E) 0,35 bar H_2, Split 1 : 10, (A)–(D) temperaturprogrammiert von 50 bis 220 °C mit 3 °C/min, (E) von 65 °C (3 min) bis 220 °C mit 3 °C/min. (Die massenspektrometrische Identifizierung wurde von Dr. E. Kugler, Coca-Cola-Forschungslaboratorium in Essen, durchgeführt.)

1 α-Thujen	*13* Citronellal
2 α-Pinen	*14* Terpinen-4-ol
3 β-Pinen	*15* Decanal
4 Sabinen	*16* α-Terpineol
5 Myrcen	*17* Neral
6 Limonen	*18* Geranial
7 p-Cymen	*19* Citronellylacetat
8 β-Ocimen	*20* Nerylacetat
9 γ-Terpinen	*21* Geranylacetat
10 Terpinolen	*22* β-Caryophyllen
11 Nonanal	*23* Bergamoten
12 Linalool	*24* Bisabolen

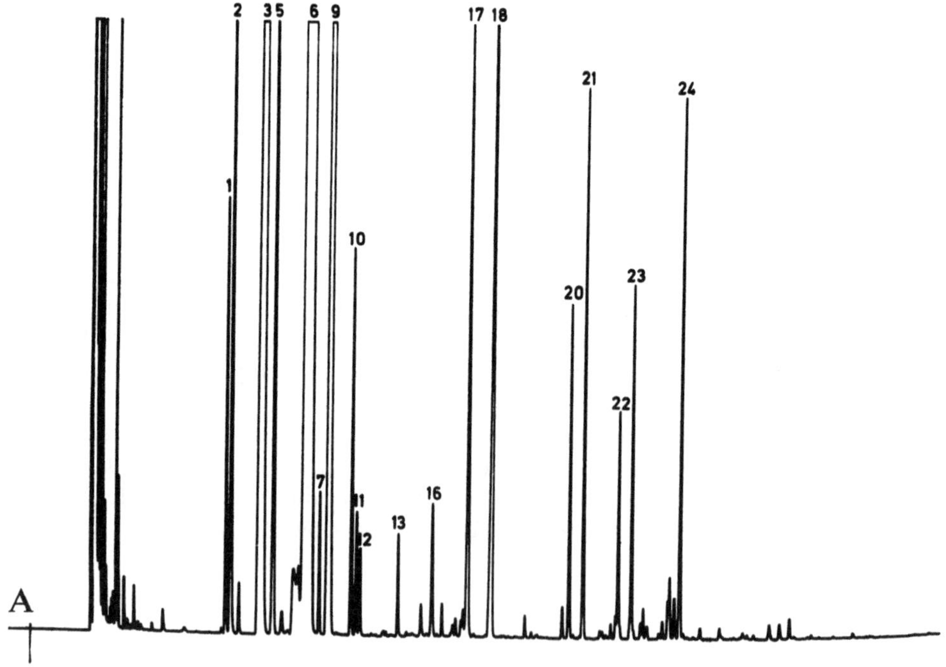

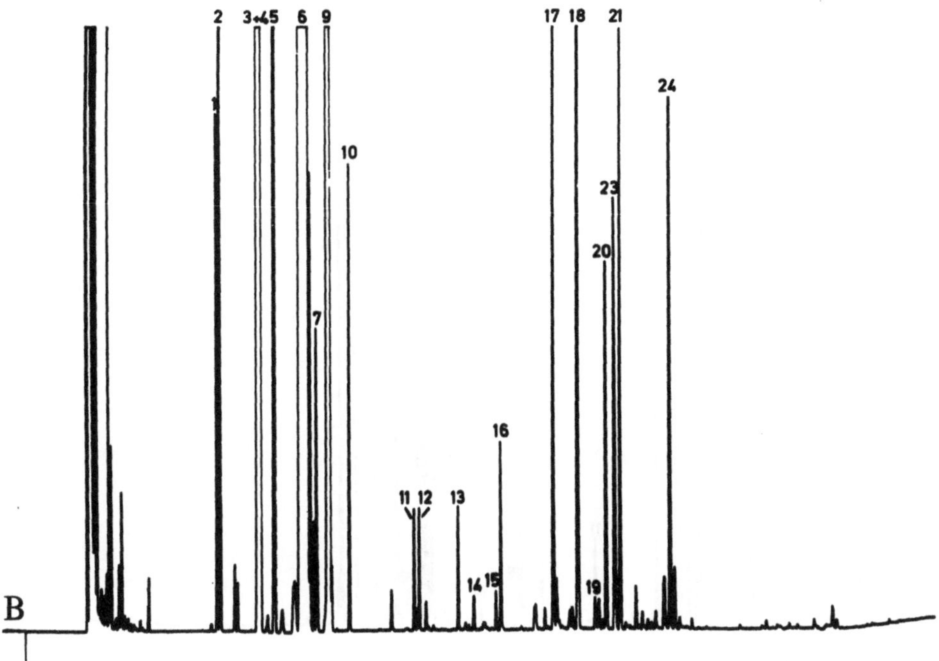

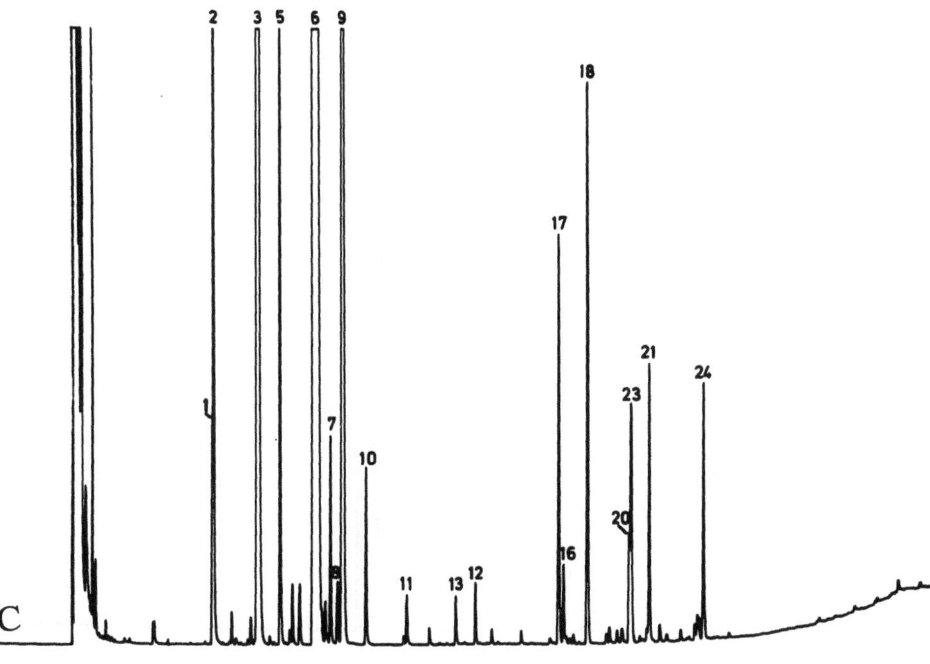

Abb. 25 B und **C**

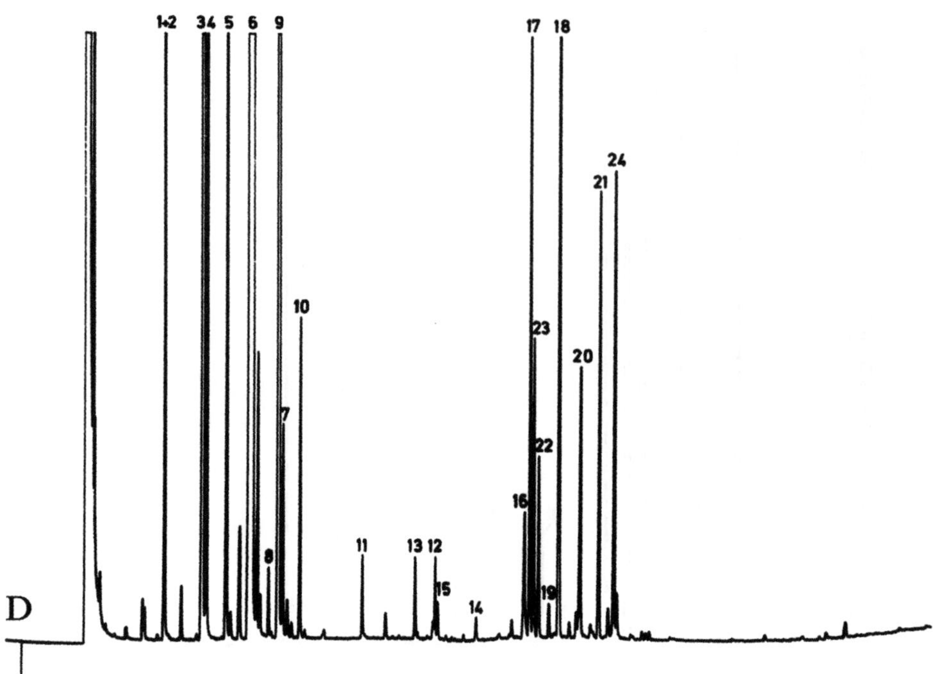

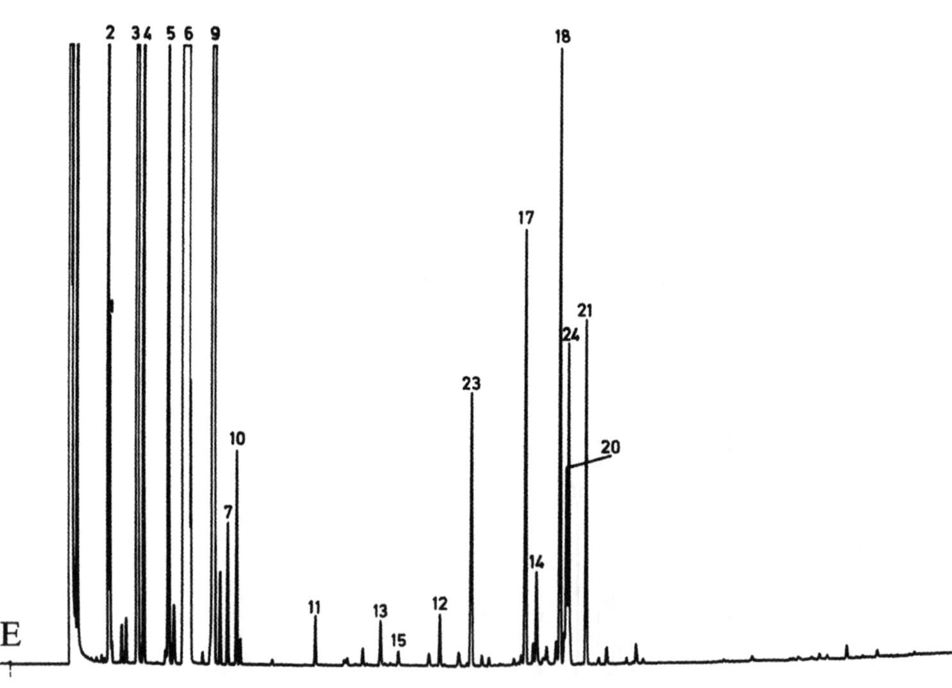

Abb. 25 D und **E**

E. Rückstandsanalytik

In Lebensmitteln kann eine Reihe von organischen Substanzen nicht natürlichen Ursprungs vorkommen, die mehr oder minder unbeabsichtigt in sie hineingelangt sind. Einige dieser Stoffe sind auch in der Umwelt weit verbreitet. Die in Lebensmitteln und Umweltproben gefundenen Konzentrationen liegen im Bereich von mg/kg und µg/kg oder sogar darunter. Der quantitative Nachweis stellt hohe Anforderungen an die Aufarbeitungs-, Trenn- und Detektionsmethoden. Diese Art von Spurenanalytik wird zur „Rückstandsanalytik" im weiteren Sinne gezählt, da es sich um biologisch oder auf anderem Weg noch nicht aufgebaute oder noch nicht ausgeschiedene Reste unnatürlicher Substanzen handelt. An Stoffgruppen können u. a. vorkommen:

1. Pestizide:
    a) Insektizide vom Chlorkohlenwasserstoff-Typ,
    b) Insektizide vom Organophosphat-Typ,
    c) Insektizide anderen Typs,
    d) Fungizide,
    e) Herbizide;
2. Weichmacher:
    a) PCB,
    b) Phthalate;
3. Polycyclische Aromaten;
4. Halogenhaltige kurzkettige Kohlenwasserstoffe;
5. Arzneimittel und Anabolika (in tierischen Lebensmitteln).

Auch die Bestimmung vieler anorganischer Bestandteile (etwa Schwermetalle) in Lebensmitteln und Umweltproben gehört zur Rückstandsanalytik im weiteren Sinn. In der Praxis wird dazu heute meist die Atomabsorptionsspektrometrie eingesetzt, jedoch sind die Bestimmungen auch gaschromatographisch möglich.

Der größte Teil der zu diesen Gruppen gehörenden Verbindungen läßt sich gaschromatographisch analysieren. Die zu bestimmenden Verbindungen müssen vorher aus dem zu untersuchenden Material extrahiert und vom größten Teil der mitextrahierten Stoffe, die bei der GC stören, abgetrennt werden. Diese Aufarbeitung kann sehr aufwendig sein und aus mehreren Schritten bestehen. Die Kapillar-GC hat in der Rückstandsanalytik noch folgende spezielle Vorteile:

Die Aufreinigung der Lösungen läßt sich meistens vereinfachen, da sich Nebenpeaks leichter abtrennen lassen und so nicht stören können. Die Empfindlichkeit ist besonders bei der direkten Probenaufgabe ohne Strömungsteilung höher, so daß die Einwaagen und z. T. recht hohen, für die Aufreinigung erforderlichen Mengen an Adsorbentien und Lösungsmitteln reduziert werden können.

1. Pestizide

a) Insektizide vom Chlorkohlenwasserstoff-Typ

Zu dieser Gruppe gehören z. B. folgende Insektizide: Das DDT und sein Isomeres o,p'-DDT und die Metaboliten DDD und DDE, die HCH-Isomeren γ-, α- und β-HCH, das Dieldrin und Heptachlorepoxid. Diese Substanzen sind schwer abbaubar („persistent") und reichern sich im Verlauf von Nahrungsketten an. Wegen ihrer geringen Löslichkeit in Wasser, aber guten Löslichkeit in Fetten sind ihre Konzentrationen in den Lipiden von biologischem Material jeweils wesentlich höher als in den übrigen Anteilen. Sie lassen sich zusammen mit den in organischen Lösungsmitteln löslichen Stoffen (hauptsächlich Lipiden) extrahieren. Diese größtenteils schwerflüchtigen, mitextrahierten Substanzen müssen vor der Injektion in den Gaschromatographen abgetrennt werden. Werden die schwerflüchtigen Anteile nicht oder unzureichend aus den Lösungen entfernt, so belegt sich der Einspitzblock und das vordere Stück der Kapillare mit diesen Stoffen und führt zu einem Verlust an Trennleistung und auch an zu erfassenden Substanzen. In der Praxis werden zur Reinigung (Clean-up) der Probenextrakte hauptsächlich fünf Methoden, von denen viele Varianten möglich sind, angewendet:

1. Verteilung zwischen zwei nicht bzw. nur teilweise miteinander mischbaren Lösungsmitteln,
2. Säulenchromatographie an einem Adsorbens,
3. Gelpermeationschromatographie (GPC, Gelchromatographie),
4. Sweep-Co-Destillation,
5. Chemische Umsetzung mit Schwefelsäure oder einer alkoholischen Lösung eines Alkalihydroxids.

Bei ungenügenden Reinigungsergebnissen mit einem dieser Verfahren kann auch mit einem anderen kombiniert werden.

Neben den genannten Insektiziden kommt meist noch eine große Zahl von polychlorierten Biphenylen (PCB) und das Hexachlorbenzol (HCB) vor, die keine Insektizide sind, bei der Aufarbeitung des Materials jedoch nicht abgetrennt werden. Viele in früheren Jahren mit gepackten Säulen ermittelten Werte sind wegen der Überlagerung mit PCB-Peaks falsch, besonders häufig die gefundenen DDT-Gehalte.

Bei ungenügender Trennleistung der Säulen (gepackte Säulen) müssen die Extrakte zur Abtrennung der PCB und des HCB durch Dünnschichtchromatographie, Säulenchromatographie oder HPLC vorfraktioniert werden, um zuverlässige Ergebnisse zu erhalten. Diese Schritte können zu größeren Fehlern führen, bei Verwendung geeigneter Kapillaren entfallen sie. Dadurch werden die Analysen einfacher und verläßlicher.

Als Probenaufgabemethode empfiehlt sich für die Routine eine Strömungsteilung von 1 : 10. Zur Steigerung der Empfindlichkeit kann jedoch die On-Column-Injektion eingesetzt werden. Bei der älteren Version splitloser Injektion (s. [183, 512]) verweilen die Proben relativ lange im heißen Einspritzblock. Dabei kann z. B. DDT in Gegenwart von mitinjizierten Begleitstoffen zu DDD reduziert werden. Außerdem führen schon sehr geringe nicht verdampfte Probenanteile im Injektor zu starken Diskriminierungen und „Memory"-Effekten von schwererflüchtigen Substanzen.

Zur Trennung sind Kapillaren mit gummiartigen Methylsiliconen oder Phenylsiliconen geeignet. Bei Verwendung niedrigviskoser stationärer Phasen besteht die Gefahr, daß im Laufe der Zeit eine geringe Menge davon in den EDC gelangt und dessen Funktion ernsthaft gestört wird. Eine Reinigung ist oft nicht möglich, so daß dann die Meßzelle des Detektors ausgetauscht werden muß. Manchmal läßt sich das in den Detektor gelangte Material jedoch noch mit Lösungsmitteln, wie

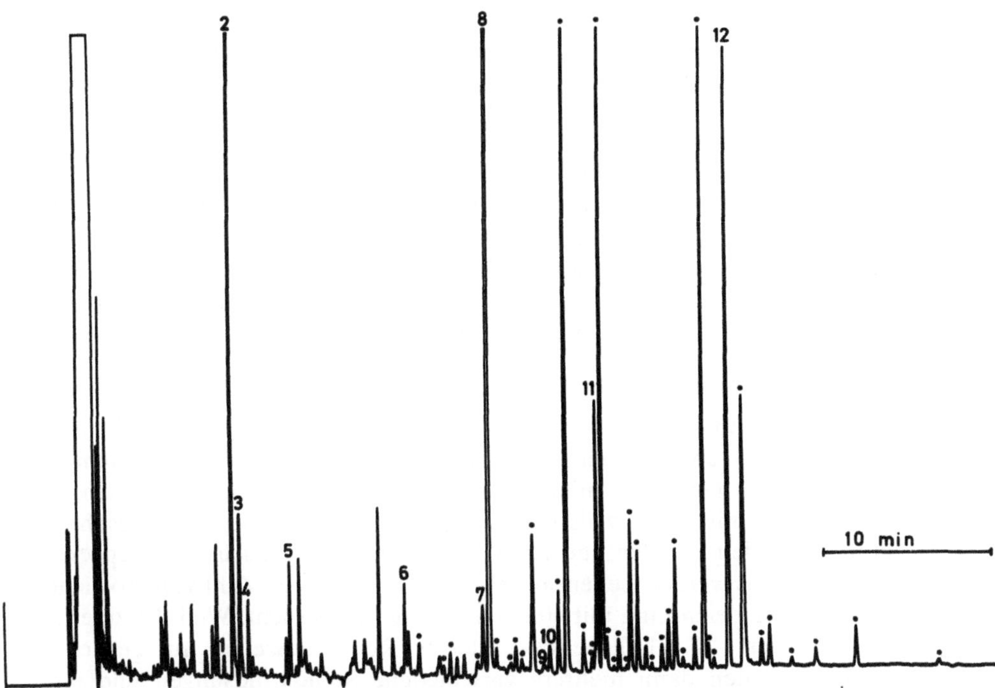

Abb. 26. Persistente Chlorkohlenwasserstoffe, isoliert aus menschlichem Fettgewebe. Kapillarsäule: 50 m lang, 0,3 mm i.∅, Borosilicat-Glas, desaktiviert mit OV-101, statisch belegt mit einer je 0,05% SE-30 und SE-52 enthaltenden Lösung in n-Pentan. Trennbedingungen: 1,5 bar N_2, On-Column-Injektion (s. Abb. 9), Elektroneneinfangdetektor (ECD) mit Ni-63-Folie 300 °C, Säule temperaturprogrammiert von 150 bis 230 °C mit 2 °C/min

1 α-HCH	*7* Dieldrin
2 HCB	*8* DDE
3 β-HCH	*9* DDD
4 γ-HCH	*10* o,p′-DDT
5 2,6,2′,6′-Tetrachlorbiphenyl	*11* DDT
(innerer Standard)	*12* Mirex (innerer Standard)
6 Heptachlorepoxid	

Die mit *Punkt* versehenen Peaks sind polychlorierte Biphenyle (PCB).

Petrolether oder Toluol, auswaschen. Ein Ausheizen der Ni-63-Detektoren bei ca. 400 °C stellt meist nicht die alte Leistung wieder her.

Eine intensive Desaktivierung, wie sie zur Trennung polarer oder zersetzlicher Substanzen erforderlich ist, macht die Säulen meist unbrauchbar für Trennungen dieser Chlorkohlenwasserstoffe im Bereich von etwa 1–10 pg. Manche Säulen, die mit einem FID als Detektor mit Mengen von etwa 10 ng sehr gute Trennungen ergeben, können bei etwa 1 pg Substanzmenge völlig versagen, da flache oder „vertailte" Peaks erhalten werden. Im eigenen Laboratorium haben sich für diese Trennungen Kapillaren aus Borosilicatglas ohne Desaktivierung, lediglich mit BTPPC gewaschen [512, 514] oder mit OV-101 auf 400 °C erhitzt, bewährt, da die unpolaren Chlorkohlenwasserstoffe wenig zu Adsorptionen an der Glasoberfläche neigen. Kapillaren mit einer derartig einfachen Vorbehandlung in Verbindung mit einer hohen Trennleistung sind nur schwer im Handel erhältlich. Obwohl die Eigenherstellung recht einfach ist, wird sie wenig durchgeführt und die meisten Laboratorien arbeiten immer noch mit gepackten Säulen. Kapillaren mit anderen stationären Phasen als den angegebenen Siliconen haben sich in Verbindung mit dem ECD für die Rückstandsanalyse bisher nicht bewährt.

Als Detektor ist für die Routine praktisch nur der ECD wegen seiner Empfindlichkeit und Spezifität geeignet. Das Entfernen des Restsauerstoffs im Träger- und Spülgas kann oft dessen Empfindlichkeit steigern.

Einige weitere Arbeiten über die Rückstandsanalytik von Chlorkohlenwasserstoff-Insektiziden durch Kapillar-GC, in denen z. T. auch die PCB und das HCB berücksichtigt wurden, s. [146, 76, 549, 550, 587].

b) Insektizide vom Organophosphat-Typ

Phosphorsäure- und Phosphonsäureester werden zur Bekämpfung von Insekten auf Pflanzen aufgebracht und je nach Länge der Wartezeit nach der letzten Behandlung im Erntegut in mehr oder minder hohen Restkonzentrationen gefunden. Da die Pflanzen meist mit nur jeweils einem oder ganz wenigen Organophosphaten gleichzeitig behandelt werden, gelingen die Trennungen auch mit gepackten Säulen. In der Praxis werden Lebensmittel aber auf eine große Zahl von möglichen Organophosphaten gleichzeitig mit einem Verfahren untersucht. Weil die zu erfassenden Stoffe aber z. T. ähnliche bzw. gleiche Retentionszeiten auf gepackten Säulen haben, werden dann mehrere verschiedene Standardlösungen und mindestens zwei Säulen unterschiedlicher Polarität parallel verwendet. Durch den Einsatz von Kapillarsäulen läßt sich die Rückstandsanalytik dieser Stoffgruppe wesentlich verbessern. Da die Organophosphate z. T. sehr polar oder zersetzlich sind, müssen die Säulen intensiv z. B. mit einem PEG desaktiviert werden. Auf derartigen Kapillaren lassen sich dann auch viele Organophosphate trennen, die sich auf gepackten Säulen meist zersetzen. Über die Trennung von Organophosphat-Rückständen mit Hilfe der Kapillar-GC s. [332, 256, 257, 533, 534, 579].

c) Verschiedene weitere Insektizide, Fungizide und Herbizide

Auch für viele weitere Insektizide lassen sich die allgemeinen Vorteile der Kapillar-GC nutzen. Ihre Anwendung hierfür wird jedoch bisher nur recht selten in der Literatur erwähnt, z. B. [573]. Eine Ausnahme stellt das als Fungizid angewendete HCB dar, das aber auch als technische Verunreinigung von Pentachlornitrobenzol und wahrscheinlich auch als in der Industrie anfallendes Nebenprodukt in die Umwelt gelangt. Es ist besonders persistent und wird zusammen mit den PCB und den Chlorkohlenwasserstoff-Pestiziden erfaßt (s. unter a). Zur Analytik von Herbiziden vom Typ der Chlorphenoxycarbonsäuren s. [161], der Phenylharnstoffe s. [105, 226], der Triazine s. [383].

2. Weichmacher

a) Polychlorierte Biphenyle

Die polychlorierten Biphenyle (PCB) sind komplexe Gemische von Biphenylen mit einer unterschiedlichen Zahl und Position von Cl-Atomen, die durch Chlorieren von Biphenylen erhalten werden. Je nach angewendeter Chlor-Menge werden Gemische mit mehr niederchlorierten oder mehr höherchlorierten Biphenylen erhalten. Diese Gemische hatten in früheren Jahren große Bedeutung für technische Zwecke, z. B. als Weichmacher für Lacke. Mit steigendem Chlor-Gehalt sinkt die biologische Abbaubarkeit, daher werden in der Umwelt besonders PCB mit sechs und mehr Cl-Atomen gefunden. Die PCB werden bei der Aufarbeitung der Proben zusammen mit dem HCB und den Chlorkohlenwasserstoff-Insektiziden erhalten. Sie lassen sich durch eine Vorfraktionierung davon abtrennen, bei Verwendung geeigneter Kapillarsäulen kann diese in der Regel entfallen. Für eine genaue Analyse der PCB-Gemische in Lebensmitteln, Umweltproben und biologischem Material muß die Identität der vorhandenen einzelnen PCB bekannt sein (s. a. Abb. 26). Theoretisch sind 209 verschiedene PCB mit 1–10 Chlor-Atomen in verschiedenen Positionen möglich, von denen nur ein Teil in den technischen Gemischen und in den Analysenproben vorhanden ist. Die Identifizierung gelingt mit Hilfe der Kapillar-GC besonders gut, da es dabei zu keinen bzw. nur wenigen Überlagerungen kommt [525, 512, 514, 70, 41, 588, 374].

b) Phthalate

Eine Reihe von Phthalsäureestern, unter diesen besonders das Dibutyl- und Dioctylphthalat werden in der Technik eingesetzt. Sie dienen vor allem als Weichmacher für Polyvinylchlorid. Da sie relativ hydrolysestabil sind, haben sie sich in der Umwelt verbreiten können und lassen sich in Fluß- und Meeressedimenten nachweisen.

Der Nachweis von Phthalaten in Umweltproben ist wegen der vielen mitextrahierbaren Substanzen nicht einfach. Sie werden zwar vom ECD relativ empfindlich angezeigt, dessen Spezifität und Empfindlichkeit reicht aber nicht, um sie mit diesem Detektor zuverlässig zu bestimmen. Am besten geeignet ist die massenspezifische Detektion bei m/e 149, da dieses Ion den Basispeak praktisch aller Phthalate darstellt.

Die Säulen bedürfen keiner sehr intensiven Desaktivierung, die aber keine dicken Restfilme ergeben sollte, da es sonst zu Peakverbreiterungen kommt. Zur Analytik der Phthalate in Umweltproben s. [374].

3. Polycyclische Aromaten

Polycyclische aromatische Kohlenwasserstoffe (=polycyclic **aromatic hydrocarbons** =PAH) entstehen bei der unvollständigen Verbrennung und kommen in Räucherwaren, Bitumen, Ruß, Autoabgasen, gegrilltem Fleisch und Heizölabgasen vor. Ein Teil von ihnen ist cancerogen. Zur Analytik der PAH stehen einige flüssigchromatographische Methoden zur Verfügung, die die Fluoreszenz dieser Verbindungen nutzen. Die GC mit gepackten Säulen führt zu vielen Überlagerungen mit den mitextrahierten Begleitstoffen, da in der Routine meist ein FID verwendet wird. Daher bringt die Kapillar-GC eine enorme Verbesserung dieser Analysen (Abb. 27).

Die PAH neigen zur Adsorption an nicht oder zu wenig desaktivierten Glasoberflächen. Als stationäre Phasen haben sich Methylsilicone oder Phenylsilicone

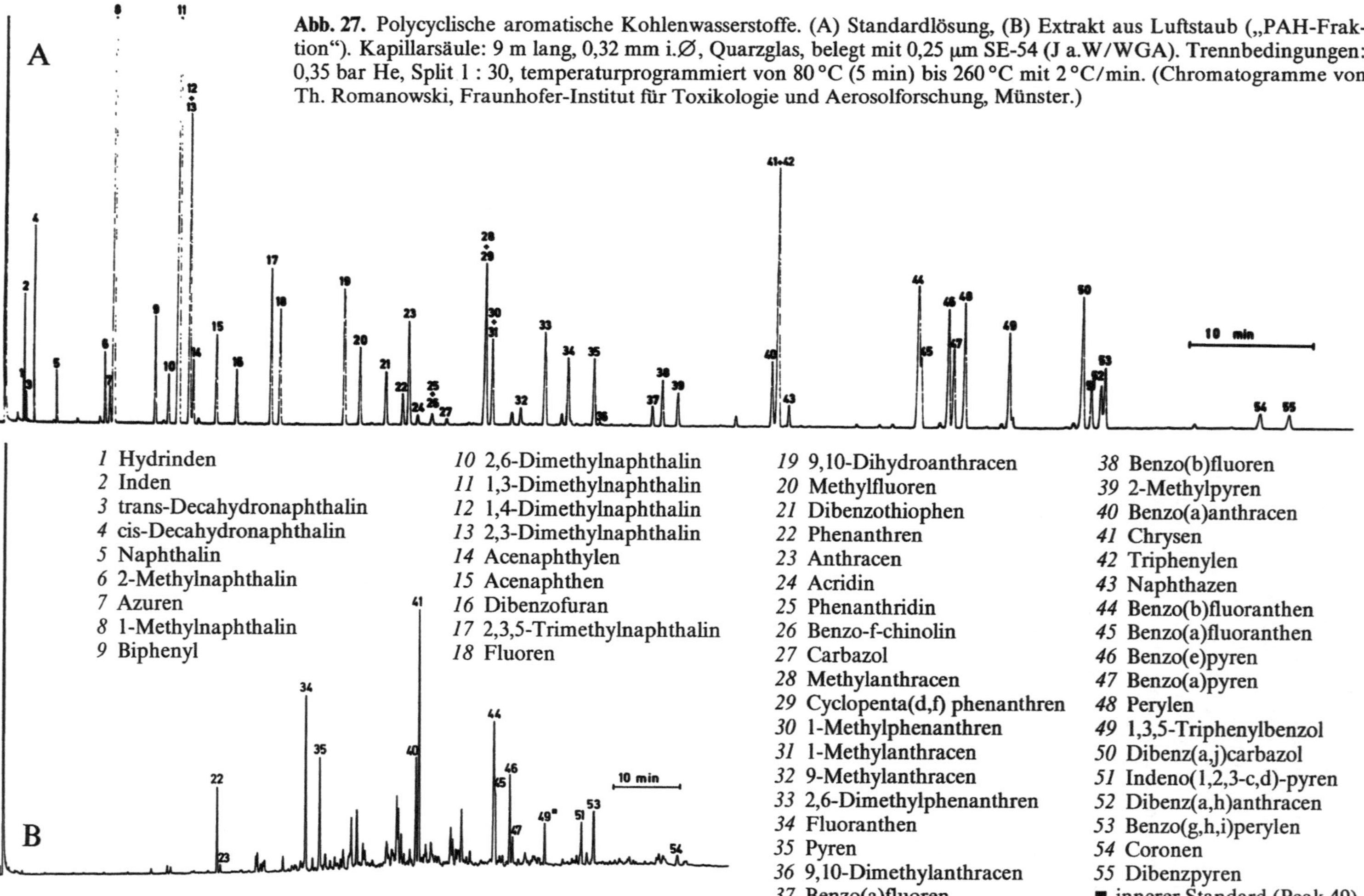

Abb. 27. Polycyclische aromatische Kohlenwasserstoffe. (A) Standardlösung, (B) Extrakt aus Luftstaub („PAH-Fraktion"). Kapillarsäule: 9 m lang, 0,32 mm i.Ø, Quarzglas, belegt mit 0,25 µm SE-54 (J a.W/WGA). Trennbedingungen: 0,35 bar He, Split 1 : 30, temperaturprogrammiert von 80 °C (5 min) bis 260 °C mit 2 °C/min. (Chromatogramme von Th. Romanowski, Fraunhofer-Institut für Toxikologie und Aerosolforschung, Münster.)

auf silyliertem Untergrund bewährt. Auch Polyethylenoxide (s. „Superox") sind brauchbar. Die Trennung von PAH mit Kapillarsäulen wird von mehreren Autoren beschrieben: [346–348, 576, 57, 160, 508, 71, 47, 39, 470, 176]. Ein Review s. bei [351] und eine etwas allgemeinere „kurze" Übersicht über die PAH-Analytik s. bei [177].

Neben den PAH gehören zu dieser Gruppe noch Aza-arene [394] und schwefelhaltige Polycyclen, die z. T. ebenfalls cancerogene Eigenschaften haben, s. bei [351].

4. Halogen-haltige kurzkettige Kohlenwasserstoffe

Chlor-haltige organische Lösungsmittel wie z. B. Chloroform oder Trichlorethylen, können in Spuren als Rückstände in Lebensmitteln, in Trinkwasser und in Luft

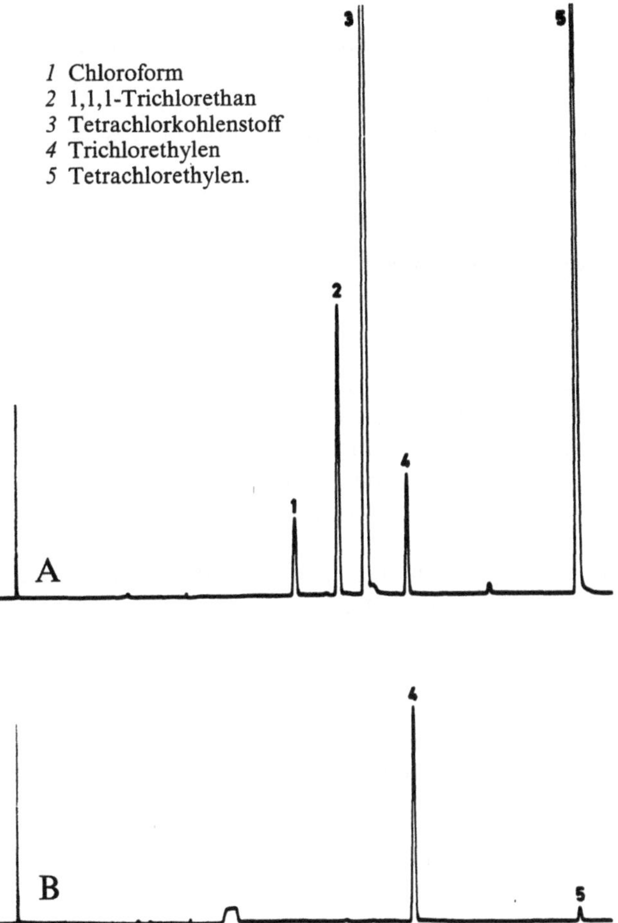

Abb. 28. Lösungsmittel vom Typ der Halogenkohlenwasserstoffe. (A) Standard, (B) Pentanextrakt aus einer Orangenlimonade. Kapillarsäule: 15 m lang, 0,3 mm i.∅, Borosilicat-Glas, desaktiviert mit OV-101, statisch belegt mit 2% OV-1 in n-Pentan (Filmdicke ca. 1,5 μm). Trennbedingungen: 0,3 bar N_2, Split 1 : 10, Elektroneneinfangdetektor (ECD) mit Ni-63-Folie 300 °C, Säule temperaturprogrammiert von 60 °C (4 min) bis 200 °C mit 5 °C/min

vorkommen [49 a, 431 a]. Daneben findet man auch Cl- und Br-haltige Verbindungen (sog. Haloforme) aufgrund einer vorangegangenen Chlorung in Trinkwasser und auch in Lebensmitteln, die damit hergestellt wurden ([46 a] und Abb. 28).

Die Verwendung von relativ dick belegten Kapillaren (ca. 1–2 μm Filmdicke) ist
günstig, weil man dann auch bei Raumtemperatur oder nur etwas darüber ausreichend lange Retentionszeiten erhält und auf eine Kühlung des Ofenraumes
unter Raumtemperatur verzichten kann.

5. Arzneimittel und Anabolika

Wenn Schlachttiere mit Arzneimitteln oder Anabolika behandelt werden, so finden
sich z.T. je nach Wartezeit mehr oder minder große Restmengen davon in ver-
zehrsfähigen Teilen. Die Erfassung derartiger Rückstände stellt hohe Anforderungen an die Analytik, da diese Stoffe meist in äußerst geringen Konzentrationen in
Gegenwart eines großen Überschusses an mitextrahierbaren Stoffen vorliegen. Es
gibt eine Vielzahl analytischer Methoden zu deren Erfassung. In vielen Fällen kann
die Kapillar-GC besonders mit einem MS als Detektionssystem oder einem spezifischen Detektor (A-FID, ECD, FPD) die Methode der Wahl sein. Zur Analytik
derartiger Rückstände mit Hilfe der Kapillar-GC [535, 260].

F. Weitere Anwendungsgebiete von Kapillarsäulen

1. Kohlenwasserstoff-Analytik

Die Trennung komplexer Kohlenwasserstoff-Gemische in der Petrochemie war das
Hauptanwendungsgebiet der Kapillar-GC in den ersten Jahren ihres Bestehens.
Die Säulen bedürfen meist keiner besonders intensiven Desaktivierung (Aus-
nahme: polycyclische Aromaten, s. dort). In Lebensmitteln haben Kohlenwasser-
stoffe als Kontaminanten, aber auch als natürliche Bestandteile von Fetten, eine
Bedeutung.

Anwendungen in der Petrochemie, Geochemie, Umweltanalytik und Lebensmittelchemie [84 (Review), 401, 184, 187, 189, 51, 46, 255].

2. Arzneimittel-Analytik

Manche Arzneimittel und Arzneimittelgruppen lassen sich gaschromatographisch
ohne Derivatisierung trennen. Barbiturate werden für quantitative Analysen häufig
methyliert, da bei den freien Säuren Verluste auf den Trennsäulen beobachtet
werden. In der Toxikologie, Kriminalistik (Rechts-Chemie) und der Arzneimittel-
forschung [143, 120, 90, 565, 119, 486, 471, 314, 315, 123]. Reviews: [556, 413 (Derivatisierungsmethoden)].

3. Hormon-Analytik und Analytik verschiedener Stoffwechselprodukte

Die Kapillar-GC ist in der Klinischen Chemie besonders nützlich, da die zu erfassenden Stoffe häufiger in sehr niedrigen Konzentrationen und in Gegenwart eines

Überschusses von Begleitsubstanzen vorliegen. Zur Trennung von Pheromonen werden spezielle stationäre Phasen verwendet, die die auftretenden Stereoisomeren zu trennen vermögen. Über Beispiele aus der Klinischen Chemie (s. auch unter Steroide) informiert die Literatur: [266, 449] oder der *Pheromonanalytik* in der Biologie: [247, 326].

4. Vitamin-Analytik

Einige Vitamine lassen sich nach eventuell erforderlicher Derivatisierung gaschromatographisch erfassen, wie z. B. Ascorbinsäure, die Tocopherole, Nicotinsäure, Nicotinsäureamid, Pantothenol, Pantothensäure, Inosit, Biotin, Orotsäure (s. a. [280]). In der Lebensmittelanalytik und bei der Untersuchung von Vitaminpräparaten [89, 557].

5. Mykotoxin-Analytik

Auf diesem Gebiet ist die GC bisher kaum eingesetzt worden, obwohl besonders die Kapillar-GC sich hier als sehr nützlich erweisen dürfte [539, 544].

6. Anorganische Analytik

Eine Reihe von Anionen läßt sich nach Alkylierung oder Silylierung gaschromatographisch trennen und auch Kationen sind nach deren Überführung in flüchtigere Komplexe (Chelate) gaschromatographisch analysierbar [152, 552, 236]. Monographie über die GC anorganischer Substanzen: [517].

Die aufgeführten Anwendungen und Literaturzitate sind nur als Beispiele angegeben. Die meisten bisher mit gepackten Säulen durchgeführten Trennungen in Verbindung mit den vorher angewendeten Isolierungs- und Derivatisierungsmethoden lassen sich in der Regel auch mit Hilfe der Kapillar-GC durchführen.

Praktische Dinge

1. Bearbeitung von Glas

Die Enden von Glaskapillaren lassen sich sauber abbrechen, wenn man sie vorher mit einem Diamantschreiber, Widia-Messer oder Wetzstein angeritzt hat. Die resultierende scharfe Bruchkante sollte vor dem Einbau der Kapillaren abgerundet werden, weil damit häufig Dichtungsmaterial abgeschabt wird. Es kann in die Kapillare hineinfallen und zu Störungen führen. Dichtkonen aus Polyimid (Vespel) erhalten durch scharfkantige Kapillarenenden häufig Längsriefen, die zu Undichtigkeiten Anlaß sind. Das Abrunden der Bruchkanten gelingt mit einer nicht zu heißen Gasflamme. Auch Quarzkapillaren, die mit einem Hochtemperaturlack überzogen sind, lassen sich nach dem Anritzen, z.B. mit einem scharfen Messer, leicht und sauber abbrechen. Das Feuerpolieren kann entfallen.

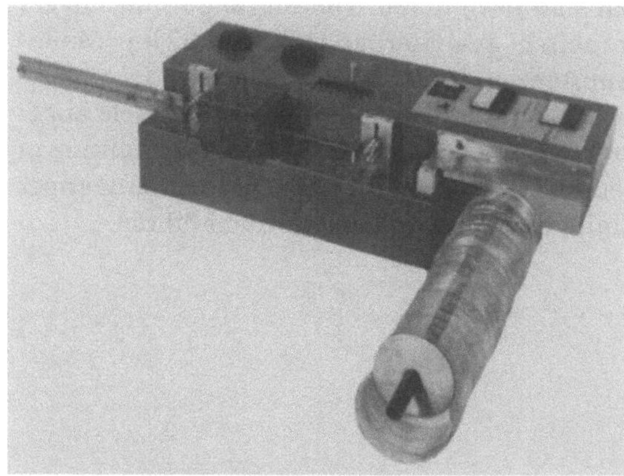

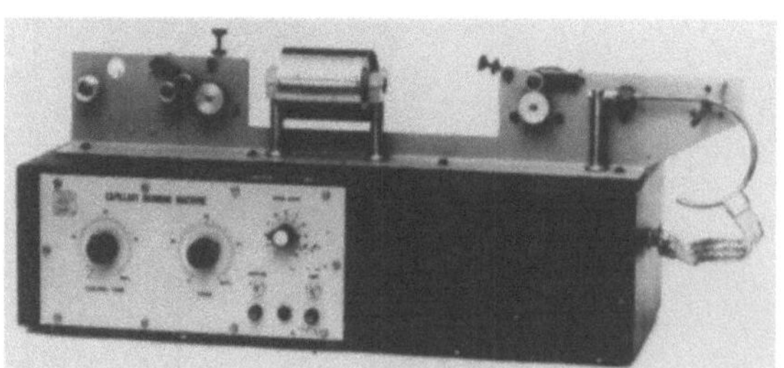

Abb. 29. Kapillarziehmaschinen verschiedener Hersteller. *Links oben:* RFR (Lieferant: Chrompack); *links unten:* RSL (Lieferanten: Latek, Alltech); *rechts:* Shimadzu

Englumige Glaskapillaren müssen manchmal an den Enden aufgeweitet werden, z. B. für die „on-column-injection" oder für die GC-MS-Kopplung mit Quarzkapillaren als Verbindungsleitung. Dazu schmilzt man das aufzuweitende Kapillarenende zu und legt dann am anderen Ende einen Überdruck von etwa 0,1 bar Preßluft oder Stickstoff an. Die Kapillare wird nun kurz über der abgeschmolzenen Stelle durch Befächeln mit einer nicht zu heißen Gasflamme so erhitzt, bis sich das Glas auf einer Strecke von etwa 10 mm auf den gewünschten Durchmesser aufgebläht hat. Dann wird die Kapillare im aufgeweiteten Bereich in der oben beschriebenen Weise angeritzt, abgebrochen und feuerpoliert.

Mit Hilfe von Schmirgelpapier (z. B. Korundpapier, nicht Sandpapier) lassen sich dickere Glasrohre, beispielsweise die Einsätze von Einspritzblocks, am Ende abschrägen, im äußeren Durchmesser etwas verringern oder auf eine exakte Länge kürzen. Bei Glasrohren, die mit Hilfe von PTFE-Konen abgedichtet werden, sollte man die Oberfläche vorher mit Schmirgelpapier mittlerer Korngröße aufrauhen, weil die Rohre sonst schon durch geringe Überdrücke, besonders bei höherer Temperatur, aus den Verschraubungen gedrückt werden.

2. Bearbeitung von PTFE

Zum Anschluß von Kapillaren beim Belegen oder beim Durchdrücken von Luft während des Begradigens ist PTFE-Schlauch sehr geeignet, da er mit Lösungsmitteln nicht quillt und Drucken bis etwa 10 bar standhält. Für Kapillaren mit einem ä.$\varnothing$ von 0,8 mm ist ein PTFE-Schlauch von etwa 0,5–0,6 mm i.$\varnothing$ und 1–1,2 mm ä.$\varnothing$ geeignet. Um das recht starre Material über das Kapillarenende schieben zu können, muß die Bruchkante des Glases wie oben beschrieben rundgeschmolzen sein und der PTFE-Schlauch aufgeweitet werden: Man erhitzt einen Dorn (Nadel) von etwa 1 mm $\varnothing$ bis gerade zur Rotglut und schiebt ihn in den PTFE-Schlauch. Nach dem Abkühlen zieht man den Schlauch vom Dorn ab, was am besten gelingt, wenn man mit dem Daumennagel dahinterhakt. Die Kapillare läßt sich nun leicht in die konische Aufweitung des Schlauches schieben und die Verbindung hält Vakuum und geringem Überdruck stand. Bei Überdrucken von mehr als etwa 0,5 bar muß das Schlauchende meist auf die Kapillare aufgeschrumpft werden, indem man es durch Fächeln mit einer Gasflamme bis zur Transparenz erhitzt und wieder abkühlen läßt. Auf diese Weise wird eine recht feste Verbindung erhalten, die Drucken bis zu etwa 10 bar standhält und sich durch Hinterhaken mit dem Daumennagel und Ziehen wieder lösen läßt.

Für kurze Verbindungsstücke ist auch der teure PTFE-Schrumpfschlauch geeignet, der sich, wie beschrieben, aufschrumpfen läßt.

Für spezielle Anschlüsse, z. B. von dünnen Spritzenkanülen oder Quarzkapillaren sind PTFE-Schläuche mit entsprechenden i.$\varnothing$ oft schwer beschaffbar. Dazu können auch PTFE-Schläuche mit einem etwas weiteren i.$\varnothing$ verwendet werden, indem man diese an den Enden verjüngt. Man erhitzt dazu den PTFE-Schlauch etwa 1–2 cm vom Ende entfernt bis gerade zur Transparenz, läßt ihn etwas abkühlen, bis er beginnt, wieder milchig zu werden und zieht ihn dann soweit auseinander, bis er den gewünschten Durchmesser hat.

PTFE-Schläuche sind zum Verbinden belegter Kapillaren im Gaschromatographen für höhere Temperaturen weniger geeignet. Das Material wird nämlich mit steigender Temperatur für Gase (u. a. für Luftsauerstoff) durchlässiger. Außerdem ist es bei Temperaturen über 200–250 °C so weich, daß Dichtheitsprobleme auftreten können. Muß PTFE-Schlauch mit den Händen festgehalten oder gezogen werden, so stört manchmal dessen glatte Oberfläche. Man kann ihn jedoch zwischen einem Stück sehr feinkörnigen Schmirgelpapiers sehr gut halten.

3. Bearbeitung von Metallteilen

An der Oberfläche korrodierte Teile aus rostfreiem Stahl, Messing u. dgl. können durch kurzes Behandeln mit etwa 10%iger Salzsäure im Ultraschallbad gereinigt werden. Mit Kieselsäure überzogene Kollektoren der FID lassen sich durch kurzes Eintauchen in Flußsäure (Sicherheitsmaßnahmen beachten!) und Nachspülen mit Wasser und Aceton reinigen. Das mechanische Reinigen kann mit Korundpapier mittlerer und anschließend feiner Körnung erfolgen, das Polieren mit „Polierpaste" oder mit angefeuchtetem Kieselgur.

Das Hartlöten z. B. von Adaptern oder bei Reparaturen kann durch Erhitzen mit einem Laborbrenner oder einer Gebläseflamme (nicht zu heiß!) mit Hilfe von Silberhartlot erfolgen. Die Oberflächen der zu verbindenden Metallflächen müssen vorher durch Feilen oder Schmirgeln gut gereinigt werden und mit einer dünnen Schicht von Flußmittel (auf Borax-Basis), das mit Wasser angeteigt wurde, bestrichen werden. Man überzieht die Flächen am besten zunächst mit einer Schicht von Hartlot, schleudert den Überschuß ab und erhitzt nach Aufeinanderlegen der zu verbindenden Flächen noch einmal gerade bis zum Schmelzen des Lotes. Gegebenenfalls muß man noch etwas Lot von der Seite her nachgeben.

Das Weichlöten mit Hilfe eines elektrischen Lötkolbens (max. etwa 30 W bei elektronischen Teilen) unter Verwendung von Lötzinn mit eingeschlossenem Flußmittel auf Kolophoniumbasis ist bei Reparaturen an elektrischen bzw. elektronischen Bauteilen häufiger erforderlich. Auch hier müssen die zu verbindenden Teile eine saubere Oberfläche aufweisen.

Schraubgewinde, wie Verschraubungen von Gasleitungen und GC-Säulen, die auf über 200 °C beheizt werden, neigen zum Aneinanderhaften und werden dann beim Lösen leicht beschädigt. Hier hat sich das Bestreichen der Gewinde mit einem Hochtemperaturschmiermittel wie Molykote oder Never Seez vor dem Zusammenschrauben sehr bewährt.

4. Werkzeug und kleineres Zubehör

In GC-Laboratorien fehlt es häufig an elementarem Werkzeug, mit dessen Hilfe sich viele Montagen und Reparaturen schnell selbst durchführen lassen. Folgende z. T. selbstverständliche Dinge werden nach eigener Erfahrung neben den o. g. häufiger gebraucht:

Schraubenzieher,
Kombizange,
Rollgabelschlüssel („Engländer"),

Satz metrischer Gabelschlüssel (5–30 mm-Schraubenschlüssel),
einige Gabelschlüssel in Zollabmessung: 1/4″ u. 5/16″, 5/16″ u. 3/8″, 3/8″ u.
7/16″, 7/16″ u. 1/2″, 1/2″ u. 9/16″ (z. B. bei WGA erhältlich),
kleiner Schraubstock,
kleine Metallsäge,
Satz Schlüsselfeilen,
kleine Bohrmaschine,
Spiralbohrer („HSS-Qualität", 1–8 mm),
Pinzetten, spitze,
Pfeifenreiniger und dünne Bürsten,
Ultraschall-Reinigungs-Bad,
Kontaktspray (für elektrische Kontakte u. Stecker).

Literatur

1. Abe, I., Kohno, T., Musha, S.: Resolution of amino acids on optically active stationary phase by gas chromatography. Chromatographia *11*, 393–396 (1978)
2. Abe, I., Musha, S.: Resolution of amino acid enantiomers by glass capillary gas chromatography on easily prepared optically active stationary phases. J. Chromatogr. *200*, 195–199 (1980)
3. Ackman, R.G., Sipos, J.C.: Application of specific response factors in the gas chromatographic analysis of methyl esters of fatty acids with flame ionization detectors. J. Am. Oil Chem. Soc. *41*, 377–378 (1964)
4. Ackman, R.G., Hooper, S.N.: The "load effect" in open-tubular GLC: Relationship among methyl trans-11-octadecenoate and cis isomers with similar retention times. J. Chromatogr. Sci. *7*, 549–553 (1969)
5. Ackman, R.G.: The analysis of fatty acids and related materials by gas-liquid chromatography. In: Progress in the chemistry of fats and other lipids, Vol. 12. Holman, R.T. (ed.). Oxford, New York, Toronto, Sydney, Braunschweig: Pergamon Press 1972, pp. 165–284.
6. Ackman, R.G., Sipos, J.C., Eaton, C.A., Hilaman, B.L., Litchfield, C.: Molecular species of wax esters in jaw fat of atlantic bottlenose dolphin, tursiops truncatus. Lipids *8*, 661–667 (1973)
7. Ackman, R.G., Hooper, S.N.: Cis and trans isomerism in some polyethylenic C_{18} fatty acids: Open-tubular GLC data for the liquid phases butanediolsuccinate, Silar-5 CP, and Apiezon-L. J. Chromatogr. Sci. *12*, 131–138 (1974)
8. Ackman, R.G., Barlow, S.M., Duthie, I.F.: Erucic acid in edible fats and oils: A collaborative study on determination by open-tubular (capillary) gas-liquid chromatography. J. Chromatogr. Sci. *15*, 290–295 (1977)
9. Ackman, R.G., Eaton, C.A.: Some contemporary applications of open-tubular gas-liquid chromatography in analyses of methyl esters of longer-chain fatty acids. Fette Seifen Anstrichm. *80*, 21–37 (1978)
10. Adam, S., Jennings, W.G.: Gas chromatographic separation of silylated derivatives of disaccharide mixtures on open tubular glass capillary columns. J. Chromatogr. *115*, 218–221 (1975)
11. Adams, R.F.: Determination of amino acid profiles in biological samples by gas chromatography. J. Chromatogr. *95*, 189–212 (1974)
12. Adams, R.F., Vandemark, F.L., Schmidt, G.J.: Ultramicro GC determination of amino acids using glass open tubular columns and a nitrogen-selective detector. J. Chromatogr. Sci. *15*, 63–68 (1977)
13. Ahnoff, M., Ervik, M., Johansson, L.: Measurement of catalytic activity against perfluoroacylated aminoalcohols on capillary columns. Proc. 4. Intern. Sympos. Capillary Chromatogr. Hindelang 1981, pp. 487–504
14. Albro, P.W., Fishbein, L.: Quantitative and qualitative analysis of polychlorinated biphenyls by gas-liquid chromatography and flame ionization detection. I. One to three chlorine atoms. J. Chromatogr. *69*, 273–283 (1972)
15. Alexander, G., Rutten, G.A.F.M.: Preparation of polar phase coated open tubular columns for steroid analysis. Chromatographia *6*, 231–233 (1973)
16. Alexander, G., Garzó, G., Pályi, G.: Method for preparing glass capillary columns for gas chromatography. J. Chromatogr. *91*, 25–37 (1974)

17. Alexander,· G., Rutten, G.A.F.M.: Surface characteristics of treated glasses for the preparation of glass capillary columns in gas-liquid chromatography. J. Chromatogr. *99*, 81–101 (1974)
18. Alexander, G.: Preparation of glass capillary columns. Chromatographia *13*, 651–666 (1980)
19. Alexander, G.: Die Herstellung von Glas-Kapillarsäulen für die Gas-Chromatographie, Chromatographia *14*, 55–60 (1981)
20. Allen, R.R.: Selective removal of aldehydes from complex mixtures during gas chromatography. Anal. Chem. *38*, 1287 (1966)
21. Alonzo, R.P.D', Kozarek, W.J., Wharton H.W.: Analysis of processed soy oil by gas chromatography. J. Am. Oil Chem. Soc. *58*, 215–227 (1981)
22. Anders, G., Rodewald, D., Welsch, Th.: A simple closing technique for capillary column making. J. High Resolut. Chromatogr. Commun. *3*, 298 (1980)
23. Anderson, D.G., Ansel, R.E.: Polyester liquid phases in gas chromatography. J. Chromatogr. Sci. *11*, 192–195 (1973)
24. Anderson, E.L., Thomason, M.M., Mayfield, H.T., Bertsch, W.: Advances in two-dimensional GC with glass capillary columns. J. High Resolut. Chromatogr. Commun. *2*, 335–342 (1979)
25. Andersson, B.A., Holman, R.T., Lundgren, L., Stenhagen, G.: Capillary gas chromatograms of leaf volatiles. A possible aid to breeders for pest and disease resistance. J. Agric. Food Chem. *28*, 985–989 (1980)
26. Aneja, R., Bhati, A., Hamilton, R.J., Padley, F.B., Steven, D.A.: Evaluation of selected stationary phases suitable for gas-liquid chromatographic analysis of triglycerides. J. Chromatogr. *173*, 392–397 (1979)
27. Anonym: Carborane polymers stable at high temperature. Chem. Eng. News *49* (12), 46–47 (1971)
28. Apon, J.M.B., Nicolaides, N.: The determination of the position isomers of the methyl branched fatty acid methyl esters by capillary GC/MS. J. Chromatogr. Sci. *13*, 467–473 (1975)
29. Arrendale, R.F., Severson, R.F. Chortyk, O.T.: Preparation of wall-coated open-tubular glass (Pyrex) capillary columns with polar stationary phases, using Superox-4 as a surface pretreating and deactivating agent. J. Chromatogr. *208*, 209–216 (1981)
30. Aue, W.A., Hastings, C.R., Kapila, S.: Synthesis and chromatographic application of bonded, monomolecular polymer films on silicic supports. Anal. Chem. *45*, 725–728 (1973)
31. Aue, W.A., Hastings, C.R., Kapila, S.: On the unexpected behaviour of a common gas chromatographic phase. J. Chromatogr. *77*, 299–307 (1973)
32. Aue, W.A., Kapila, S., Gerhardt, K.O.: The gas chromatographic properties of a modified, wide-pore silica gel. J. Chromatogr. *78*, 228–232 (1973)
33. Aue, W.A., Hastings, C.R., Gerhardt, K.O.: Gas chromatography on modified supports. J. Chromatogr. *99*, 45–49 (1974)
34. Badings, H.T., van der Pol, J.J.G., Schmidt, D.G.: Some observations on the hydrochloric acid etching of soda-lime glass in the preparation of capillary columns for gas chromatography. Chromatographia *10*, 404–411 (1977)
35. Badings, H.T., Wassink, J.G.: Deactivation of glass capillary columns by dynamic vapour-phase silylation. J. High Resolut. Chromatogr. Commun. *3*, 21–22 (1980)
36. Badings, H.T., van der Pol, J.J.G., Wassink, J.G.: Preparation of wall-coated glass capillary columns after surface roughening by means of amorphous silica. II. Factors affecting the performance of the columns in gas chromatographic analyses. J. Chromatogr. *203*, 227–236 (1981)
37. Bailey, E., Fenoughty, M., Chapman, J.R.: Evaluation of a gas-liquid chromatographic method for the determination of urinary steroids using high-resolution open-tubular glass capillary columns. J. Chromatogr. *96*, 33–46 (1974)
38. Baiulescu, G.E., Ilie, V.A.: Stationary phases in gas chromatography. Oxford, New York, Toronto, Sydney, Braunschweig: Pergamon Press 1975
39. Balfanz, E., König, J., Funcke, W., Romanowski, T.: Fehlermöglichkeiten bei der quantitativen Analyse polycyclischer aromatischer Kohlenwasserstoffe aus Luftstaubextrakten mit der Capillar-Gas-Chromatographie. Fresenius Z. Anal. Chem. *306*, 340–346 (1981)

40. Ballantine, J.A., Williams, K., Morris, R.J.: Marine sterols. IX. Evaluation of a C_{87} hydrocarbon stationary phase for the analysis of marine sterols in glass open-tubular capillary columns. J. Chromatogr. *166*, 491–497 (1978)

41. Ballschmiter, K., Zell, M.: Analysis of polychlorinated biphenyls (PCB) by glass capillary gas chromatography. Fresenius Z. Anal. Chem. *302*, 20–31 (1980)

42. Baltes, W., Söchtig, I.: Niedermolekulare Inhaltsstoffe von Raucharoma-Präparaten. Z. Lebensm. Unters. Forsch. *169*, 9–16 (1979)

43. Baltes, W., Söchtig, I.: Nachweis eines Raucharomakondensatzusatzes zu Wurstwaren mit Hilfe der Glascapillargaschromatographie. Z. Lebensm. Unters. Forsch. *169*, 17–21 (1979)

44. Bartle, K.D., Novotny, M.: Correlations of surface measurements with the chromatographic performance of chemically modified glass capillary columns. J. Chromatogr. *94*, 35–51 (1974)

45. Bartle, K.D., Wright, B.W., Lee, H.L.: Characterization of glass, quartz, and fuse silica capillary column surfaces from contact – angle measurements Chromatographia *14*, 387–397 (1981)

46. Bastic, M., Bastic, Lj., Jovanovic, J.A., Spiteller, G.: Hydrocarbons and other weakly polar unsaponifiables in some vegetable oils. J. Am. Oil Chem. Soc. *55*, 886–891 (1978)

46 a. Bauer, U.: Untersuchungsmethodik leichtflüchtiger Organohalogenverbindungen. Zbl. Bakt. Hyg., I. Abt. Orig. B *174*, 39–56 (1981)

47. Beernaert, H.: Gas chromatographic analysis of polycyclic aromatic hydrocarbons. J. Chromatogr. *173*, 109–118 (1979)

48. Beeson, J.H., Pescar, R.E.: Poly-M-phenoxylene. A new liquid phase. Anal. Chem. *41*, 1678–1682 (1969)

49. Berg, P.M.J. van den, Cox, Th.P.H.: An all-glass solid sampling device for open tubular columns in gas chromatography. Chromatographia *5*, 301–305 (1972)

49 a. Bergert, K.H., Betz, V., Pruggmayer, D.: Untersuchung flüchtiger organischer Mikroverunreinigungen in Luft und Wasser mit Hilfe von Tieftemperatur-Kapillar-GC/Massenspektrometrie. Chromatographia *7*, 115–121 (1974)

50. Berthou, F., Dreano, Y.: How to increase the lifetimes of GC capillaries. J. High Resolut. Chromatogr. Commun. *2*, 251–252 (1979)

51. Bertsch, W., Chang, R.C., Zlatkis, A.: The determination of organic volatiles in air pollution studies: characterization of profiles. J. Chromatogr. Sci. *12*, 175–182 (1974)

52. Bertsch, W., Shunbo, F., Chang, R.C., Zlatkis, A.: Preparation of high resolution nickel open tubular columns. Chromatographia *7*, 128–134 (1974)

53. Bertsch, W., Anderson, E., Holzer, G.: Trace analysis of organic volatiles in water by gas chromatography – mass spectrometry with glass capillary columns. J. Chromatogr. *112*, 701–718 (1975)

54. Bertsch, W., Anderson, E.L., Holzer, G.: Two-dimensional high resolution GLC in environmental analysis. Preliminary results. Chromatographia *10*, 449–454 (1977)

55. Bertsch, W.: Methods in high resolution gas chromatography. Two-dimensional techniques. Part 1–3. J. High Resolut. Chromatogr. Commun. *1*, 85–90, 187–194, 289–300 (1978)

56. Bezard, J., Bugaut, M.: The component triglycerides of rat adipose tissue. I. As studied after fractionation into classes by silver ion-thin layer chromatography. J. Chromatogr. Sci. *10*, 451–462 (1972)

57. Björseth, A.: Analysis of polcyclic aromatic hydrocarbons in particulate matter by glass capillary gas chromatography. Anal. Chim. Acta *94*, 21–27 (1977)

58. Blaser, W.W., Kracht, W.R.: Flüorad FC-431 surfactant – a new gas chromatographic stationary phase. J. Chromatogr. Sci. *16*, 111–117 (1978)

59. Blass, W., Riegner, K., Hulpke, H.: Double-column gaschromatography using packed precolumns and glass capillary main columns. J. Chromatogr. *172*, 67–75 (1979)

60. Blomberg, L.: Deactivation of glass capillary columns for gas chromatography. J. Chromatogr. *115*, 365–372 (1975)

61. Blomberg, L.: Measurement of the average thickness of the film of stationary phase in dynamically coated glass capillary columns for gas chromatography. J. Chromatogr. *138*, 7–16 (1977)

62. Blomberg, L., Wännman, Th.: Some factors affecting the properties of thin films of Carbowax 20 M intended for deactivation of glass capillary columns. J. Chromatogr. *148*, 379–387 (1978)

63. Blomberg, L., Wännman, Th.: In situ-synthesis of highly thermostable non-extractable methylsilicone gum phases for glass capillary gas chromatography. J. Chromatogr. *168*, 81–88 (1979)

64. Blomberg, L., Wännman, Th.: Glass capillary columns coated with non-soluble methyl silicone gums. J. Chromatogr. *186*, 159–166 (1979)

65. Blomberg, L., Markides, K., Wännman, Th.: Modification of glass capillary columns by cyclic (3,3,3-trifluoropropyl) methylsiloxanes. J. High Resolut. Chromatogr. Commun. *3*, 527–528 (1980)

66. Blomberg, L., Markides, K., Wännman, Th.: Glass capillary columns for gas chromatography coated with nonextractable films of cyanosilicone rubbers. J. Chromatogr. *203*, 217–226 (1981)

67. Blomberg, L., Markides, K., Wännmann, Th.: Cyclic siloxanes and silazanes for chemical modification of glass capillaries for gas chromatography. Proc. 4. Intern. Sympos. Capillary Chromatogr., Hindelang 1981, pp. 73–89

68. Blum, W., Richter, W.J.: Parallel flame ionization detection – total ion current recording in capillary gas chromatography – chemical-ionization mass spectrometry. J. Chromatogr. *132*, 249–259 (1977)

69. Blumer, M.: Preparation of porous layer open tubular columns by dynamic coating on rapid conditioning. Anal. Chem. *45*, 980–982 (1973)

70. Boe, B., Egaas, E.: Qualitative and quantitative analyses of polychlorinated biphenyls by gas-liquid chromatography. J. Chromatogr. *180*, 127–132 (1979)

71. Borwitzky, H., Schomburg, G.: Separation and identification of polynuclear aromatic compounds in coal tar by using glass capillary chromatography including combined gas chromatography-mass spectrometry. J. Chromatogr. *170*, 99–124 (1979)

72. Bouche, J., Verzele, M.: A static coating procedure for glass capillary columns. J. Gas Chromatogr. *6*, 501–505 (1968)

73. Bradbury, A.G.W., Halliday, D.J., Medcalf, D.G.: Separation of monosaccharides as trimethylsilylated alditols on fused-silica capillary columns. J. Chromatogr. *213*, 146–150 (1981)

74. Brandauer, H., Ziegler, E.: Prüfung von Gas-Chromatographiegeräten für Betriebs- und Entwicklungsanalysen von Aromen, ätherischen Ölen und Parfümölen. Parfuem. Kosmet. *54*, 1–5 (1973)

75. Brechbühler, B., Gay, L., Jaeger, H.: A Micro electron capture detector for temperature programmed analysis with capillary columns in a wide range of applications. Chromatographia *10*, 478–486 (1977)

76. Brodtmann, N.V. jr., Koffskey, W.E.: Use of high resolution glass capillary columns for the analysis of pesticides in river and drinking water. J. Chromatogr. Sci. *17*, 97–110 (1979)

77. Brückner, H., Nicholson, G.J., Jung, G., Kruse, K., König, W.A.: Gas chromatographic determination of the configuration of isovaline in Antiamoebin, Samarosporin (Emericin IV), Stilbellin, Suzukacillins and Trichotoxins. Chromatographia *13*, 209–213 (1980)

78. Bruner, F., Ciccioli, P., Zelli, S.: Imposed double detection gas chromatograph – mass spectrometer interface for the analysis of complex organic mixtures. Anal. Chem. *45*, 1002–1006 (1973)

79. Büker, J., Dürbeck, H.W.: Ein einfaches Verfahren zur Beseitigung des „Septumbleedings" bei der Kopplung Gas-Chromatographie–Massenspektrometrie. Chromatographia *8*, 9–12 (1975)

80. Bugaut, M., Bezard, J.: The component triglycerides of rat adipose tissue. II. As studied after fractionation of classes into groups by gas-liquid chromatography. J. Chromatogr. Sci. *11*, 36–46 (1973)

81. Burse, V.W., Lapeza, Ch.R. jr.: "Letter to the editor". J. Chromatogr. Sci. *18*, 112–113 (1981)

82. Buser, H.U., Widmer, H.M.: Capillary gas chromatography based on a capsule-insertion technique. 1. General aspects and comparison with split-injection systems. J. High Resolut. Chromatogr. Commun. *2*, 177–183 (1979)

83. Butler, M., Darbre, A.: Determination of amino acids by gas-liquid chromatography with the nitrogen sensitive thermoionic detector. J. Chromatogr. *161*, 51–56 (1979)
84. Camin, D.L., Raymond, A.J.: Chromatography in petroleum industry. J. Chromatogr. Sci. *11*, 625–638 (1973)
85. Campbell, R.L., Gantt, J.S., Nigro, N.D.: Gas chromatographic analysis of bile acid methyl esters as partial trimethylsilyl ether derivatives using N,O-bis (trimethylsilyl) trifluoroacetamide as silylating reagent. J. Chromatogr. *155*, 427–431 (1978)
86. Castello, G.: Evaluation of the properties of "Apiezon" greases as stationary phases in gas-liquid chromatography. J. Chromatogr. *66*, 213–228 (1972)
87. Chauhan, J., Darbre, A.: Direct injection on capillary columns for gas chromatography. J. High Resolut. Chromatogr. Commun. *4*, 260–265 (1981)
88. Chesler, S.N., Guenther, F.R., Christensen, R.G.: An electrically heated sampler/injector suitable for use with high efficiency gas chromatographic columns. J. High Resolut. Chromatogr. Commun. *3*, 351–352 (1980)
89. Chiarotti, M., Ginsti, G.V.: Determination of submicrogram levels of α-tocopherol in serum by gas-liquid chromatography with solid injection. J. Chromatogr. *147*, 481–484 (1978)
90. Christophersen, A.S., Rasmussen, K.E.: Glass capillary column gas chromatography of barbiturates after flash-heater derivatization with dimethylformamide dimethylacetal. J. Chromatogr. *192*, 363–374 (1980)
91. Coleman, A.E.: Chemistry of liquid phases – other silicones. J. Chromatogr. Sci. *11*, 198–201 (1973)
92. Coulter, J.R., Hann, C.S.: A practical quantitative gas chromatographic analysis of amino acids using n-propyl-N-acetyl esters. J. Chromatogr. *36*, 42–49 (1968)
93. Cramers, C.A., Vermeer, E.A.: Direct sample introduction of high boiling compounds onto glass capillary columns. Comparison of manual and automatic sampling. Chromatographia *8*, 479–481 (1975)
94. Cramers, C.A., Vermeer, E.A., Franken, J.J.: Preparation and evaluation of polar stabilized phase open tubular (SPOT) columns. Chromatographia *10*, 412–418 (1977)
95. Cramers, C.A., Wijnheijmer, F.A., Rijks, J.A.: An analysis of coating-efficiency as a measure for capillary column performance. Chromatographia *12*, 643–646 (1979)
96. Croll, B.T.: Septum interferences in electron-capture gas chromatography. Chem. Ind. *28*, 789 (1971)
97. Cronin, D.A.: The preparation of porous layer open tubular columns using powdered glass as a binding agent. J. Chromatogr. *48*, 406–411 (1970)
98. Cronin, D.A.: The preparation of stable glass capillary columns coated with Carbowax 20 M. J. Chromatogr. *97*, 263–266 (1974)
99. Cronin, D.A.: Preparation and properties of porous layer open tubular borosilicate and soda-glass columns possessing a permanently fixed support layer. J. Chromatogr. *101*, 271–279 (1974)
100. Cueman, M.K., Hurley, R.B. jr.: Quick setting plug for capillary column making. J. High Resolut. Chromatogr. Commun. *1*, 92 (1978)
101. Dahlgran, J.R.: Simultaneous detection of total and halogenated hydrocarbons in complex environmental samples. J. High Resolut. Chromatogr. Commun. *4*, 393–397 (1981)
102. Dandeneau, R.D., Zerenner, E.H.: An investigation of glasses for capillary chromatography. J. High Resolut. Chromatogr. Commun. *2*, 351–356 (1979)
103. Deans, D.R.: An improved technique for back-flushing gas chromatographic columns. J. Chromatogr. *18*, 477–481 (1965)
104. Deans, D.R.: A new technique for heart cutting in gas chromatography. Chromatographia *1*, 18–22 (1968)
105. De Kok, A., van der Kooij, A.A., Linnekamp, M., Vos, Y.J., Frei, R.W., Brinkman, U.A.Th.: Determination of phenylurea herbicides and corresponding anilines by combined HPLC and capillary GC. Proc. 4. Intern. Sympos. Capillary Chromatogr. Hindelang 1981, pp. 53–71
106. Desgres, J., Boisson, D., Padieu, P.: Gas-liquid chromatography of isobutyl ester, N(O)-heptafluorobutyrate derivatives of amino acids on a glass capillary column for quantitative separation in clinical biology. J. Chromatogr. *162*, 133–152 (1979)

106a. De Stefano, J.J., Kirkland, J.J.: High-performance silicone bonded-phase column packing for gas chromatography. J. Chromatogr. Sci. *12*, 337–343 (1974)

107. Desty, D.H., Haresnape, J.N., Whyman, B.H.F.: Construction of long lengths of coiled glass capillary. Anal. Chem. *32*, 302–304 (1960)

108. Desty, D.H.: The origination, development and potentialities of glass capillary columns. Chromatographia *8*, 452–455 (1975)

109. Desty, D.H., Douglas, A.A.: Non-circular capillary columns for gas chromatography. J. Chromatogr. *142*, 39–56 (1977)

110. DGF-Einheitsmethoden Stuttgart: Wissenschaftliche Verlagsgesellschaft 1950–1981, Abteilung C-Fette, C-VI 10–11c (81)

111. Dick, R., Miserez, A.: Gaschromatographischer Nachweis von Fremdfett in Kakaobutter. Mitt. Geb. Lebensmittelunters. Hyg. *71*, 499–508 (1980)

112. Dijkstra, G., De Goey, J.: In: Gas Chromatography 1958. D.H. Desty (ed.) London: Butterworths 1958, pp. 56–58

113. Dirkes, W.E. jr., Rubey, W.A., Pantano, C.G.: The formation of a silica-rich surface using sulfur dioxide in drawn glass capillaries. J. High Resolut. Chromatogr. Commun. *3*, 303–305 (1980)

114. Dittmar, K.E.J., Heckers, H., Melcher, F.W.: Zur gaschromatographischen Analytik trans-isomerer Fettsäuren auf gepackten Säulen (Silar 10 C, Silar 9 CP, SP 2340, OV-275) sowie auf der mit SP 2340 beschichteten Glaskapillare. Fette, Seifen, Anstrichm. *80*, 297–303 (1978)

115. Donike, M.: Die temperaturprogrammierte Analyse von Fettsäuretrimethylsilylestern: Ein kritischer Qualitätstest für gas-chromatographische Trennsäulen. Chromatographia *6*, 190–195 (1973)

116. Donike, M.: Control of trimethylsilylation potential and trimethylsilylation capicity by the use of colour indicators. J. Chromatogr. *115*, 591–595 (1975)

117. Drawert, F., Schreier, P., Scherer, W.: Gaschromatographisch-massenspektrometrische Untersuchung flüchtiger Inhaltsstoffe des Weines. III. Säuren des Weinaromas. Z. Lebensm. Unters. Forsch. *115*, 342–347 (1974)

118. Dresselhaus, M.: Die gaschromatographische Bestimmung des Cholesterins in Lebensmitteln – ein selektives Verfahren zur Ermittlung des Eigehaltes. Diss. Univ. Münster 1974

119. Dünges, W., Langlais, R., Schlenkermann, R.: Identification and quantitation of trace amounts of barbiturates with glass capillary gas chromatography. J. High Resolut. Chromatogr. Commun. *2*, 361–365 (1979)

120. Dürbeck, H.W., Büker, I., Scheulen, B., Telin, B.: Gas chromatographic and capillary column gas chromatographic – mass spectrometric determination of synthetic anabolic steroids. I. Methandienone and its metabolites. J. Chromatogr. *167*, 117–124 (1978)

121. Dürbeck, H.W., Büker, I., Leymann, W.: Ein neues Interface für die GC/MS-Kopplung von Glaskapillarsäulen. Chromatographia *11*, 295–300 (1978)

122. Dürbeck, H.W., Büker, I., Leymann, W.: Ein modifiziertes Interface für die GC/MS-Kopplung von Glaskapillarsäulen. Chromatographia *11*, 372–375 (1978)

123. Edlund, P.O.: Determination of opiates in biological samples by glass capillary gas chromatography with electron-capture detection. J. Chromatogr. *206*, 109–116 (1981)

124. Englmaier, P.: Trimethylsilyl-Ester pflanzlicher Säuren und ihre Anwendung in der Gaschromatographie. Darstellung, Kinetik der Silylierung und Einflüsse verschiedener Lösungsmittel auf Ausbeute und Stabilität der Derivate. J. Chromatogr. *194*, 33–42 (1980)

125. Ettre, L.S.: Das Retentionsindex-System, seine Anwendung zur Identifizierung von Substanzen und Charakterisierung von flüssigen Phasen. Chromatographia *6*, 525–532 (1973)

126. Ettre, L.S.: Das Retentionsindex-System, seine Anwendung zur Identifizierung von Substanzen und Charakterisierung von flüssigen Phasen. Teil II. Zusammenhang zwischen Retentionsindex, Struktur und Analysenparametern. Chromatographia *7*, 141–149 (1974)

127. Ettre, L.S.: Das Retentionsindex-System, seine Anwendung zur Identifizierung von Substanzen und Charakterisierung von flüssigen Phasen. Teil III. Charakterisierung von flüssigen Phasen. Chromatographia *7*, 407–415 (1974)

128. Ettre, L.S., Purcell, J.E.: Porous-layer open tubular columns – Theory, practice and applications. In: Advances in chromatography, Vol. 10. Giddings, J.C., Keller, R.A. (eds.). New York: M. Dekker 1974, pp. 1–97
129. Ettre, L.S.: Separation values and their utilization in column characterization. Part I: The meaning of the separation values and their relationship to other chromatographic parameters. Chromatographia 8, 291–299 (1975)
130. Ettre, L.S.: Separation values and their utilization in column characterization Part II: Possible improvement in the use of the separation values to express relative column performance. Chromatographia 8, 355–357 (1975)
130a. Ettre L.S.: Gaschromatographie mit Kapillarsäulen. Braunschweig: Vieweg 1976
131. Ettre, L.S., Purcell, J.E., Widomski, J., Kolb, B., Pospisil, P.: Investigation on equilibrium headspace – open tubular column gas chromatography. J. Chromatogr. Sci. 18, 116–125 (1980)
132. Etzweiler, F., Neuner-Jehle, N.: Eine einfache Vorrichtung zur Stromteilung am Ausgang von Glaskapillarsäulen hoher Trennleistung. Chromatographia 6, 503–507 (1973)
133. Etzweiler, F.: Suitability of platinum as a material for interfaces. J. Chromatogr. 167, 133–138 (1978)
134. Evrard, E., Mercier, M., Bal, M.: A sampling system using sample vials for high-temperature isothermal capillary gas chromatography. J. High Resolut. Chromatogr. Commun. 2, 216–220 (1979)
135. Felker, P.: Gas-liquid chromatography of the heptafluorobutyryl-O-isobutyl esters of amino acids. J. Chromatogr. 153, 259–262 (1978)
136. Fischer, W.G.: Neuer Curie-Punkt Pyrolyse-Reaktor für Pyrolyse-Kapillar-Gaschromatographie. GIT Fachz. Lab. 24, 666–669 (1980)
137. Fishbein, L., Zielinski, W.L. jr.: Structural transformations during the gas chromatography of carbamates. Chromatographia 2, 38–56 (1969)
138. Flanzy, J., Boudon, M., Leger, C., Pihet, J.: Application of Carbowax 20 M as an open-tubular liquid phase in analysis of nutritionally important fats and oils. J. Chromatogr. Sci. 14, 17–24 (1976)
139. Flückiger, R.: Advantages of a sample transfer line with backflush capability for interfacing glass capillary columns to a mass spectrometer. Chromatographia 8, 434–439 (1975)
140. Fowler, W.K., Duffey, C.H., Miller, H.C.: Modification of a gas chromatographic inlet for thermal desorption of adsorbent-filled sampling tubes. Anal. Chem. 51, 2333–2336 (1979)
141. Frank, H., Nicholson, G.J., Bayer, E.: Rapid gas chromatographic separation of amino acid enantioners with a novel chiral stationary phase. J. Chromatogr. Sci. 15, 174–176 (1977)
142. Frank, H., Nicholson, G.J., Bayer, E.: Chirale Polysiloxane zur Trennung von optischen Antipoden. Angew. Chem. 90, 396–398 (1978)
143. Frank, H., Nicholson, G.J., Bayer, E.: Gas chromatographic – mass spectrometric analysis of optically active metabolites and drugs on a novel chiral stationary phase. J. Chromatogr. 146, 197–206 (1978)
144. Frank, H., Nicholson, G.J., Bayer, E.: Enantiomer labelling, a method for the quantitative analysis of amino acids. J. Chromatogr. 167, 187–196 (1978)
145. Frank, H., Chaves Das Neves, H.J., Bayer, E.: Gas chromatography of monosaccharides: Formation of a single derivative for each aldose. J. Chromatogr. 207, 213–220 (1981)
146. Franken, J.J., Vader, H.L.: Open hole tubular columns in pesticide analysis. Chromatographia 6, 22–27 (1973)
147. Franken, J.J., Trijbels, M.M.F.: Preliminary studies in the analysis of biological amines by means of glass capillary columns. I. Studies with model compounds. J. Chromatogr. 91, 425–431 (1974)
148. Franken, J.J., Rutten, G.A.F.M., Rijks, J.A.: Preparation of glass capillary columns coated with polar phase for high temperature gas chromatography. J. Chromatogr. 126, 117–132 (1976)
149. Franken, J.J., Nijs, R.C.M. De, Schulting, F.L.: Deactivation of glass open-tubular columns with PEG 20 M via the gas phase. J. Chromatogr. 144, 253–256 (1977)

149 a. Fryer, F.H., Ormand, W.L., Crump, G.B.: Triglyceride elution by gas chromatography. J. Am. Oil Chem. Soc. *37*, 589–590 (1960)

150. Galli, M., Trestianu, S.: Benefits of a special cooling system to improve precision and accuracy in non-vaporizing on-column injection procedures. J. Chromatogr. *203*, 193–205 (1981)

151. Ganansia, J., Landault, C., Vidal-Madjar, C., Guiochon, G.: Simple metallic connection of glass capillary columns to chromatographs. Anal. Chem. *43*, 807 (1971)

152. Garzo, G., Hoebbel, D., Ecsery, Z.J., Ujszaszi, K.: Gas chromatography of trimethylsilylated silicate anions. Separation with glass capillary columns and new aspects in derivatization. J. Chromatogr. *167*, 321–336 (1978)

153. Gaskell, S.J., Brooks, C.J.W.: Gas-liquid chromatography–mass spectrometry of phospholipid mixtures after enzymic hydrolysis. J. Chromatogr. *142*, 469–480 (1977)

154. Gates Clarke, J.F. jr.: A problem in etching pyrex glass capillary columns. J. High Resolut. Chromatogr. Commun. *2*, 357–360 (1979)

155. Gehrke, C.W., Leimer, K.: Trimethylsilylation of amino acids. Derivatization and chromatography. J. Chromatogr. *57*, 219–238 (1971)

156. German, A.L., Pfaffenberger, C.D., Thenot, J.P., Horning, M.G., Horning, E.C.: High resolution gas chromatography with thermostable glass open tubular capillary columns. Anal. Chem. *45*, 930–935 (1973)

157. German, A.L., Horning, E.C.: Thermostable open tube capillary columns for the high resolution gas chromatography of human urinary steroids. J. Chromatogr. Sci. *11*, 76–82 (1973)

158. Gerritse, R.G.: Gas chromatographic measurement of the permeability of PTFE, PVC, polyethylene and nylon tubing towards oxygen and nitrogen. J. Chromatogr. *77*, 406–409 (1973)

159. Giabbai, M., Shoults, M., Bertsch, W.: Static coating of glass capillary columns. Some practical observations. J. High Resolut. Chromatogr. Commun. *1*, 277–278 (1978)

160. Giger, W., Schaffner, C.: Determination of polycyclic aromatic hydrocarbons in the environment by glass capillary gas chromatography. Anal. Chem. *50*, 243–249 (1978)

161. Gilsbach, W.: Beitrag zur Rückstandsanalyse von Chlorphenoxycarbonsäure-Herbiziden in Weizenmehl. Diss. Univ. Münster 1982

162. Gloor, R., Leidner, H.: Bestimmung von Carbonsäuren aus wäßriger Lösung mittels Kapillar-Gas-Chromatographie. Chromatographia *9*, 618–623 (1976)

163. Godefroot, M., Roelenbosch, M. van, Verstappe, M., Sandra, P., Verzele, M.: High temperature silylation of glass capillary columns. J. High Resolut. Chromatogr. Commun. *3*, 337–344 (1980)

164. Godefroot, M., Sandra, P., Verzele, M.: New method for quantitative essential oil analysis. J. Chromatogr. *203*, 325–335 (1981)

165. Göke, G.: Erfahrungen mit neuen stationären Phasen bei der gaschromatographischen Trennung von Fettsäuremethylestern. Lebensmittelchem. Gerichtl. Chem. *32*, 54–56 (1978)

166. Golay, M.J.E.: In: Gas chromatography. Coates, V.J., Noebels, H.J., Fagerson, J.S. (eds.). New York: Academic Press 1958, pp. 1–13

167. Golovnya, R.V., Kuzmenko, T.E.: Thermodynamic evaluation of the interaction of fatty acid methyl esters with polar and non-polar stationary phases, based on their retention indices. Chromatographia *10*, 545–548 (1977)

168. Golovnya, R.V., Samusenko, A.L., Mistryukov, E.A.: Analysis of polar compounds on PEG-40M/KF glass capillary columns. J. High Resolut. Chromatogr. Commun. *2*, 609–612 (1979)

169. Goodwin, B.L.: Static coating of capillary columns: some practical considerations. J. Chromatogr. *172*, 31–36 (1979)

170. Goodwin, E.S., Goulden, R., Reynolds, J.G.: Rapid identification and determination of residues of chlorinated pesticides in crops by gas-liquid chromatography. Analyst *86*, 697–709 (1961)

171. Goretti, G., Liberti, A., Nota, G.: A general procedure to obtain high resolution glass capillary columns. Chromatographia *8*, 486–490 (1975)

172. Goretti, G., Liberti, A., Pili, G.: Evaluation of graphitized glass capillary columns. J. High Resolut. Chromatogr. Commun. *1*, 143–148 (1978)
173. Grayson, M.A., Levy, R.L., Wolf, C.J.: Flow programming in combined gas chromatography – mass spectrometry. Anal. Chem. *45*, 373–376 (1973)
174. Green, C., Doctor, V.M., Holzer, G., Oro, J.: Separation of neutral and amino sugars by capillary gas chromatography. J. Chromatogr. *207*, 268–272 (1981)
175. Green, J.D.: Direct sampling method for gas chromatographic headspace analysis on glass capillary columns. J. Chromatogr. *210*, 25–32 (1981)
176. Grimmer, G., Jacob, J., Naujack, K.-W.: Profile of the polycyclic aromatic hydrocarbons from lubricating oils inventory by GCGC/MS-PAH in environmental materials, Part 1. Fresenius Z. Anal. Chem. *306*, 347–355 (1981)
177. Grimmer, G.: Polycyclische aromatische Kohlenwasserstoffe – ihr Vorkommen und ihre Bestimmung. Lebensmittelchem. Gerichtl. Chem. *35*, 67–71 (1981)
178. Grob, K.: Polare Imprägnierung von Glaskapillaren für die Gaschromatographie. Helv. Chim. Acta *48*, 1362–1370 (1965)
179. Grob, K.: Glaskapillaren für die Gas-Chromatographie. Verbesserte Erzeugung und Prüfung stabiler Trennflüssigkeitsfilme. Helv. Chim. Acta *51*, 718–737 (1968)
180. Grob, K., Grob, G.: Separation efficiency versus column length. An experimental study with capillary columns. J. Chromatogr. Sci. *7*, 515–516 (1969)
181. Grob, K., Grob, G.: Splitless injection on capillary columns, Part I. The basic technique; steroid analysis as an example. J. Chromatogr. Sci. *7*, 584–586 (1969)
182. Grob, K., Grob, G.: Splitless injection on capillary columns, Part II. Conditions and limits, practical realization. J. Chromatogr. Sci. *7*, 587–591 (1969)
183. Grob, K., Grob, G.: Trace analysis on capillary columns. Selected practical applications: Insecticides in raw butter extract; aroma head space from liquors; auto exhaust gas. J. Chromatogr. Sci. *8*, 635–639 (1970)
183a. Grob, K., Grob, G.: Ein Aciditätstest als Teil der Qualitätsprüfung für Kapillarsäulen. Chromatographia *4*, 422–424 (1971)
184. Grob, K., Grob, G.: Gas-liquid chromatographic mass spectrometric investigation of C_6–C_{20} organic compounds in an urban atmosphere. J. Chromatogr. *62*, 1–13 (1971)
185. Grob, K., Grob, G.: Methodik der Kapillar-Gas-Chromatographie, Hinweise zur vollen Ausnützung hochwertiger Säulen. I. Teil: Die Direkteinspritzung. Chromatographia *5*, 3–12 (1972)
186. Grob, K., Jaeggi, H.J.: Methodik der Kapillar-Gas-Chromatographie, Hinweise zur vollen Ausnützung hochwertiger Säulen, II. Teil: Handhabung und Betrieb. Chromatographia *5*, 382–391 (1972)
187. Grob, K.: Organic substances in potable water and its precursor. Part I. Methods for their determination by gas-liquid chromatography. J. Chromatogr. *84*, 255–273 (1973)
188. Grob, K., Jaeggi, H.: Direct coupling of capillary columns to a mass spectrometer-technique allowing rapid column change. Anal. Chem. *45*, 1788–1790 (1973)
189. Grob, K., Grob, G.: Organic substances in potable water and in its precursor. Part. II. Applications in the area of Zürich. J. Chromatogr. *90*, 303–314 (1974)
190. Grob, K., Grob, K. jr.: Isothermal analysis on capillary columns without stream splitting. The role of the solvent. J. Chromatogr. *94*, 53–64 (1974)
191. Grob, K., Grob, G.: A new, generally applicable procedure for the preparation of glass capillary columns. J. Chromatogr. *125*, 471–485 (1976)
192. Grob, K.: Are noble metals the ideal material for interfaces in capillary GC. Chromatographia *9*, 509–512 (1976)
193. Grob, K., Grob, G., Grob, K. jr.: The barium carbonate procedure for the preparation of glass capillary columns, further informations and developments. Chromatographia *10*, 181–187 (1977)
194. Grob, K. jr., Grob, K.: Pluronics as liquid phases for capillary gas-liquid chromatography. J. Chromatogr. *140*, 257–259 (1977)
195. Grob, K.: Gum phases for glass capillary columns; a recommendation for users, a challenge for polymer scientists. Chromatographia *10*, 625 (1977)
196. Grob, K., Grob, K. jr.: Splitless injection and the solvent effect. J. High Resolut. Chromatogr. Comm. *1*, 57–64 (1978)

197. Grob, K.: Static coating of glass capillary columns. J. High Resolut. Chromatogr. Comm. *1*, 93–94 (1978)
198. Grob, K. jr., Neukom, H.P., Fröhlich, D., Battaglia, R.: Separation of monounsaturated fatty acid methyl esters by capillary GLC? J. High Resolut. Chromatogr. Commun. *1*, 94–95 (1978)
199. Grob, K. jr., Neukom, H.P., Kaderli, H.: Higher alcohols in alcoholic beverages by direct analysis on glass capillary columns. J. High Resolut. Chromatogr. Commun. *1*, 98–99 (1978)
200. Grob, K.: Elastic fittings for glass capillary columns. J. High Resolut. Chromatogr. Commun. *1*, 103–104 (1978)
201. Grob, K. jr., Grob, G., Grob, K.: Preparation of apolar glass capillary columns by the barium carbonate procedure. J. High Resolut. Chromatogr. Commun. *1*, 149–155 (1978)
202. Grob, K.: Diffusion-free pressure regulators in capillary GC. J. High Resolut. Chromatogr. Commun. *1*, 173–174 (1978)
203. Grob, K., Grob, G.: A warning against the use of diluted stock solutions of apolar silicones for coating glass capillary columns. J. High Resolut. Chromatogr. Commun. *1*, 221–222 (1978)
204. Grob, K.: On-column injection onto capillary columns. Part 2: Study of sampling conditions; practical recommendations. J. High Resolut. Chromatogr. Commun. *1*, 263–267 (1978)
205. Grob, K., Grob, G.: Testing uncoated glass capillaries. J. High Resolut. Chromatogr. Commun. *1*, 302–303 (1978)
206. Grob, K. jr.: A current, easily reparable form of damage to GC capillaries. J. High Resolut. Chromatogr. Commun. *1*, 307–308 (1978)
207. Grob, K., Guenter, J.R., Portmann, A.: In investigation of barium carbonate layers in glass capillary columns by scanning electron microscopy. J. Chromatogr. *147*, 111–117 (1978)
208. Grob, K., Grob, K. jr.: On-column injection onto glass capillary columns. J. Chromatogr. *151*, 311–320 (1978)
209. Grob, K. jr., Grob, G., Grob, K.: Comprehensive, standardized quality test for glass capillary columns. J. Chromatogr. *156*, 1–20 (1978)
210. Grob, K. jr., Neukom, H.P.: The influence of the syringe needle on the precision and accuracy of vaporizing GC injections. J. High Resolut. Chromatogr. Commun. *2*, 15–21 (1979)
211. Grob, K., Grob, G., Grob, K. jr.: Deactivation of glass capillary columns by silylation. Part 1: Principle and basic technique. J. High Resolut. Chromatogr. Commun. *2*, 31–35 (1979)
212. Grob, K., Grob, G., Grob, K. jr.: Deactivation of glass capillaries by persilylation. Part 2: Practical recommendations. J. High Resolut. Chromatogr. Commun. *2*, 677–678 (1979)
213. Grob, K. jr.: Evaluation of injection techniques for triglycerides in capillary gas chromatography. J. Chromatogr. *178*, 387–392 (1979)
214. Grob, K., Grob, G.: Deactivation of glass capillaries by persilylation. Part 3: Extending the wettability by bonding phenyl groups to the glass surface. J. High Resolut. Chromatogr. Commun. *3*, 197–198 (1980)
215. Grob, K.: Persilylation of glass capillary columns. Part 4: Discussion of parameters. J. High Resolut. Chromatogr. Commun. *3*, 493–496 (1980)
216. Grob, K.: Static coating: Filling the column by pressure. J. High Resolut. Chromatogr. Commun. *3*, 525–526 (1980)
217. Grob, K.: Adsorptive verus catalytic activity: How to distinguish their effects. J. High Resolut. Chromatogr. Commun. *3*, 585–586 (1980)
218. Grob, K. jr., Rennhard, S.: Evaluation of syringe handling techniques for injections into vaporizing GC injectors. J. High Resolut. Chromatogr. Commun. *3*, 627–633 (1980)
219. Grob, K. jr., Neukom, H.P.: Factors affecting the accuracy and precision of cold on-column injections in capillary gas chromatography. J. Chromatogr. *189*, 109–117 (1980)
220. Grob, K. jr., Neukom, H.P.: Should the septum part of vaporizing injectors be kept at lower temperatures? J. Chromatogr. *198*, 64–69 (1980)
221. Grob, K.: Gas chromatographic stationary phases analysed by capillary gas chromatography. J. Chromatogr. *198*, 176–179 (1980)

222. Grob, K. jr., Neukom, H.P., Battaglia, R.: Triglyceride analysis with glass capillary gas chromatography. J. Am. Oil Chem. Soc. *57*, 282–286 (1980)
223. Grob, K., Grob, G., Brechbühler, B., Pichler, P.: Straightening of the ends of glass capillary columns. J. Chromatogr. *205*, 1–11 (1981)
224. Grob, K. jr.: Degradation of triglycerides in gas chromatographic capillaries: Studies by reversing the column. J. Chromatogr. *205*, 289–296 (1981)
225. Grob, K. jr., Grob, K.: Evaluation of capillary columns by separation number or plate number. J. Chromatogr. *207*, 291–297 (1981)
226. Grob, K. jr.: Evaluation of capillary gas chromatography for thermolabile phenylurea herbicides. Comparison of different columns including fused silica. J. Chromatogr. *208*, 217–229 (1981)
227. Grob, K., Grob, G., Grob, K. jr.: Capillary columns with immobilized stationary phases. I. A new simple preparation procedure. J. Chromatogr. *211*, 243–246 (1981)
228. Grob, K. jr.: Peak broadening or splitting caused by solvent flooding after splitless or cold on-column injection in capillary gas chromatography. J. Chromatogr. *213*, 3–14 (1981)
229. Grob, K., Grob, G.: Capillary columns with immobilized stationary phases. II. Practical advantages and details of procedure. J. Chromatogr. *213*, 211–221 (1981)
230. Grob, K. jr.: Split injection in capillary GC. Proc. 4. Intern. Sympos. Capillary Chromatogr., Hindelang 1981, pp. 185–199
231. Günther, W., Koukoudimos, K., Schlegelmilch, F.: Charakterisierung von textilen Fasermaterialien durch Pyrolyse-Kapillar-Gaschromatographie. Melliand Textilber. *60*, 501–503 (1979)
232. Günther, W.: Persönl. Mitt. (1981)
233. Guiochon, G.: Prediction of the average film thickness in capillary columns prepared by the dynamic method. J. Chromatogr. Sci. *9*, 512 (1971)
234. Guiochon, G.: Speed of analysis in open tubular columns gas chromatography. Anal. Chem. *50*, 1812–1821 (1978)
235. Gunstone, F.D., Ismail, I.A., Lie Ken Jie, M.: Fatty acids, part 16. Thin layer and gas liquid chromatographic properties of the cis and trans methyl octadecenoates and of some acetylenic esters. Chem. Phys. Lipids *1*, 376–385 (1967)
236. Häring, N., Zell, M., Ballschmiter, K.: Chromatographie von Metallchelaten X. Capillar-Gas-Chromatographie von fluorierten Metall-dithiocarbamaten im 10–30 pg-Bereich. Fresenius Z. Anal. Chem. *305*, 285–286 (1981)
237. Haken, J.K.: Polysiloxane stationary phases. J. Chromatogr. *73*, 419–448 (1972)
238. Haken, J.K.: Polysiloxane stationary phases in gas chromatography. J. Chromatogr. *141*, 247–288 (1977)
239. Haken, J.K., Vernon, F.: Evaluation of a thermally stable hydrocarbon as a non-polar base stationary phase for use in Rohrschneider – Mc Reynolds – type schemes. J. Chromatogr. *186*, 89–97 (1979)
240. Halasz, I., Horvath, C.: Open tube columns with impregnated thin layer support for gas chromatography. Anal. Chem. *35*, 499–505 (1963)
241. Halasz, I.: Optimaler Kolonnentyp für gas-chromatographische Analysen. Fresenius Z. Anal. Chem. *236*, 15–21 (1968)
242. Hanneman, L.F., Klimisch, H.M.K.: Decompositon of fluorosilicone stationary phases in solution. J. Chromatogr. *70*, 81–86 (1972)
243. Hamilton, R.J., Ackmann, R.G.: Qualitative and quantitative gas liquid chromatography of triglycerides. J. Chromatogr. Sci. *13*, 474–478 (1975)
244. Hartigan, M.J., Ettre, L.S.: Questions related to gas chromatographic systems with glass open-tubular columns. J. Chromatogr. *119*, 187–206 (1976)
245. Hase, A., Hase, T., Holmbom, B.: Minor carboxylic acids in finnish tall oil fatty acids: aromatic, alicyclic, and branched chain aliphatic constituents. J. Am. Oil Chem. Soc. *57*, 115–118 (1980)
246. Hastings, C.R., Augl, J.M., Kapila, S.K., Aue, W.A.: Non extractable polymer coatings (modified supports) for chromatography. J. Chromatogr. *87*, 49–55 (1973)
247. Heath, R.R., Jordan, J.R., Sonnet, P.E., Tumlinson, J.H.: Potential for the separation of insect pheromones by gas chromatography on columns coated with cholesteryl cinnamate, a liquid-crystal phase. J. High Resolut. Chromatogr. Commun. *2*, 712–714 (1979)

248. Heckers, H., Melcher, F.W., Schloeder, U.: SP 2340 in the glass capillary chromatography of fatty acid methyl esters. J. Chromatogr. *136*, 311–317 (1977)
249. Heckmann, R.A., Green, Ch.R., Best, F.W.: Etching and deactivating glass capillary columns for gas chromatography. Anal. Chem. *50*, 2157–2158 (1978)
250. Heeg, F.J., Zinburg, R., Neu, H.-J., Ballschmiter, K.: Berechnung von Retentionsindices auf der Grundlage eines nicht linearen Zusammenhanges zwischen Nettoretentionszeit und Kohlenstoffzahl von n-Alkanen. Chromatographia *12*, 451–458 (1979)
251. Henderson, W.R., Steel, G.: Total-effluent gas chromatography-mass spectrometry. Anal. Chem. *44*, 2302–2307 (1972)
252. Henneberg, D., Henrichs, U., Schomburg, G.: Open split connection of glass capillary columns to mass spectrometers. Chromatographia *8*, 449–451 (1975)
253. Henneberg, D., Henrichs, U., Schomburg, G.: Special techniques in the combination of gas chromatography and mass spectrometry. J. Chromatogr. *112*, 343–352 (1975)
254. Henneberg, D., Henrichs, U., Husmann, H., Schomburg, G.: High-performance gas chromatography-mass spectrometry interfacing: Investigation and optimization of flow and temperature. J. Chromatogr. *167*, 139–147 (1978)
255. Herrera, M., Murgia, E., de Hazos, M., Lubkowitz, J.: Separation, identification, and quantitation of pyrolysis gasolines. J. High Resolut. Chromatogr. Commun. *4*, 297–299 (1981)
256. Hild, J.: Analysenmethode zur gemeinsamen Bestimmung der Thioäther, Sulfoxide und Sulfone von Organophosphor-Pestiziden als Rückstände in Pflanzenmaterial. Diss. Univ. Münster 1977
257. Hild, J., Schulte, E., Thier, H.-P.: Trennung von Organophosphor-Pestiziden und ihren Metaboliten auf Glaskapillaren. Chromatographia *11*, 397–399 (1978)
258. Hollatz, G.: Untersuchungen zur Autoxidation von Polyäthylenglykolen. Diss. Univ. Münster 1973
259. Holmes, W.L., Stack, E.: Gas chromatography of squalene, sterols and bile acid methyl esters. Biochem. Biophys. Acta *56*, 163–165 (1962)
260. Holtmannspötter, H.: Gaschromatographische Analysenmethode für Rückstände von sechs Sulfonamiden und Chloramphenicol in tierischen Lebensmitteln. Diss. Univ. Münster 1982
261. Holzer, G., Oro, J., Smith, S.J., Doctor, V.M.: Separation of monosaccharides as their alditol acetates by capillary column gas-liquid chromatography. J. Chromatogr. *194*, 410–415 (1980)
262. Homberg, E.: Gaschromatographische Trennung pflanzlicher Sterine. Fette, Seifen, Anstrichm. *79*, 234–241 (1977)
263. Homberg, E.: Zusammenhänge zwischen der Struktur pflanzlicher Sterine und ihrem gaschromatographischen Verhalten auf verschiedenen stationären Phasen. J. Chromatogr. *139*, 77–84 (1977)
264. Hoopes, E.A., Peltzer, E.T., Bada, J.L.: Determination of amino acid enantiomeric ratios by gas liquid chromatography of the N-trifluoroacetyl-L-prolyl-peptide methyl esters. J. Chromatogr. Sci. *16*, 556–560 (1978)
265. Horning, E.C., Vanden Heuvel, W.J.A., Creech, B.G.: Separation and determination of steroids by gas chromatography. In: Methods of Biochemical Analysis. Vol. XI. D. Glick (ed.). New York, London, Sydney: Interscience 1963, pp. 69–147
266. Horning, E.C., Horning, M.G., Szafranek, J., Hout, P. van, German, A.L., Thenot, J.P., Pfaffenberger, C.D.: Gas phase analytical methods for the study of human metabolites. Metabolic profiles obtained by open tubular capillary chromatography. J. Chromatogr. *91*, 367–378 (1974)
267. Horvath, C., Ettre, L.S., Purcell, J.E.: Support-coated open tubular columns, a decade of progress. Am. Lab. *6*, 75–86 (1974)
268. Hout, P. van, Szafranek, J., Pfaffenberger, C.D., Horning, E.C.: Thermostable polarphase open-tubular glass capillary columns. J. Chromatogr. *99*, 103–110 (1974)
269. Howard, G.A., Martin, A.J.P.: The separation of the C_{12}–C_{18} fatty acids by reversed-phase portion chromatography. Biochem. J. *46*, 532–538 (1950)
270. Howard, P.Y., Parr, W.: A comparative evaluation of separation properties for optically active dipeptide stationary phases. Chromatographia *7*, 283–287 (1974)
271. Hrivnak, J., Sojak, L., Krupcik, J., Duchesne, Y.P.: Effect of temperature on the separation of some Δ 9-cis-trans isomers of methyl esters of fatty acids by open tubular gas chromatography. J. Am. Oil Chem. Soc. *50*, 68–71 (1973)

272. Hrivnac, M., Sykora-Cechova, L., Müller-Aerne, M.: Glass capillary columns for separation of free organic acids. J. High Resolut. Chromatogr. Commun. *4*, 323–327 (1981)
273. Hurley, R.B. jr.: All-glass open-split interface for capillary GC/MS. J. High Resolut. Chromatogr. Commun. *3*, 147–148 (1980)
274. Husek, P., Macek, K.: Gas chromatography of amino acids. J. Chromatogr. *113*, 139–230 (1975)
275. Husmann, H., Schomburg, G.: Description and application of the closing device. J. High Resolut. Chromatogr. Commun. *3*, 655 (1980)
275a. Iler, R.K.: The chemistry of silica. New York, Chichester, Brisbane, Toronto: Wiley 1979
276. Ilkova, E.L., Mistryukov, E.A.: A simple versatile method for coating of glass capillary columns. J. Chromatogr. Sci. *9*, 569–570 (1971)
277. Ives, N.F., Giuffrida, L.: Gas-liquid chromatographic column preparation for adsorptive compounds. J. Assoc. Off. Anal. Chem. *53*, 973–977 (1970)
278. Jaeger, H., Klör, H.-U., Blos, G., Ditschuneit, H.: Reliable separation of cis and trans fatty acids by gas liquid chromatography on glass capillary columns. Chromatographia *8*, 507–510 (1975)
279. Jakobs, C., Solem, E., Ek, J., Halvorsen, K., Jellum, E.: Investigation of the metabolic pattern in maple syrup urine disease by means of glass capillary gas chromatography and mass spectrometry. J. Chromatogr. *143*, 31–38 (1977)
280. Janecke, H., Voege, H.: Zur Gaschromatographie von Vitamingemischen. Naturwissenschaften *55*, 447–448 (1968)
281. Janini, G.M., Johnston, K., Zielinski, W.L. jr.: Use of a nematic liquid crystal for gas-liquid chromatographic separation of polyaromatic hydrocarbons. Anal. Chem. *47*, 670–674 (1975)
282. Janini, G.M., Muschik, G.M., Zielinski, W.L. jr.: N,N'-Bis(p-butoxybenzylidene)-α,α'-bi-p-toluidine: Thermally stable liquid crystal for unique gas-liquid chromatography separations of polycyclic aromatic hydrocarbons. Anal. Chem. *48*, 809–813 (1976)
283. Janini, G.M., Muschik, G.M., Schroer, J.A., Zielinski, W.L. jr.: Gas-liquid chromatographic evaluation and gas-chromatography/mass spectrometric application of high temperature liquid crystal stationary phases for polycyclic aromatic hydrocarbon separations. Anal. Chem. *48*, 1879–1883 (1976)
284. Janini, G.M.: Recent usage of liquid crystal stationary phases in gas chromatography. In: Advances in Chromatography. Vol. 17. Giddings, J.C., Grushka, E., Cazes, J., Brown, P.R. (eds.). New York, Heidelberg: M. Dekker 1979, pp. 231–277
285. Janssen, F.: N,N'-Bis(p-phenylbenzylidene)-α,α'-bi-p-toluidine as stationary phase in a packed and in a micropacked column. Anal. Chem. *51*, 2163–2166 (1979)
286. Jenkins, R.G.: Effect of polar solvents on solute peak shape using on-column injection and fused silica capillary columns. Proc. 4. Int. Sympos. Capillary Chromatogr. Hindelang 1981, pp. 803–815
287. Jennings, W.G., Yabumoto, K., Wohleb, R.H.: Manufacture and use of the glass open tubular column. J. Chromatogr. Sci. *12*, 344–348 (1974)
288. Jennings, W.G., Wohleb, R.: Routine production of glass capillary column. Chem. Mikrobiol. Technol. Lebensm. *3*, 33–35 (1974)
289. Jennings, W.G.: Glass inlet splitter for gas chromatography. J. Chromatogr. Sci. *13*, 185–187 (1975)
290. Jennings, W.G., Wyllie, S.G., Alves, S.: WCOT glass capillary columns flavour chemistry. Chromatographia *10*, 426–429 (1977)
291. Jennings, W.G., Freemann, R.R., Rooney, T.A.: A theoretical basis for the "solvent effect". J. High Resolut. Chromatogr. Commun. *1*, 275–276 (1978)
292. Jennings, W.G.: Vapor-phase sampling. J. High Resolut. Chromatogr. Commun. *2*, 221–224 (1979)
293. Jennings, W.G., Alves, S.: Photoionization detection in high resolution glass capillary system. Chem. Mikrobiol. Technol. Lebensm. *6*, 124–128 (1980)
294. Jennings, W.G.: Gas Chromatography with Glass Capillary Columns. 2. Aufl. New York, San Francisco, London: Academic Press 1980
295. Jennings, W.: Evolution and application of the fused silica column. J. High Resolut. Chromatogr. Commun. *3*, 601–608 (1980)

296. Jennings, W.G.: Comparisons of fused silica and other glass columns in gas chromatography. Heidelberg, Basel, New York: Hüthig 1981

297. Jensen, S., Sundström, G.: Structures and levels of most chlorbiphenyls in two technical products and in human adipose tissue. Ambio *3,* 70–76 (1974)

298. Jönsson, J., Eyem, J., Sjoquist, J.: Quantitative gas chromatographic analysis of amino acids on a short glass capillary column. Anal. Biochem. *51,* 204–219 (1973)

299. Jones, K., Roberts, J.C.: Micropipette sampling onto glass capillary columns. J. High Resolut. Chromatogr. Commun. *2,* 715–719 (1979)

300. Jurenitsch, J., Kopp, B., Gabler-Kolacsek, J., Kubelka, W.: Gaschromatographische Erfassung von 6-Desoxyhexosen, Pentosen und Hexosen aus herzwirksamen Glykosiden. II. Gas-Flüssigkeitschromatographie an Glaskapillarsäulen. J. Chromatogr. *210,* 337–341 (1981)

301. Kaiser, R.: Neuere Ergebnisse zur Anwendung der Gas-Chromatographie. Fresenius Z. Anal. Chem. *189,* 1–14 (1962)

302. Kaiser, R.: Chromatographie in der Gasphase, 2. Teil, Kapillar-Chromatographie. 2. Aufl. Mannheim: Bibliographisches Institut 1966

303. Kaiser, R.: Glasdünnschichtkapillaren mit beliebiger stationärer Phase. Chromatographia *1,* 34–36 (1968)

304. Kaiser, R.E.: Zur richtigen Messung und Bewertung von Gütekennzahlen in der Chromatographie: Die reale Trennstufenzahl, die Trennzahl, die Dosiergütezahl. Teil 1: Gas-Chromatographie. Chromatographia *9,* 337–352 (1976)

305. Kaiser, R.E.: Trennqualität in der Chromatographie (GC, HPLC, HPDC), Chromatographia *9,* 463–467 (1976)

306. Kaiser, R.E.: Critical and statically base evaluation, testing, comparison and optimization of capillary chromatography systems, the "ABT-concept" in capillary GC. Chromatographia *10,* 455–465 (1977)

307. Kaiser, R.E.: Pre-Columns in gaschromatography. J. High Resolut. Chromatogr. Commun. *2,* 95–99 (1979)

307a. Kaiser, R.E., Rieder, R.I.: Polarity change in capillary GC by serial-column temperature optimization (SECAT mode in capillary GC). J. High Resolut. Chromatogr. Commun. *2,* 416–422 (1979)

308. Kaiser, R., Rieder, R., persönl. Mitt. (1980)

308a. Kapila, S., Aue, W.A., Augl, J.M.: Chromatographic characterization of surface-modified silica gels. J. Chromatogr. *87,* 35–48 (1973)

309. Kamerling, J.P., Gerwig, G.J., Vliegenthart, J.F.G.: Determination of the configurations of lactic and glyceric acids from human serum and urine by capillary, gas-liquid chromatography. J. Chromatogr. *143,* 117–123 (1977)

310. Karger, B.L., Giese, R.W.: Reversed phase liquid chromatography and its application to biochemistry. Anal. Chem. *50,* 1048 A–1073 A (1978)

311. Karlaganis, G., Paumgartner, G.: Capillary gas-liquid chromatography of bile acids: improvement with on-column injection. J. High Resolut. Chromatogr. Commun. *1,* 54–56 (1978)

312. Kaufmann, H.-P., Seher, A., Mankel, G.: Anwendung der Gas-Chromatographie auf dem Fettgebiet II: Quantitative Auswertung. Fette, Seifen, Anstrichm. *64,* 501–509 (1962)

313. Kern, H., Brander, B.: Precision of an automated all-glass capillary gas chromatography system with electron capture detector for trace analysis of estrogens. J. High Resolut. Chromatogr. Commun. *2,* 312–318 (1979)

314. Kinberger, B., Holmen, A., Wahrgren, P.: Determination of underivatized CNS-stimulants and methadone in urinary extracts by glass capillary gas chromatography. J. Chromatogr. *207,* 148–151 (1981)

315. Kinberger, B., Holmen, A., Wahrgren, P.: Determination of barbiturates and some neutral drugs in serum using quartz glass capillary gas chromatography. J. Chromatogr. *224,* 449–455 (1981)

316. Kirkland, J.J., Yan, W.W., Stoklosa, H.J., Dilks, C.H. jr.: Sampling and extra-column effects in high-performance liquid chromatography; influence of peak skew on plate count calculations. J. Chromatogr. Sci. *15,* 303–316 (1977)

317. Klimes, J., Stünzi, W., Lamparsky, D.: Nanogramm-Verfahren I. Das verlustlose Einspritzen auf eine Kapillarkolonne. II. Präparative Gaschromatographie im Mikromaßstab. J. Chromatogr. *136,* 13–21 (1977) und 23–26 (1977)

318. Klok, J., Nieberg-van Velzen, E.H., de Leeuw, J.W., Schenck, P.A.: Capillary gas chromatographic separation of monosaccharides as their alditol acetates. J. Chromatogr. *207,* 273–275 (1981)

319. Kobayashi, T.: Gas-liquid chromatographic separation of geometric isomers of unsaturated fatty acid methyl esters using a glass capillary column. J. Chromatogr. *194,* 404–409 (1980)

320. König, W.A., Stölting, K., Kruse, K.: Gaschromatographic separation of optically active compounds on glass capillaries. Chromatographia *10,* 444–448 (1977)

321. König, W.A., Günther, W.: The use of glass capillary columns for the analysis of polar natural products. J. High Resolut. Chromatogr. Commun. *2,* 378–384 (1979)

322. König, W.A., Benecke, J.: Gaschromatographic separation of chiral 2-hydroxy acids and 2-alkyl-substituted carboxylic acids. J. Chromatogr. *195,* 292–296 (1980)

323. Kolb, B., Pospisil, P., Borath, T., Auer, M.: Headspace gas chromatography with glass capillaries using an automatic electropneumatic dosing system. J. High Resolut. Chromatogr. Commun. *2,* 283–287 (1979)

324. Koller, W.D., Tressl, G.: Simple GC/MS interface with transfer-line of fused silica for open or direct coupling. J. High Resolut. Chromatogr. Commun. *3,* 359–360 (1980)

325. Komo, C.: Über die Chemie der Mehlbleichung mit reaktiven Stoffen und die Möglichkeiten ihres Nachweises. Diss. Univ. Münster 1981

326. Koppenhoefer, B., Hintzer, K., Weber, R., Schurig, V.: Quantitative Trennung der Enantiomerenpaare des Pheromons 2-Ethyl-1,6-dioxaspiro[4.4]nonan durch Komplexierungschromatographie an einem optisch aktiven Metallkomplex. Angew. Chem. *92,* 473–474 (1980)

327. Koritala, S., Friedrich, J.P., Mounts, T.L.: Selective hydrogenation of soybean oil: X. Ultra high pressure and low pressure. J. Am. Oil Chem. Soc. *57,* 1–5 (1980)

328. Koßmann, persönl. Mitt. 1979

329. Kováts, E.: Gas-chromatographische Charakterisierung organischer Verbindungen. Teil 1: Retentionsindices aliphatischer Halogenide, Alkohole, Aldehyde und Ketone. Helv. Chim. Acta *41,* 1915–1932 (1958)

330. Kozuharov, S.: Coating support-coated open tubular capillary columns with Silar 10 C or Alltech CS-10 and silica T 40 for separation of isomers of fatty acid methyl esters. J. Chromatogr. *198,* 153–155 (1980)

331. Kraus, G., Seifert, K., Schubert, H.: Kristallin-flüssige Schmelzen als stationäre Phasen in der Kapillar-Gas-Chromatographie. Z. Chem. *11,* 428–429 (1971)

332. Krijgsman, W., Van De Kamp, C.G.: Analysis of organo phosphorus pesticides by capillary gas chromatography with flame photometric detection. J. Chromatogr. *117,* 201–205 (1976)

333. Krupcik, J., Hrivnak, J., Janak, J.: Analytical aspects of capillary gas chromatography of lower fatty acids [up to C_{18}], J. Chromatogr. Sci. *14,* 4–17 (1976)

334. Krupcik, J., Kristin, M., Valachovicova, M., Janiga, S.: Effect of etching with gaseous by hydrogen chloride on the quality of glass capillary columns. J. Chromatogr. *126,* 147–160 (1976)

335. Kruppa, R.F., Henly, R.S.: Characteristics of EGS and DEGS polyesters in packed GC columns. J. Chromatogr. Sci. *12,* 127–130 (1974)

336. Kuehl, D.W., Glass, G.E., Puglisi, F.A.: Automatic high temperature vent system for a gas chromatograph/mass spectrometer interface. Anal. Chem. *46,* 804–805 (1974)

337. Kugler, E., Langlais, R., Halang, W., Hufschmidt, M.: Temperature programmed analysis of essential oils using glass capillary columns. Chromatographia *8,* 468–473 (1975)

338. Kugler, E., Halang, W., Schlenkermann, R., Webel, H., Langlais, R.: Simultaneous three-dimensional gas-liquid chromatography on wall-coated glass-capillary columns. Chromatographia *10,* 438–443 (1977)

339. Kuksis, A., McCarthy, M.J.: Gas-liquid chromatographic fractionation of natural triglyceride mixtures by carbon number. Can. J. Biochem. Physiol. *40,* 679–686 (1962)

340. Kuksis, A., McCarthy, M.J., Beveridge, J.M.R.: Quantitative gas liquid chromatographic analysis of butterfat triglycerides. J. Am. Oil Chem. Soc. *40,* 530–535 (1963)

341. Kuksis, A., Breckenridge, W.C.: Improved conditions for gas-liquid chromatography of triglycerides. J. Lipid Res. *7*, 576–579 (1966)

342. Laker, M.F.: Estimation of neutral sugars and sugar alcohols in biological fluids by gas-liquid chromatography. J. Chromatogr. *184*, 457–470 (1980)

343. Lanza, E., Zyren, J., Slover, H.T.: Fatty acid analysis on short glass capillary columns. J. Agric. Food Chem. *28*, 1182–1186 (1980)

344. Later, D.W., Wright, B.W., Lee, M.L.: Construction of an efficient fused silica capillary column effluent splitter for gas chromatography. J. High Resolut. Chromatogr. Commun. *4*, 406–408 (1981)

345. Laub, R.J., Roberts, W.L., Smith, C.A.: Fabrication of gas-chromatographic glass capillary columns of high efficiency with liquid crystal stationary phases. J. High Resolut. Chromatogr. Commun. *3*, 355–356 (1980)

346. Lee, M.L., Bartle, K.D., Novotny, M.V.: Profiles of the polynuclear aromatic fraction from engine oils obtained by capillary-column-gas liquid chromatography and nitrogen selective detection. Anal. Chem. *47*, 540–543 (1975)

347. Lee, M.L., Novotny, M., Bartle, K.D.: Gas chromatography/mass spectrometric and nuclear magnetic resonance spectrometric studies of carcinogenic polynuclear aromatic hydrocarbons in tobacco and marijuana smoke condensates. Anal. Chem. *48*, 405–416 (1976)

348. Lee, M.L., Novotny, M., Bartle, K.D.: Gas chromatography/mass spectrometric and nuclear magnetic resonance determination of polynuclear aromatic hydrocarbons in airborne particulates. Anal. Chem. *48*, 1566–1572 (1976)

349. Lee, M.L., Vassilaros, D.L., Phillips, L.V., Hercules, D.M., Azumaya, H., Jorgenson, J.W., Maskarinec, M.P., Novotny, M.: Surface deactivation in glass capillary columns and its investigation by Auger electron spectroscopy. Anal. Letters *12*, (A2), 191–203 (1979)

350. Lee, M.L., Wright, B.W.: Preparation of glass capillary columns for gas chromatography. J. Chromatogr. *184*, 235–312 (1979)

351. Lee, M.L., Wright, B.W.: Capillary column gas chromatography of polycyclic aromatic compounds: A review. J. Chromatogr. Sci. *18*, 345–358 (1980)

351a. Leeuw, J.W. de, Maters, W.L., Meent, D.V.D., Boon, J.J.: Solvent-free and splitless injection method for open tubular columns. Anal. Chem. *49*, 1881–1884 (1977)

352. Leighton, W.P., Rosenblatt, S., Chanley, J.D.: Determination of erythrocyte amino acids by gas chromatography. J. Chromatogr. *164*, 427–439 (1979)

353. Leunissen, W.J.J., Thijssen, J.H.H.: Quantitative analysis of steroid profiles from urine by capillary gas chromatography. I. Accuracy and reproducibility of the sample preparation. J. Chromatogr. *146*, 365–380 (1978)

354. Lewis, S., Kenyon, C.N., Meili, J., Burlingame, A.L.: High resolution gas chromatographic/real-time high resolution mass spectrometric identification of organic acids in human urine. Anal. Chem. *51*, 1275–1285 (1979)

355. Liardon, R., Kühn, U.: Analysis of volatile fatty acids by gas chromatography separation of benzyl esters. J. High Resolut. Chromatogr. Commun. *1*, 47–53 (1978)

356. Lin, S.-N., Pfaffenberger, C.D., Horning, E.C.: Thermostable glass open tubular capillary columns with a polar liquid phase for gas chromatography. J. Chromatogr. *104*, 319–326 (1975)

357. Lipsky, S.R., Lovelock, J.E., Landowne, R.A.: The use of high efficiency capillary columns for the separation of certain cis-trans isomers of long chain fatty acid esters by gas chromatography. J. Am. Chem. Soc. *81*, 1010 (1959)

358. Lipsky, S.R., McMurray, W.J., Hernandez, M., Purcell, J.E., Billeb, K.A.: Fused silica glass capillary columns for gas chromatographic analyses. J. Chromatogr. Sci. *18*, 1–9 (1980)

359. Litchfield, C., Harlow, R.D., Reiser, R.: Quantitative gas-liquid chromatography of triglycerides. J. Am. Oil Chem. Soc. *42*, 849–857 (1965)

360. Litchfield, C.: Analysis of Triglycerides. New York, London: Academic Press 1972, pp. 104–138

361. Littmann, S.: Über eine chemisch-analytische Methode zur Beurteilung des hygienischen Zustandes von Eiprodukten vor der Pasteurisierung. Diss. Univ. Münster 1981

362. Lohninger, A., Nikiforov, A.: Quantitative determination of natural dipalmitoyl lecithin with dimyristoyl lecithin as internal standard by capillary gas liquid chromatography. J. Chromatogr. *192*, 185–192 (1980)

363. Lopez-Avila, V.: Analysis of sludge extracts by high resolution GC with selective detectors. J. High Resolut. Chromatogr. Commun. *3*, 545–550 (1980)

364. Ludwig, H., Spiteller, G., Matthaei, D., Scheler, F.: Profile bei chronischen Erkrankungen. I. Steroidprofiluntersuchungen bei Urämie. J. Chromatogr. *146*, 381–391 (1978)

365. Luftmann, H.: Aufbau und Anwendung der Gaschromatographie mit Glaskapillarsäulen zur Steroidanalyse im Hinblick auf ihre Verwendung in der Kopplung an ein Massenspektrometer. Diss. Univ. Göttingen, 1974

366. Luftmann, H.: Eine einfache Vorrichtung zur Herstellung von Graphitdichtungen für Gas-Chromatographiesäulen. Chromatographia *11*, 407 (1978)

367. Luftmann, H., Rückert, E.: persönl. Mitt. (1980)

368. MacKenzie, S.L., Tenaschuk, D.: Quantitative formation of N(O, S)-heptafluorobutyryl isobutyl amino acids for gaschromatographic analysis. J. Chromatogr. *171*, 195–208 (1979)

369. Madani, C., Chambaz, E.M., Rigaud, M., Durand, J., Chebroux, P.: New method for the preparation of highly stable polysiloxane-coated glass-open-tubular capillary columns and application to the analysis of hormonal steroids. J. Chromatogr. *126*, 161–169 (1976)

370. Madani, C., Chambaz, E.M., Rigaud, M., Chebroux, P., Breton, J.C., Berthou, F.: Use of hydrolyzed chlorosilanes for the preparation of high resolution glass capillary columns. Chromatographia *10*, 466–472 (1977)

371. Madani, C., Chambaz, E.M.: Glass open-tubular capillary columns with chemically bonded methyl-phenyl siloxane stationary phases of tailor made polarity. Chromatographia *11*, 725–730 (1978)

372. Madani, C., Chambaz, E.M.: High resolution glass capillary columns with chemically bonded stationary phases: Application to the gas chromatographic analysis of sterols and steroids in biological extracts. J. Am. Oil Chem. Soc. *58*, 63–70 (1981)

373. Malec, E.J.: Improved open tubular gas chromatographic columns for use at 250° C and above. J. Chromatogr. Sci. *9*, 318–320 (1971)

374. Malisch, R.: Sedimente als Modelle für die Beurteilung der Umweltkontamination durch chlororganische Pestizide, polychlorierte Biphenyle und Phthalate unter besonderer Berücksichtigung des zeitlichen Verlaufs. Diss. Univ. Münster 1981

375. Marcelin, G., Traynor, S.G., Goins, W. jr., Hirschy, L.M.: Polydentate phosphonium salts for the deactivation of wall-coated open-tubular columns. Comparison of temperature stability with other deactivation methods. J. Chromatogr. *187*, 57–64 (1980)

376. Mares, P., Tvrzicka, E., Tamchyna, V.: Automated quantitative gas-liquid chromatography of intact lipids. I. Preparation and calibration of the column. J. Chromatogr. *146*, 241–251 (1978)

377. Mares, P., Tvrzicka, E., Skorepa, J.: Automated quantitative gas-liquid chromatography of intact lipids. II. Accuracy, precision and reproducibility of results. J. Chromatogr. *164*, 331–343 (1079)

378. Markey, S.P., Simons, S.L.: Improved ferrules for glass gas chromatographic columns. Anal. Chem. *45*, 818 (1973)

379. Marshall, J.L., Parker, D.A.: Investigations into the preparation of glass open-tube gas chromatography columns. J. Chromatogr. *122*, 425–442 (1976)

380. Mathews, R.G., Schwartz, R.D., Novotny, M., Zlatkis, A.: Preparation and evaluation of isocyanate-based polyimides as liquid phases for gas chromatography. Anal. Chem. *43*, 1161–1165 (1971)

381. Mathews, R.G., Schwartz, R.D., Pfaffenberger, C.D., Lin, S.N., Horning, E.C.: Polyphenyl ether sulfones, thermally stable polar phases for gas chromatography. J. Chromatogr. *99*, 51–61 (1974)

382. Mathews, R.G., Torres, J., Schwartz, R.D.: Applications of surface-modified porous silicas to glass capillary column preparation. J. Chromatogr. *199*, 97–104 (1980)

383. Matisova, E., Krupcik, J.: Separation of multi-component mixtures of N-dealkylated degradation products of s-triazine herbizides and their parent compounds by glass capillary gas-liquid chromatography. J. Chromatogr. *205*, 464–469 (1981)

384. Matthiesen, U., Staib, W.: Gas-Chromatographie underivatisierter Steroide an Glaskapillaren. Chromatographia *10*, 70–74 (1977)
385. Matthiesen, U., Kump, B., Staib, W.: Über die Kopplung eines Kapillar-Gaschromatographen an ein Massenspektrometer mit Einrichtung für chemische Ionisation und die Registrierung der Gas-Chromatogramme mit einem Spektrenintegrator. Chromatographia *10*, 303–308 (1977)
386. McCreary, D.K., Kossa, W.C., Ramanchandran, S., Kurtz, R.R.: A novel and rapid method for the preparation of methyl esters for gas chromatography: Application to the determination of the fatty acids of edible fats and oils. J. Chromatogr. Sci. *16*, 329–331 (1978)
387. McDonell, H.L., Eaton, D.L.: Thermal decomposition of endrin as a measure of surface activity of gas chromatographic support media. Anal. Chem. *40*, 1453–1455 (1968)
388. McFadden, W.H.: Interfacing chromatography and mass spectrometry. J. Chromatogr. Sci. *17*, 2–16 (1979)
389. McKeag, R.G., Hougen, F.M.: Dynamic coating glass capillaries with polar phases and Silanox. J. Chromatogr. *136*, 308–310 (1977)
390. McLeod, W.D. jr.: Rapid analysis of natural essences by combined flow and temperature programmed capillary gas chromatography. J. Agric. Food Chem. *16*, 884–886 (1968)
391. McNair, H.M., Bonelli, E.J.: Basic gas chromatography. Walnut Creek: Varian Aerograph 1969, p. 52
392. McReynolds, W.O.: Characterization of some liquid phases. J. Chromatogr. Sci. *8*, 685–691 (1970)
393. Merle d'Aubigne, J., Landault, C., Guiochon, G.: Methodes de préparation des colonnes capillaires utilisées en chromatographie en phase gazeuse, I. Colonnes capillaires vraies. Chromatographia *4*, 309–326 (1971)
394. Merli, F., Novotny, M., Lee, M.L.: Fractionation and gas chromatographic analysis of aza-arenes in complex mixtures. J. Chromatogr. *199*, 371–378 (1980)
395. Metcafle, L.D., Martin, R.J.: Technique for coating gas-liquid chromatography capillary columns using long chain quaternary ammonium compounds. Anal. Chem. *39*, 1204–1205 (1967)
396. Meyer, T.: Interface for capillary columns on an automatic head-space gas chromatographic system. J. High Resolut. Chromatogr. Commun. *3*, 357–358 (1980)
397. Michael, G.: Zur Gaschromatographie der Trifluoracetyl-Aminosäure-Trimethylsilylester. III. Eine einfache Methode zur Darstellung der N-Trifluoracetyl-Aminosäure-Trimethylsilylester. J. Chromatogr. *196*, 160–162 (1980)
398. Miller, R.J., Stearns, S.D., Freeman, R.R.: The application of flow switching rotary valves in two-dimensional high resolution gas chromatography. J. High Resolut. Chromatogr. Commun. *2*, 55–62 (1979)
399. Miller, R.J., Jennings, W.: Normal and reverse solvent effects in split injection. J. High Resolut. Chromatogr. Commun. *2*, 72–73 (1979)
400. Miwa, T.K., Mikolajczak, K.L., Earle, F.R., Wolff, I.A.: Gas chromatographic characterization of fatty acids. Identification constants for mono- and dicarboxylic methyl esters. Anal. Chem. *32*, 1739–1742 (1960)
401. Modzeleski, V.E., MacLeod, W.D. jr., Nagy, B.: A combined gas chromatographic-mass spectrometric method for identifying n- and branched-chain alkanes in sedimentary rocks. Anal. Chem. *40*, 987–989 (1968)
402. Monseigny, A., Vigneron, P.-Y., Levacq, M., Zwobada, F.: Analyse chromatographique quantitative des triglycerides sur colonne capillaire de verre. Rev. Fr. Corps Gras *26*, 107–120 (1979)
403. Monseur, X., Walravens, J., Dourte, P., Termonia, M.: Determination of volatile carboxylic acids in animal wastes by (GC)² of their benzyl esters. J. High Resolut. Chromatogr. Commun. *4*, 49–53 (1981)
404. Moodie, I.M.: Gas-liquid chromatography of amino acids. The heptafluorobutyrylisobutyl ester derivate of tryptophan. J. Chromatogr. *208*, 60–66 (1981)
405. Moodie, I.M., Burger, J.A.: Gas-liquid chromatography of amino-acids: columns and methodology as a basis for routine amino acid analysis using glass capillary gas chromatography. Proc. 4. Intern. Sympos. Capillary Chromatography, Hindelang 1981, pp. 523–547

406. Müller, F., Oreans, M.: Experience and problems with capillary glass columns in process chromatography. Chromatographia *10*, 473–477 (1977)
407. Müller, F., Oreans, M.: New horizons in high performance gas chromatography using a live-controlled column-switching system. Analytical Application Note No. 282, Siemens
407a. Mushak, P.: The gas-liquid chromatography of metal ions via chelation and non-chelation techniques. In: Handbook of derivatives for chromatography. Blau, K., King, G.S. (eds). London, Bellmawr, Rheine: Heyden 1977, Kap. 12, pp. 433–455
408. Neu, H.J.: Influence of carrier gas humidity on the elution of amines from fused silica capillary columns. J. High Resolut. Chromatogr. Commun. *3*, 311–312 (1980)
409. Neu, H.J., Heeg, F.J.: Surface modification of softglass capillaries for gas chromatography by treatment with water vapour. J. High Resolut. Chromatogr. Commun. *3*, 537–544 (1980)
410. Neuner-Jehle, N., Etzweiler, F., Zarske, G.: Platinkapillaren als Interface bei der Direktkopplung von Glaskapillarsäulen mit einem Massenspektrometer. Chromatographia *6*, 211–216 (1973)
411. Neuner-Jehle, N., Etzweiler, F., Zarske, G.: Zur Frage der Chromatogramm-Registrierung bei der Direktkopplung von Kapillarsäulen mit einem Massenspektrometer. Der Anschluß eines FID parallel zum Massenspektrometer. Chromatographia *7*, 323–332 (1974)
412. Newton-Blakesley, C., Torline, P.A.: Preparation of stable glass capillary columns with polar stationary phases. J. Chromatogr. *105*, 385–387 (1975)
413. Nicholson, J.D.: Derivative formation in the quantitative gas-chromatographic analysis of pharmaceuticals. Analyst *103*, 1–28 und 193–222 (1978)
414. Nicholson, G.J., Frank, H., Bayer, E.: Glass capillary gas chromatography of amino acid enantiomers. J. High Resolut. Chromatogr. Commun. *2*, 411–415 (1979)
415. Nijs, R.C.M. de, Franken, J.J., Dooper, R.P.M., Rijks, J.A., Ruwe, H.J.J.M. de, Schulting, L.: Comparison of methods for the deactivation of glass open-tubular columns with PEG 20 M. J. Chromatogr. *167*, 231–241 (1978)
416. Nijs, R.C.M. de, Rutten, G.A.F.M., Franken, J.J., Dooper, R.P.M., Rijks, J.A.: A new surface roughening method for glass capillary columns. Sodium chloride deposition from suspension. J. High Resolut. Chromatogr. Commun. *2*, 447–455 (1979)
417. Nijs, R.C.M. de, Dooper, R.P.M.: Intermediate test for (fused silica) capillary columns. J. High Resolut. Chromatogr. Commun. *3*, 583–584 (1980)
418. Nikelly, J.G.: Dynamically coated PLOT columns. Anal. Chem. *45*, 2280–2282 (1973)
419. Nota, G., Marino, G., Malorni, A.: A simple device for coupling g. l. c. capillary columns to a mass spectrometer. Chem. Ind. *40*, 1294–1295 (1970)
420. Nota, G., Goretti, G.C., Armenante, M., Marino, G.: An ultrasonic method for producing graphite-coated glass capillary columns. J. Chromatogr. *95*, 229–231 (1974)
421. Novotný, M., Tesařik, K.: Behandlung der Innenoberfläche von Glaskapillaren für die Gas-Chromatographie. Chromatographia *1*, 332–333 (1968)
422. Novotný, M., Bartle, K.D.: Surface modification of glass capillaries for gas chromatography by silylation. Chromatographia *3*, 272–274 (1970)
423. Novotný, M., Blomberg, L., Bartle, K.D.: Some factors affecting the coating of open tubular columns for gas chromatography. J. Chromatogr. Sci. *8*, 390–393 (1970)
424. Novotný, M., Zlatkis, A.: High resolution chromatographic separations of steroids with open tubular glass columns. J. Chromatogr. Sci. *8*, 346–350 (1970)
425. Novotný, M., Zlatkis, A.: Glass capillary columns and their significance in biochemical research. Chromatogr. Rev. *14*, 1–44 (1971)
426. Novotný, M., Segura, R., Zlatkis, A.: High-temperature gas-chromatographic separations using glass capillary columns and carborane stationary phases. Anal. Chem. *44*, 9–13 (1972)
427. Novotný, M., Grohmann, K.: Selective monomolecular layers for improved wettability of glass capillary columns for gas liquid chromatography. J. Chromatogr. *84*, 167–170 (1973)
428. Novotný, M., Bartle, K.D.: Preparation of thick-film glass capillary columns by the dynamic coating procedure. J. Chromatogr. *93*, 405–411 (1974)
429. Nygren, S.: Faster GC analyses performed by flow programming in short capillary columns. J. High Resolut. Chromatogr. Commun. *2*, 319–323 (1979)

430. Oi, N., Kitahara, H., Horiba, M., Doi, T.: Gas chromatographic separation of α-hydroxy-carboxylic acid ester enantiomers using amino acid derivatives as chiral stationary phase. J. Chromatogr. *206*, 143–146 (1981)

431. Oi, N., Kitahara, H., Doi, T.: Gas chromatographic separation of amino acid amine and carboxylic acid enantiomers with α-hydroxycarboxylic acid esters as chiral stationary phases. J. Chromatogr. *207*, 252–255 (1981)

431a. Oliver, B.G., Bothen, K.D.: Determination of chlorobenzenes in water by capillary gas chromatography. Anal. Chem. *52*, 2066–2069 (1980)

432. Olsavicky, V.M.: A comparison of high-temperature septa for gas chromatography. J. Chromatogr. Sci. *16*, 197–200 (1978)

433. Onuska, F.I., Comba, M.E.: Preparation and application of surface-modified high-resolution wall-coated open tubular columns. J. Chromatogr. *126*, 133–145 (1976)

434. Onuska, F.I., Comba, M.E.: Comparison of surface modification techniques used for preparation of wall coated open tubular glass capillary columns. Chromatographia *10*, 498–503 (1977)

435. Onuska, F.J., Comba, M.E., Bistricki, T., Wilkinson, R.J.: Preparation of surface-modified wide-bore wall-coated open-tubular columns. J. Chromatogr. *142*, 117–125 (1977)

436. Onuska, F.I.: Poly(α-olefins)-novel non-polar stationary phases for gas chromatography. J. Chromatogr. *186*, 259–271 (1979)

437. Oshima, R., Yoshikawa, A., Kumanotani, J.: High-resolution gas chromatographic separation of alditol acetates on fused-silica wall-coated open tubular columns. J. Chromatogr. *213*, 142–145 (1981)

438. Ottenstein, D.M.: Column support materials for use in gas chromatography. J. Gas Chromatogr. *1*, 11–23 (1963)

439. Ottenstein, D.M., Bartley, D.A., Supina, W.R.: Gas chromatographic separation of cis-trans isomers: methyl oleate/methyl elaidate. J. Chromatogr. *119*, 401–407 (1976)

440. Ottenstein, D.M., Wittings, L.A., Walker, G., Mahadevan, V., Pelick, N.: trans Fatty acid content of commercial margarine samples determined by gas liquid chromatography on OV-275. J. Am. Oil Chem. Soc. *54*, 207–209 (1977)

441. Pacakova, V., Borecka, M., Leclercq, P.A.: Identification of thermal degradation products of polymers by capillary gas chromatography. Proc. 4. Intern. Sympos. Capillary Chromatogr., Hindelang 1981, pp. 35–51

442. Parker, D.A., Marshall, J.L.: Some investigations into the coating of glass open tube columns. Chromatographia *11*, 526–533 (1978)

442a. Parliment, T.H., Spencer, M.D.: Applications of simultaneous FID/NPD/FPD detectors in the capillary gas chromatographic analysis of flavors. J. Chromatogr. Sci. *19*, 435–438 (1981)

443. Pearce, R.J.: Amino acid analysis by gas-liquid chromatography of n-heptafluorobutyryl isobutyl esters. Complete resolution using a support-coated open-tubular capillary column. J. Chromatogr. *136*, 113–126 (1977)

443a. Pelick, N., Supina, W.R., Rose, A.: Letter to the editor. J. Am. Oil Chem. Soc. *38*, 506 (1961)

444. Pellizzari, E.D.: High resolution electron capture gas-liquid chromatography. J. Chromatogr. *92*, 299–308 (1974)

445. Persinger, H.E., Shank, J.T.: The chemistry of polyethylene glycols used in gas chromatography. J. Chromatogr. Sci. *11*, 190–191 (1973)

446. Pfaffenberger, C.D., Malinak, L.R., Horning, E.C.: High resolution biomedical gas chromatography, study of urinary steroid metabolite ratios of women with breast lesions using open-tubular glass capillary columns. J. Chromatogr. *158*, 312–330 (1978)

447. Pfeifer, P., Spiteller, G.: Steroid profiles of healthy individuals. J. Chromatogr. *223*, 21–32 (1981)

448. Phillips, D.D., Pollard, G.E., Soloway, S.B.: Thermal isomerization of Endrin and its behavior in gas chromatography. J. Agric. Food Chem. *10*, 217–221 (1962)

448a. Pileire, B., Beaune, Ph.: The use of formic acid in carrier gas. Rapid method for identification and determination of phytanic acid by gas-chromatography-mass spectrometry-chemical ionization. J. Chromatogr. *182*, 269–276 (1980)

449. Pillai, G.K., McErlane, K.M.: Resolution of equine estrogens using glass capillary columns. J. High Resolut. Chromatogr. Commun. *4*, 70–73 (1981)

450. Pollock, G.E., Cheng, C.-N., Cronin, S.E.: Determination of the D and L isomers of some protein amino acids present in soils. Anal. Chem. *49*, 2–7 (1977)

451. Poole, C.F., Verzele, M.: Separation of protein amino acids as their N(O)-acyl alkyl ester derivatives on glass capillary columns. J. Chromatogr. *150*, 439–446 (1978)

452. Poy, F.: A new approach to the simultaneous multi-detection technique with electron capture and flame ionization in series. J. High Resolut. Chromatogr. Commun. *2*, 243–245 (1979)

453. Pretorius, V.: A useful cement for gas chromatographers. J. High Resolut. Chromatogr. Commun. *3*, 23–24 (1980)

454. Pretorius, V., Toit, J.W. du, Davidtz, J.C.: Some comments on the barium carbonate (Grob) procedure for treating glass capillary columns for gas liquid chromatography. J. High Resolut. Chromatogr. Commun. *4*, 79–80 (1981)

455. Pretorius, V., Toit, J.W. du, Purnell, J.H.: Gas chromatography in glass and fused silica capillary columns: Deactivation of the inner surface using silicon films. J. High Resolut. Chromatogr. Commun. *4*, 344–345 (1981)

455a. Preuß, A., Thier, H.-P.: Quantitative Analyse natürlicher Dickungsmittel durch Methanolyse und Kapillargaschromatographie. Z. Lebensm. Unters. Forsch. *175*, 93–100 (1982)

456. Prevot, A.F., Mordret, F.X.: Utilisation des colonnes capillaires de verre pour l'analyse des corps gras par chromatographie en phase gazeuse. Rev. Fr. Corps Gras *23*, 409–423 (1976)

457. Pullarkat, R.K., Reha, H.: Fatty-acid composition of rat brain lipids determined by support-coated open-tubular gas chromatography. J. Chromatogr. Sci. *14*, 25–28 (1976)

458. Purcell, J.E., Downs, H.D., Ettre, L.S.: Extraneous peaks in gas chromatography; their source and elimination. Chromatographia *8*, 605–616 (1975)

459. Rapp, A., Knipser, W.: Eine neue Methode zur Anreicherung von Dampfraumkomponenten. Dargestellt am Beispiel des Weines. Chromatographia *13*, 698–702 (1980)

460. Reimann, J., Hollatz, G., Eckert, Th.: Untersuchungen zur lichtinduzierten Autoxidation von Polyäthylenglykolen. Arch. Pharm. *307*, 321–327 und 328–332 (1974)

461. Reiner, E., Weaver, J.W.: Simple device for improving the production of coiled glass capillary columns. Anal. Chem. *46*, 1878–1879 (1974)

462. Rieder, R.: persönl. Mitt. (1980)

463. Riedo, F., Fritz, D., Tarjan, G., Kovats, E. Sz.: A tailor-made C_{87} hydrocarbon as a possible non-polar standard stationary phase for gas chromatography. J. Chromatogr. *126*, 63–83 (1976)

464. Rinderknecht, F., Wenger, B.: The use of platinum-iridium for connecting or interfacing capillary columns in gas chromatography. J. High Resolut. Chromatogr. Commun. *2*, 746–748 (1979)

465. Rinderknecht, F., Wenger, B.: On-column injection on capillary columns with conventional injectors. J. High Resolut. Chromatogr. Commun. *4*, 295–296 (1981)

466. Riva, M., Galli, M.: Rapid characterization of edible fats and oils by capillary gas chromatography using the on-column injection technique. Poster vom 13. Intern. Chromatographie Symposium in Cannes, Juni 1980

468. Rohrschneider, L.: Polarität und Selektivität von gaschromatographischen Trennflüssigkeiten. Fresenius Z. Anal. Chem. *211*, 18–31 (1965)

469. Rohrschneider, L.R.: Eine Methode zur Charakterisierung von gaschromatographischen Trennflüssigkeiten. J. Chromatogr. *22*, 6–22 (1966)

470. Romanowski, T., Funcke, W., König, J., Balfanz, E.: Detection of PAH of molecular weight between 300 and 402 in airborne particulate matter by fused silica capillary GC and GC/MS. J. High Resolut. Chromatogr. Commun. *4*, 209–214 (1981)

471. Rovei, V., Sanjuan, M., Hrdina, P.D.: Analysis of tricyclic antidepressant drugs by gas chromatography using nitrogen-selective detection with packed and capillary columns. J. Chromatogr. *182*, 349–357 (1980)

472. Rowland, F.W.: The Practice of Gas Chromatography. Avondale: Hewlett Packard 1974

473. Rutten, G.A.F.M., Luyten, J.A.: Analysis of steroids by high resolution gas-liquid chromatography. I. Preparation of apolar columns. J. Chromatogr. *74*, 177–193 (1972)

474. Rutten, G.A.F.M., Rijks, J.A.: Technique for static coating of glass capillary columns. J. High Resolut. Chromatogr. Commun. *1*, 279–280 (1978)

475. Saeed, T., Sandra, P., Verzele, M.: Synthesis and properties of a novel chiral stationary phase for the resolution of amino acid enantiomers. J. Chromatogr. *186*, 611–618 (1979)
476. Saeed, T., Sandra, P., Verzele, M.: (GC)² separation of the enantiomers of proline and secondary amines. J. High Resolut. Chromatogr. Commun. *3*, 35–36 (1980)
477. Salomonsson, A.-C., Theander, O., Aman, P.: Quantitative determination by GLC of phenolic acids as ethyl derivatives in cereal straws. J. Agric. Food Chem. *26*, 830–835 (1978)
478. Sandra, P., Verzele, M., Vanluchene, E.: Routine steroid analysis by gas chromatography in open tubular columns. Chromatographia *8*, 499–502 (1975)
479. Sandra, P., Verzele, M.: Surface treatment, deactivation and coating in (GC)² (Glass capillary gas chromatography). Chromatographia *10*, 419–425 (1977)
480. Sandra, P., Verstappe, M., Verzele, M.: Whisker surfaces in (GC)². J. High Resolut. Chromatogr. Commun. *1*, 28–33 (1978)
481. Sandra, P., Verstappe, M., Verzele, M.: Sodium chloride dendrite columns in (GC)². Chromatographia *11*, 223–226 (1978)
482. Sandra, P., Verzele, M.: Sealing procedures for the static coating in (GC)². Chromatographia *11*, 102–103 (1978)
483. Sandra, P., Verzele, M., Verstappe, M., Verzele, J.: Superoxes, high temperature universal phases in (GC)². J. High Resolut. Chromatogr. Commun. *2*, 288–292 (1979)
484. Sandra, P., Verstappe, M., Verzele, M., Verzele, J.: Properties of an apolar gum phase for capillary GC. Int. Lab. *10*, 57–63 (1980)
485. Sandra, P., Saeed, T., Redant, G., Godefroot, M., Verstappe, M., Verzele, M.: Odour evaluation, fraction collection and preparative scale separations with glass capillary columns. J. High Resolut. Chromatogr. Commun. *3*, 107–114 (1980)
486. Sandra, P., von den Broeck, M., Verzele, M.: Capillary gas chromatography of free barbiturates. J. High Resolut. Chromatogr. Commun. *3*, 196 (1980)
487. Sandra, P., Roelenbosch, M. van: Mixed phases of Superox 20 M and OV-1 in fused silica and glass capillary gas chromatography. Chromatographia *14*, 345–350 (1981)
488. Sandra, P., Redant, G., Schacht, E., Verzele, M.: In situ cross-linking of the stationary phase in capillary columns. Part 1: Introduction and preparation of apolar columns. J. High Resolut. Chromatogr. Commun. *4*, 411–412 (1981)
489. Schäffler, K.J., Morel du Boil, P.G.: Quantitative gas chromatographic analysis of sucrose in the presence of sugar oximes using a buffered oximation reagent and glass capillary columns. J. Chromatogr. *207*, 221–229 (1981)
490. Scheutwinkel-Reich, M., Stan, H.-J.: Gas-chromatographische Analyse von Hydroxyfettsäuren in komplexen Gemischen mit Hilfe des Elektroneneinfangdetektors. Fresenius Z. Anal. Chem. *303*, 126–127 (1980)
491. Schieke, J.D., Comins, N.R., Pretorius, V.: Whiskers: a new support for glass open tubular columns in gas chromatography. Chromatographia *8*, 354 (1975)
492. Schieke, J.D., Pretorius, V., Comins, N.R.: Whisker-walled open tubular glass columns for gas chromatography, techniques for inducing whisker grouth. J. Chromatogr. *112*, 97–107 (1975)
493. Schieke, J.D., Comins, N.R., Pretorius, V.: Surface-modified open tubular columns for gas chromatography. Observation and analysis of the surface using scanning electron microscopy (SEM) and energy-dispersive X-ray analysis. J. Chromatogr. *115*, 373–381 (1975)
494. Schieke, J.D., Pretorius, V.: Whisker-walled open-tubular glass columns in gas chromatography. I. Deactivation. J. Chromatogr. *132*, 217–222 (1977)
495. Schieke, J.D., Pretorius, V.: Whisker-walled open-tubular glass columns in gas chromatography. II. Chromatographic performance. J. Chromatogr. *132*, 223–230 (1977)
496. Schieke, J.D., Pretorius, V.: Whisker-walled open tubular glass columns in gas chromatography. III. Applications. J. Chromatogr. *132*, 231–236 (1977)
497. Schmid, P.P., Müller, M.D., Simon, W.: A versatile allglass GC/MS interface for capillary columns. J. High Resolut. Chromatogr. Commun. *2*, 225–228 (1979)
498. Schmid, P.P., Müller, M.D., Simon, W.: Glass capillary GC/MS of butter triglycerides. J. High Resolut. Chromatogr. Commun. *2*, 675–676 (1979)
499. Schönfeldt, N.: Grenzflächenaktive Äthylenoxid-Addukte. Stuttgart: Wissenschaftliche Verlagsgesellschaft 1976

500. Scholfield, C.R.: Gas chromatographic equivalent chain lengths of fatty acid methyl esters on a Silar 10 C glass capillary column. J. Am. Oil Chem. Soc. *58*, 662–663 (1981)

501. Schomburg, G., Husmann, H.: Über den "totvolumenfreien" Anschluß von Glaskapillaren in kommerziellen GC-Geräten. Chromatographia *2*, 11–13 (1969)

502. Schomburg, G., Husmann, H., Weeke, F.: Preparation, performance and special applications of glass capillary columns. J. Chromatogr. *99*, 63–79 (1974)

503. Schomburg, G., Husmann, H.: Methods and techniques of gas chromatography with glass capillary columns. Chromatographia *8*, 517–530 (1975)

504. Schomburg, G., Husmann, H., Weeke, F.: Aspects of double-column gas chromatography with glass capillaries involving intermeditate trapping. J. Chromatogr. *112*, 205–217 (1975)

505. Schomburg, G., Dielmann, R., Husmann, H., Weeke, F.: Gas chromatographic analysis with glass capillary columns. J. Chromatogr. *122*, 55–72 (1976)

506. Schomburg, G., Behlau, H., Dielmann, R., Weeke, F., Husmann, H.: Sampling techniques in capillary gas chromatography. J. Chromatogr. *142*, 87–102 (1977)

507. Schomburg, J., Husmann, H., Weeke, F.: New developments and experiences with glass capillary column production and sampling techniques. Chromatographia *10*, 580–587 (1977)

508. Schomburg, G., Dielmann, R., Borwitzky, H., Husmann, H.: Capillary column gas chromatography of compounds of low volatility. Temperature stability of stationary liquids on various glass surfaces. J. Chromatogr. *167*, 337–354 (1978)

509. Schomburg, G., Husmann, H., Borwitzky, H.: Alkylpolysiloxane glass capillary columns combining high temperature stability of the stationary liquid and deactivation of the surface. Thermal treatment of dealkalinized glass surfaces by the stationary liquid itself. Chromatographia *12*, 651–660 (1979)

510. Schomburg, G., Husmann, H., Behlau, H.: Glass capillary gas chromatography of highly polar solutes like diols, acids and amines. Deactivation of fused silica and pretreated alkali glass support surfaces. Chromatographia *13*, 321–333 (1980)

511. Schulte, E.: Strömungsregelung bei der Anwendung der splitlosen Injektion auf Trennkapillaren. Chromatographia *7*, 138–139 (1974)

512. Schulte, E., Acker, L.: Gaschromatographie mit Glaskapillaren bei Temperaturen bis zu 320° C und ihre Anwendung zur Trennung von Polychlorbiphenylen. Fresenius Z. Anal. Chem. *268*, 260–267 (1974)

513. Schulte, E.: Belegung von Kapillarsäulen aus Glas nach Aufbringen von kolloidaler Kieselsäure. Chromatographia *9*, 315–320 (1976)

514. Schulte, E., Acker, L.: Kapillar-gaschromatographische Trennung von Rückständen an Chlorkohlenwasserstoffen in Lebensmitteln und Identifizierung von Mirex in menschlichem Fettgewebe. Nahrung *24*, 577–583 (1980)

515. Schulz, J.H., Herrmann, K.: Analysis of hydroxybenzoic and hydroxycinnamic acid in plant material. II. Determination by gas-liquid chromatography. J. Chromatogr. *195*, 95–104 (1980)

516. Schulze, P., Kaiser, K.H.: The direct coupling of high resolution glass open tubular columns to a mass spectrometer. Chromatographia *4*, 381–387 (1971)

517. Schwedt, G.: Gas-chromatographische Trenn- und Bestimmungsmethoden in der anorganischen Spurenanalyse. Analytiker Taschenbuch Bd. 2. Bock, R., Fresenius, W., Günzler, H., Huber, W., Tölg, G. (Eds.), Berlin, Heidelberg, New York: Springer 1981, pp. 161–179

518. Sebestian, I., Halász, I.: Monomere chemisch gebundene stationäre Phasen für die Gas- und Flüssigkeitschromatographie mit $\equiv$Si–C$\equiv$Bindung. Chromatographia *7*, 371–375 (1974)

519. Seher, A., Josephs, P.: Die quantitative Auswertung von Gas-Chromatogrammen VI: Verhalten von Ölsäure-methylester bei der GLC-Analyse. Fette, Seifen, Anstrichm. *71*, 749–756 (1969)

520. Sevcik, J., Gerner, T.H.: Extra-column effects in multi-dimensional switching systems (MDSS)-GC. J. High Resolut. Chromatogr. Commun. *2*, 436–440 (1979) a

521. Sevcik, J.: Information content of multi-dimensional switching systems in gas chromatography. J. Chromatogr. *186*, 129–144 (1979) b

522. Sevcik, J.: Application of multi-dimensional switching to the analysis of volatiles. J. High Resolut. Chromatogr. Commun. *4*, 86–89 (1981)
523. Shibuya, N.: Gas-liquid chromatographic analysis of partially methylated alditol acetates on a glass capillary column. J. Chromatogr. *208*, 96–99 (1981)
524. Sipos, J.C., Ackman, R.G.: Elimination of manifold connections in Model 900, Model 990 and other Perkin-Elmer gas-liquid chromatographic apparatus. J. Chromatogr. Sci. *18*, 389–391 (1980)
525. Sissons, D., Welti, D.: Structural identification of polychlorinated biphenyls in commercial mixtures by gas-liquid chromatography nuclear magnetic resonance and mass spectrometry. J. Chromatogr. *60*, 15–32 (1971)
526. Slover, H.T., Lanza, E.: Quantitative analysis of food fatty acids by capillary gas chromatography. J. Am. Oil Chem. Soc. *56*, 933–943 (1979)
527. Slover, H.T., Lanza, E., Thompson, R.H. jr.: Lipids in fast foods. J. Food Sci. *45*, 1583–1591 (1980)
528. Smith, E.D., Sorrells, K.E.: A quantitative comparison of gas chromatograph septum bleed. J. Chromatogr. Sci. *9*, 15–17 (1971)
529. Smith, E.D., Sorrells, K.E., Swinea, R.G.: Gas chromatographic septum bleed studies. J. Chromatogr. Sci. *12*, 101–104 (1974)
530. Södergreen, A.: Simultaneus detection of halogenated and other compounds by electron capture and flame-ionization detectors combined in series. J. Chromatogr. *160*, 271–276 (1978)
531. Spark, A.A., Ziervogel, M.: Recoating of polar open-tubular columns. J. High Resolut. Chromatogr. Commun. *3*, 641–642 (1980)
532. Specht, W., Tillkes, M.: Gaschromatographische Bestimmung von Rückständen an Pflanzenbehandlungsmitteln nach clean-up über Gel-Chromatographie und Mini-Kieselgel-Säulen-Chromatographie. Fresenius Z. Anal. Chem. *301*, 300–307 (1980)
533. Stan, H.-J.: Nachweis von Organophosphorsäureester-Rückständen in Lebensmitteln im PPB-Bereich durch Capillargaschromatographie-Massenspektrometrie-Kopplung. Z. Lebensm. Unters. Forsch. *164*, 153–159 (1977)
534. Stan, H.-J.: Nachweis von Phosphorpestizidrückständen in Lebensmitteln durch Kapillar-Gas-Chromatographie. Chromatographia *10*, 233–239 (1977)
535. Stan, H.-J., Abraham, B.: Determination of residues of anabolic drugs in meat by gas chromatography-mass spectrometry. J. Chromatogr. *195*, 231–241 (1980)
536. Steele, K.D., Zabkiewicz, J.A.: Inner surface deterioration in glass-lined tubing. J. Chromatogr. *174*, 434–436 (1979)
537. Strubert, W., Müller, F., Hövermann, W.: Multidimensional GC with packed columns and glass capillaries. Int. Lab. *9*, 149–159 (1979)
538. Supina, W.R., Henly, R.S., Kruppa, R.F.: Silane treatment of solid supports for gas chromatography. J. Am. Oil Chem. Soc. *43*, 202A–204A, 228A–232A (1966)
539. Szathmary, Cs., Galacz, J., Vida, L., Alexander, G.: Capillary gas chromatographic-mass-spectrometric determination of some mycotoxins causing fusariotoxicoses in animals. J. Chromatogr. *191*, 327–331 (1980)
540. Ten Noever de Brauw, M.C.: Combined gas chromatography-mass spectrometry: A powerful tool in analytical chemistry. J. Chromatogr. *165*, 207–233 (1979)
541. Tesařik, K., Novotný, M.: Behandlung der Innenoberfläche von Glaskapillaren für die Gas-Chromatographie. In: Gas-Chromatographie 1968. H.G. Struppe (Hrsg.). Berlin: Akademie-Verlag 1968, pp. 575–584.
542. Tesařik, K., Nečasová, M.: The effect of coating parameters on the quality of stationary phase films in glass capillary columns. J. Chromatogr. *65*, 39–46 (1972)
543. Thompson, J.C., Schnautz, N.G.: A rapid method for end-sealing glass capillary columns. J. High Resolut. Chromatogr. Commun. *3*, 91 (1980)
544. Thouvenot, D.R., Morfin, R.F.: Quantitation of Zearalenone by gas-liquid chromatography on capillary glass columns. J. Chromatogr. *170*, 165–173 (1979)
545. Torline, P., Schnautz, N.: A rapid method of surface modification of glass capillary columns. J. High Resolut. Chromatogr. Commun. *1*, 301 (1978)
546. Torline, P., Plessis, G. du, Schnautz, N., Thompson, J.C.: The preparation of thick-film glass capillary columns. J. High Resolut. Chromatogr. Commun. *2*, 613–616 (1979)

547. Traitler, H., Prevot, A.: Gas chromatographic separation of triglycerides according to their degree of unsaturation on glass capillary columns. J. High Resolut. Chromatogr. Commun. *4*, 109–114 (1981)

548. Trash, Ch.R.: Methylsilicones – their chemistry and use as gas chromatographic liquid phases. J. Chromatogr. Sci. *11*, 196–198 (1973)

549. Tuinstra, L.G.M.T., Traag, W.A.: Automated glass capillary gas chromatographic analysis of PCB and organochlorine pesticide residues in agricultural products. J. High Resolut. Chromatogr. Commun. *2*, 723–728 (1979)

550. Tuinstra, L.G.M.T., Traag, W.A., Keukens, H.J.: Quantitative determination of individual chlorinated biphenyls in milkfat by splitless glass capillary gas chromatography. J. Assoc. Off. Anal. Chem. *63*, 952–958 (1980)

551. Twibell, J.D., Home, J.M., Smalldon, K.W.: A splitless Curie point pyrolysis capillary inlet system for use with the adsorption wire technique of vapour analysis. Chromatographia *14*, 366–370 (1981)

552. Uden, P.C., Henderson, D.E., Disanzo, F.P., Lloyd, R.J., Tetu, Th.: Applications of Dexsil and other gas chromatographic porous-layer open tubular columns to metal compound separations and pyrolysis. J. Chromatogr. *196*, 403–414 (1980)

553. Uralets, V.P., Rijks, J.A., Leclercq, P.A.: Syn-anti isomerisation of 2,4-dinitrophenylhydrazones of volatile carbonyl compounds in capillary gas chromatographic-mass spectrometric analyses. J. Chromatogr. *194*, 135–144 (1980)

554. Vanden Heuvel, W.J.A., Horning, E.C.: A study of retention-time relationships in gas chromatography in term of the structure of steroids. Biochem. Biophys. Acta *64*, 416–429 (1962)

555. Vanden Heuvel, W.J.A., Gardiner, W.L., Horning, E.C.: Characterization and separation of amines by gas chromatography. Anal. Chem. *36*, 1550–1560 (1964)

556. Van den Heuvel, W.J.A., Zweig, J.S.: Analysis of drugs and related compounds by capillary column GLC. J. High Resolut. Chromatogr. Commun. *3*, 381–394 (1980)

557. Vecchi, M., Schmid, M., Walther, W., Gerber, F.: Determination of the diastereomers of vitamin K1. J. High Resolut. Chromatogr. Commun. *4*, 257–259 (1981)

558. Venema, A., Ven, L.G.J.v.d., Steege, H.v.d.: Degradation of diluted solutions of silicone stationary phases during storage. J. High Resolut. Chromatogr. Commun. *2*, 69–70 (1979)

559. Venema, A., Ven, L.G.J.v.d., Steege, H.v.d.: Stationary phases for gas chromatography; chemical stability of polysiloxanes. J. High Resolut. Chromatogr. Commun. *2*, 405–410 (1979)

560. Vernon, F., Ogundipe, C.O.E.: Hydrocarbon stationary phases for gas liquid chromatography. J. Chromatogr. *132*, 181–185 (1977)

561. Verzele, M., Verstappe, M., Sandra, P., Luchene, E. van, Vnye, A.: Glass capillary columns. J. Chromatogr. Sci. *10*, 668–673 (1972)

562. Verzele, M., Sandra, P.: Superox, a high-temperature stationary phase in gas chromatography. J. Chromatogr. *158*, 111–119 (1978)

563. Verzele, M.: The choice of the stationary phase in capillary GC or the more popular GC phases are not necessarily best for (GC)^2. J. High Resolut. Chromatogr. Commun. *1*, 288 (1978)

564. Verzele, M.: Surface modification in glass capillary gas chromatography. J. High Resolut. Chromatogr. Commun. *2*, 647–653 (1979)

565. Verzele, M., Redant, G., Qureshi, S., Sandra, P.: High-temperature quantitative glass capillary gas chromatography. Analysis of piperine and of quinine – quinidine. J. Chromatogr. *199*, 105–112 (1980)

566. Vitzthum, O.G., Werkhoff, P.: Neu entdeckte Stickstoffheterocyclen in Kaffeearoma. Z. Lebensm. Unters. Forsch. *156*, 300–307 (1974)

567. Vitzthum, O.G., Werkhoff, P.: Oxazoles and thiazoles in coffee aroma. J. Food Sci. *39*, 1210–1215 (1974)

568. Vitzthum, O.G., Werkhoff, P.: Cycloalkapyrazines in coffee aroma. J. Agric. Food Chem. *23*, 510–516 (1975)

569. Vitzthum, O.G., Werkhoff, P.: Meßbare Aromaveränderungen bei Bohnenkaffee in sauerstoffdurchlässiger Verpackung. Chem. Mikrob. Technol. Lebensm. *6*, 25–30 (1979)

570. Vleet, E.S. van, Quinn, J.G.: Separation of monounsaturated fatty acid methyl ester isomers by highly polar gas liquid-chromatographic stationary phases. J. Chromatogr. *151*, 396–400 (1978)

571. Wardenbach, P., Olek, K.: Herstellung von inerten und temperaturbeständigen Dichtungen bei Gasverbindungen aus Graphit im Labor. J. Chromatogr. *176*, 237–238 (1979)

572. Weber, R., Hintzer, K., Schurig, V.: Enantiomer resolution of spiroketals. Naturwissenschaften *67*, 453–456 (1980)

573. Wehner, T.A., Seiber, J.N.: Analysis of N-methylcarbamate insecticides and related compounds by capillary gas chromatography. J. High Resolut. Chromatogr. Commun. *4*, 348–350 (1981)

574. Wehrli, A., Kovats, E.: 292. Gas-chromatographische Charakterisierung organischer Verbindungen. Teil 3: Berechnung der Retentionsindices aliphatischer, alicyclischer und aromatischer Verbindungen. Helv. Chem. Acta *42*, 2709–2736 (1959)

575. Welsch, Th., Engewald, W., Klaucke, Ch.: Zur Desaktivierung von Glaskapillaren mittels Silanisierung. Chromatographia *10*, 22–24 (1977)

576. Winkler, E., Buchele, A., Mueller, O.: Verfahren zur Bestimmung des Gehaltes an polycyclischen Kohlenwasserstoffen in Mais mit Hilfe der Kapillargaschromatographie. J. Chromatogr. *138*, 151–164 (1977)

577. Withers, M.K.: The identification of peaks in gas chromatography by the use of substractor columns. II. The action of free fatty acid phase on aldehydes. J. Chromatogr. *66*, 249–253 (1972)

578. Wolen, R.L., Pierson, H.E.: Simple, inexpensive diverter valve for GC/MS systems. Anal. Chem. *47*, 2068–2069 (1975)

579. Wolf, M., Deleu, R., Copin, A.: Separation of pesticides by capillary gas chromatography. Part 2: Organophosphorus insecticides. J. High Resolut. Chromatogr. Commun. *4*, 346–347 (1981)

580. Woodford, F.P., van Gent, C.M.: Gas-liquid chromatography of fatty acid methyl esters: the "carbon-number" as a parameter for comparison of columns. J. Lipid Res. *1*, 188–190 (1960)

581. Wright, B.W., Lee, M.L., Graham, S.W., Phillips, L.V., Hercules, D.M.: Glass surface analytical studies in the preparation of open tubular columns for gas chromatography. J. Chromatogr. *199*, 355–369 (1980)

582. Yabumoto, K., Vandenheuvel, W.J.A.: Optimization of operating parameters for glass capillary column gas chromatography. J. Chromatogr. *140*, 197–207 (1977)

583. Yabumoto, K., Ingraham, D.F., Jennings, W.G.: The overload phenomenon in gas chromatography. J. High Resolut. Chromatogr. Commun. *3*, 248–252 (1980)

584. Yang, F.J., Brown, A.C., Cram, S.P.: Splitless ampling for capillary-column gas chromatography. J. Chromatogr. *158*, 91–109 (1978)

585. Yang, F.J., Cram, S.P.: Characteristics and performance of gas chromatographic detectors with glass capillary columns. J. High Resolut. Chromatogr. Commun. *2*, 487–496 (1979)

586. Yoon, Y.Ch.: Untersuchungen über isomere Formen von ungesättigten Fettsäuren in Nahrungsfetten. Diss. Univ. Gießen, 1979

587. Zell, M., Ballschmiter, K.: Baseline studies of the global pollution. II. Global occurence of hexachlorobenzene (HCB) and polychlorocamphenes (Toxaphene) (PCC) in biological samples. Fresenius Z. Anal. Chem. *300*, 387–402 (1980)

588. Zell, M., Ballschmiter, K.: Baseline studies of the global pollution. III. Trace analysis of polychlorinated biphenyls (PCB) by ECD glass capillary gas chromatography in environmental samples of different trophic levels. Fresenius Z. Anal. Chem. *304*, 337–349 (1980)

589. Zumwalt, R.W., Kuo, K., Gehrke, C.W.: A nanogram and picogram method for amino acid analysis by gas-liquid chromatography. J. Chromatogr. *57*, 193–208 (1971)

Neuere Literatur über GC

Reviews

Cochrane, W. P.: Application of chemical derivatization techniques for pesticide analysis. J. Chromatogr. Sci. *17*, 124–137 (1979)

Conacher, H. B. S., Page, B. D.: Derivative formation in the chromatographic analysis of food additives. J. Chromatogr. Sci. *17*, 188–195 (1979)

Cram, S. P., Risby, T. H., Field, L. R., Yu, W.-L.: Gas chromatography. Anal. Chem. *52*, 324 R–360 R (1980)

Dickes, G. J.: The application of gas chromatography to food analysis. Talanta *26*, 1065–1099 (1979)

Rohrschneider, L.: Gas-Chromatographie. In: Ullmanns Encyklopädie der technischen Chemie. Bd. 5, 4. Aufl. Weinheim: Verlag Chemie 1980, pp. 117–148

Sloman, K. G., Foltz, A. K., Yeransian, J. A.: Food. Anal. Chem. *53*, 242 R–273 R (1981)

Yeransian, J. A., Sloman, K. G., Foltz, A. K.: Food. Anal. Chem. *51*, 105 R–134 R (1979)

Knapp, D. R.: Handbook of analytical derivatization reactions. New York, Chichester, Brisbane, Toronto: Wiley-Interscience 1979

McFadden, W.: Techniques of combined gas chromatography/mass spectrometry: Applications in organic analysis. New York, London, Sydney, Toronto: Wiley 1973

Masada, Y.: Analysis of essential oils by gas chromatography and mass spectrometry. New York, London, Sydney, Toronto: Wiley 1976

May, R. W., Pearson, E. F.: Pyrolysis-gas chromatography. London: The Chemical Society 1977

Schomburg, G.: Gaschromatographie. Weinheim: Verlag Chemie, Physik Verlag 1977

Monographien

Bertsch, W., Jennings, W. G., Kaiser, R. E.: Recent advances in capillary gas chromatography. Heidelberg, Basel, New York: Hüthig 1981, 1982, 1982 (Zusammenstellung einer Reihe von Arbeiten aus dem J. High Resolut. Chromatogr. Commun. der Jahre 1978–1982 in drei Bänden)

Blau, K., King, G. S. (eds.): Handbook of derivaties for chromatography. London, Bellmawr, Rheine: Heyden 1977

Dickes, G. J., Nicholas, P. V.: Gas chromatography in food analysis. London, Boston: Butterworths 1976

Drozd, J.: Chemical derivatization in gas chromatography. Amsterdam, New York: Elsevier 1981

Dünges, W.: Prächromatographische Mikromethoden. Heidelberg, Basel, New York: Hüthig 1979

Ettre, L. S.: Gaschromatographie mit Kapillarsäulen. Braunschweig: Vieweg 1976

Grob, R. L.: Modern practice of gas chromatography. New York, London, Sydney, Toronto: Wiley 1977

Hachenberg, H., Schmidt, A. P.: Gas chromatographic headspace analysis. London, New York, Rheine: Heyden 1977

Jennings, W.: Gas chromatography with glass capillary columns. 2. Aufl. New York, London, Toronto, Sydney, San Francisco: Academic Press 1980

Jennings, W. G.: Comparisons of fused silica and other glass columns in gas chromatography. Heidelberg, Basel, New York: Hüthig 1981

Jennings, W. G. (ed.): Applications of glass capillary gas chromatography. New York Basel: Dekker 1981

Bezugsquellen

Aadco, P.O. Box 1791, Rockville, MD 20854, USA. Vertretung: Kubelik, Jung-Stilling-Str. 16, 7500 Karlsruhe

Alltech, 2051 Waukegen Road, Deerfield, Il. 60015, USA. Vertretungen: Macherey-Nagel, Postfach 307, 5160 Düren; Latek, Wielandstr. 21, 6900 Heidelberg; Isa-Alltech, Hauptstr. 68, 8025 Unterbaching bei München; Alltech Europe, Begoniastraat 5, B-9731 Eke, Belgien

Analabs, 80 Republic Drive, North Haven, CT 06473, USA. Vertretung: Antechnika, Postfach 21 01 55, 7500 Karlsruhe 21

Analysentechnik Dr. Ness, Postfach 11 07 61, 4000 Düsseldorf

Antech, Postfach 11 41, 6702 Bad Dürkheim 1

Applied Science, P.O. Box 440, State College, Pa. 16801, USA

Arnold, H., Postfach 12 20, 6290 Weilburg/Lahn

ATS, Wilhelminakade 58, NL-2741 JV Waddinxveen, Niederlande, (s. a. Phase Sep)

Balzers AG, Fl-9496 Balzers, Fürstentum Liechtenstein. Vertretung: Balzers, Hochvakuum, Siemensstr. 11, 6200 Wiesbaden-Nordenstadt

BDH, Chemicals, Broom Road, Poole BH12 4NN, Großbritannien. Vertretung: E. Merck, Postfach 41 19, 6100 Darmstadt 1

Bender u. Hobein, Riedtlistr. 15, CH-8042 Zürich, Schweiz

Berghof, Postfach 15 23, 7400 Tübingen 1

Betadyne, 22 Park Place, New York, N.Y. 10007, USA

BOC, 24 Deer Park Road, London, SW19 3UF, Großbritannien. Vertretung: Kubelik, Jung-Stilling-Str. 16, 7500 Karlsruhe

Bodenseewerk Perkin-Elmer, Postfach 11 20, 7770 Überlingen

Branson Sonic Power, Eagle Rd., Danbury, Conn. 06810, USA. Vertretungen: G. Heinemann, Erwin-Rommel-Str. 42, 7070 Schwäbisch-Gmünd; Branson Europa, Postfach 9, NL-3760 Soest, Niederlande

Brooks Instrument, 407 W. Vine St., Hatfield, Pa. 19440, USA. Vertretungen: Brooks Instrument, An der Mühlenau 12, 2080 Pinneberg; D. Mättig, Morgenstr. 50, 4750 Unna

Bruker-Franzen Analytik, Kattenturmer Heerstr. 122, 2800 Bremen

Capillary Technology. Vertretung: ATS

Cappel, C. F., Postfach 436, 6800 Mannheim 1

Centorr Associates, Rt. 28, Suncook, N.H. 03275, USA. Vertretung: K. Schaefer, Postfach 488, 6078 Neu-Isenburg

Chromalytic, P.O. Box 293, Glen Waverley, Vic 3150, Australia

Chromatography Services, 23 Old Chester Road, Lower Bebington, Wirral, Merseyside, Großbritannien

Chrompack, Postbus 3, NL-4330 AA Middelburg, Niederlande. Vertretung: Chrompack Deutschland, Nürnberger Str. 14–15, 1000 Berlin 30

Column Technology, 30 Jesmond Road, Newcastle upon Tyne, Großbritannien

Corning Glas, Postfach 12 92 09, 6200 Wiesbaden

Dani, Via Rovani 10, I-20052 Monza, Italien. Vertretung: Dani Analysentechnik, Roonstr. 1, 6503 Mainz-Kastel

Dosapro Milton Roy, Hugenottenallee 120, 6078 Neu-Isenburg

Drägerwerk, Moislinger Allee, 2400 Lübeck

Dreckshage, A., Herforder Str. 127–131, 4800 Bielefeld

Ega-Chemie, 7924 Steinheim

Emo-Optik A. Seifert, Postfach 14 69, 6330 Wetzlar
Engelkemper, C., Hafenweg 11, 4400 Münster
Erba Strumentazione, P.O.B. 4342, I-20100 Mailand, Italien. Vertretung: Erba Science, Wilhelmstr. 2b, 6238 Hofheim
Fischer-Labor- und Verfahrenstechnik, Industriepark Kottenforst, 5309 Meckenheim
Fischer u. Porter, Postfach 701, 3400 Göttingen
Fluka, CH-9470 Buchs, Schweiz. Vertretung: Fluka Feinchemikalien, Lilienthalstr. 8, 7910 Neu-Ulm
Gas Technologies, 22 Park Place, New York, N.Y. 10007, USA
Gerstel Labormechanik, Heerstr. 4, 4330 Mülheim a. d. Ruhr
Glaswerk Wertheim, Ernst-Abbe-Straße, 6980 Wertheim
Hamilton Bonaduz, Postfach 26, CH-7402 Bonaduz, Schweiz. Vertretung: Hamilton Deutschland, Otto-Röhm-Str. 74, 6100 Darmstadt
Handy and Harman Tube, Whitehall and Township Line Rd., Norristown, Pa. 19401, USA
Heraeus-Christ, Postfach 1220, 3360 Osterode/Harz
Hewlett-Packard, 1501 Page Mill Road, Palo Alto, CA 94304, USA. Vertretung: Hewlett-Packard, Berner Str. 117, 6000 Frankfurt/M. 56
Jaeggi, H. u. G., CH-9043 Trogen, Schweiz
Janke u. Kunkel, Neumagenstr. 16, 7813 Staufen
J. a. W. Scientific, P.O. Box 216, Orangevale, CA 95662, USA, oder: Security Park Drive, Rancho Cordova, CA 95670, USA. Vertretung: WGA
J. U. M., Detmoldstr. 4, 8000 München 45
Kager, Postfach 61 03 24, 6000 Frankfurt/M. 61
Kimble Products, Owens-Illinois, P.O. Box 1035, Toledo, Ohio 43666, USA
Klimes, Huebwiesen 3, CH-8600 Dübendorf, Schweiz
Kontron Technik, Oskar-von-Miller-Str. 1, 8057 Eching b. München
Larodan Fine Chemicals, P.O. Box 20041, S-20074 Malmö 20, Schweden. Vertretung: Paesel, Postfach 63 03 47, 6000 Frankfurt/M. 63
Latek, Wielandtstr. 21, 6900 Heidelberg
L. C. Company, 619 Estes Ave., Schaumburg, Ill. 60193, USA
Leybold Heraeus, Bonner Str. 504, 5000 Köln 51
LKB Instrument, Postfach 13 69, 8032 Gräfelfing
Macherey-Nagel, Postfach 307, 5160 Düren
Matheson, 1275 Valley Brook Ave., Lyndhurst, N. J. 07071, USA. Vertretung: Matheson, Ottostr. 13, 6056 Heusenstamm
MBI, Matthey Bishop, Malvern, Penna. 19355, USA. Vertretung: Kubelik, Jung-Stilling-Str. 16, 7500 Karlsruhe
Merck, E., Postfach 41 19, 6100 Darmstadt 1
Messer Griesheim, Homberger Str. 12, 4000 Düsseldorf
MIG-O-Mat, Postfach 60 25, 6300 Gießen
Nu Chek Prep, P.O. Box 172, Elysian, MN 56028, USA
Ohio Valley Speciality Chemical, Rt. 6 Brant Drive, Marietta, Ohio 45750, USA
Oriola Oy, P.O. Box 8, SF-02101 Espoo 10, Finnland
Packard Instrument, 2200 Warrenville Rd., Downers Grove, Ill. 60515, USA. Vertretung: Packard Instrument, Hanauer Landstr. 220, 6000 Frankfurt
Perkin-Elmer-Bodenseewerk, Postfach 1307, 7770 Überlingen
Phase Sep, Deeside Industrial Estate, Queensferry Clwyd, Großbritannien. Vertretung: ATS, Wilhelminakade 58, NL-2741 JV Waddinxveen, Niederlande
Pierce, P.O. Box 117, Rockford. Ill. 61105, USA
Pierce Eurochemie, P.O. Box 1151, Rotterdam, Niederlande. Vertretung: G. Karl, 6222 Geisenheim-Johannisberg
Porter Instrument, P.O. Box 326, Hatfield, Pa. 19440. Vertretung: Kontron, WGA
Pye Unicam, York St., Cambridge CB1 2PX, Großbritannien. Vertretung: Philips, Miramstr. 87, 3500 Kassel
Quadrex Corp., P.O. Box 3881, New Haven, Ct. 06525, USA. Vertretung: Quadrex Scientific, Box 79, Weybridge, Surrey, KT 13 9RA, Großbritannien

RFR, Hope, Rhode Island 02831, USA. Vertretung: Analysentechnik Dr. Ness, Postfach
     110761, 4000 Düsseldorf
Riedel de Haën, Wunstorfer Str. 40, 3016 Seelze 1
Roth, C., Postfach 210980, 7500 Karlsruhe 21
Schoeller Werk, 5374 Hellenthal/Eifel
Schott Glaswerke, Geschäftsbereich Chemie-Laborglas, Hattenbergstr. 10, 6500 Mainz 1
Schott-Ruhrglas, Postfach 2949, 8580 Bayreuth
Serva, Postfach 105260, 6900 Heidelberg 1
SGE, 7 Argent Place, Ringwood, Victoria 3134, Australien. Vertretungen: WGA, Postfach
     1226, 6103 Griesheim/Hess; Scientific Glass Engineering, Fichtenweg 15, 6108 Weiter-
     stadt 1
Shimadzu Europa, Johannes-Weyer-Str. 1, 4000 Düsseldorf
Siemens AG, Postfach 211262, 7500 Karlsruhe 21
Sigma-Chemie, Am Bahnsteig 7, 8021 Taufkirchen
Supelco, Supelco-Park, Bellafonte, Pa. 16823, USA. Vertretungen: Supelco, Rte de Celigny 3,
     CH-1299 Crans, Schweiz; Perkin-Elmer, Bodenseewerk, Postfach 1307, 7770 Überlingen;
     ICT, Postfach 800307, 6230 Frankfurt 80
Tescom, 2600 Niagara Lane No., Minneapolis, Minn. 55441, USA
Tylan, Kirchhoffstr. 8, 8057 Eching b. München
Varian Assoc., 611 Hansen Way, Palo Alto, CA 94303, USA. Vertretung: Varian GmbH, Als-
     felder Str. 6, 6100 Darmstadt
Veriflo Corp., 250 Canal Blvd., Richmond, Calif. 94804, USA
WGA, Postfach 1226, 6103 Griesheim/Hess

Sachverzeichnis

Analytiker-Taschenbuch

Band 3

Herausgeber: R. Bock, W. Fresenius, H. Günzler,
W. Huber, G. Tölg

1983. 67 Abbildungen, etwa 110 Tabellen.
VIII, 390 Seiten
Gebunden DM 78,–. ISBN 3-540-11773-3

Band 3 dieser Taschenbuchreihe enthält 13 Beiträge
namhafter Experten aus Industrie und Hochschule zu
modernen und klassischen Analyseverfahren, die den
analytisch arbeitenden Naturwissenschaftler, d.h. auch
den Nicht-Spezialisten, über zuverlässige und wirt-
schaftliche Problemlösungen seiner Aufgaben informieren.
Reiches Tabellen-, Übersichts- und Schemata-Mate-
rial erleichtert das Verständnis, und die klare Gliede-
rung und die Kürze und Prägnanz der Beiträge gestattet eine rasche Einarbeitung. Auch die Unterteilung
in „Grundlagen", „Methoden" und „Anwendungen"
erleichtert die schnelle Information. Arbeitsbeispiele
und repräsentative Literaturübersichten in den Beiträ-
gen, und nicht zuletzt der Basisteil mit seiner „hard-
ware" unterstützen ebenfalls das Ziel der Reihe, eine
Strategie für die Problemlösung analytischer Aufgaben zu sein.
Der Band enthält eine Erweiterung des Basisteils um
Übersichten von häufig vorkommenden Akronymen,
von SI-Einheiten und Prüfröhrchen für Luftuntersu-
chungen und technische Gasanalysen. Die kumulier-
ten Sach- und Autorenverzeichnisse informieren
rasch und bequem über die Themenbereiche der
ersten beiden Bände.

Inhaltsübersicht: Grundlagen: Genaue Messung
schwacher Lichtflüsse mittels Photonenzähltechnik.
Probenahme und Probeaufbereitung von Wässern.
Indikatoren und ihre Eigenschaften; Teil II. – Methoden: Solubilisationsmethoden, Isotachophorese. Mas-
senspektroskopie organischer Verbindungen; Ionisie-
rungsverfahren. Raman-Spektroskopie. – Anwendungen: Zur Analyse kosmetischer Präparate. Analytische
Pyrolyse von Polymeren und Tensiden. Präparative
Schichtchromatographie. Analytische Anwendungen
der UV-VIS-Spektroskopie. Gasspurenanalyse; Messen von Emissionen und Immissionen. Blutanalytik. –
Basisteil: Sachverzeichnis. Autorenregister.

Springer-Verlag
Berlin
Heidelberg
New York